Erste Hilfe bei Tieren

INTER BOOK
HAMBURG

Piero Fortunati

Erste Hilfe bei Tieren

Illustrationen
Christina Girard

INTER BOOK
HAMBURG

Aus dem Englischen von Simone Wiemken

ISBN 3-926537-14-0

INHALT

VORWORT

Jeder, der ein Haustier hält, sollte in der Lage sein, ihm in einem Notfall Erste Hilfe zu leisten, vor allem, wenn keine Möglichkeit besteht, es sofort zum Tierarzt zu bringen.
Es ist oft nicht ganz einfach, einem Tier Erste Hilfe zu leisten, das verletzt ist, eine Verbrennung erlitten hat oder unter Schockeinwirkung steht, und es besteht immer die Gefahr, daß man unabsichtlich weiteren Schaden anrichtet. Dieses Buch gibt einfache, verläßliche Hinweise für die Erste Hilfe bei erkrankten oder verletzten Heimtieren. Behandelt werden Notfälle, in denen die Erste Hilfe sowohl möglich als auch sinnvoll ist.
Es werden Maßnahmen eingehend beschrieben und durch viele Abbildungen illustriert, die relativ leicht und ohne die Zuhilfenahme von Medikamenten durchgeführt werden können. Wenn es dann noch nötig ist, muß der Tierarzt natürlich eine geeignete Behandlung einleiten.
Das Buch ist in vier Teile unterteilt. Der erste Teil enthält allgemeine Informationen sowie leicht verständliche anatomische Tafeln. Es werden Anweisungen gegeben, wie man ein verletztes oder unter Schockeinwirkung stehendes Tier ruhigstellt, wie man die Körpertemperatur mißt und vom Tierarzt verschriebene Medikamente eingibt.
Der zweite und dritte Teil behandelt die häufigsten Situationen, in denen Hunden, Katzen, Kleinsäugern und Vögeln Erste Hilfe geleistet werden muß. Es muß jedoch betont werden, daß die Anweisungen in diesem Buch auf keinen Fall die Behandlung durch den Tierarzt ersetzen können — sie sollen nur der eventuell nötigen medizinischen Behandlung vorausgehen und sie unterstützen.
Der vierte Teil des Buches beschäftigt sich mit der Fortpflanzung von Hunden, Katzen und anderen Kleintieren, und es werden Ratschläge erteilt, die nicht nur für den Normalfall gelten, sondern auch für den Fall, daß Komplikationen auftreten.
Am Schluß des Buches finden sich noch einige Hinweise für den Umgang mit streunenden und wilden Tieren.

GRUNDSÄTZLICHES

ANATOMISCHE TAFELN

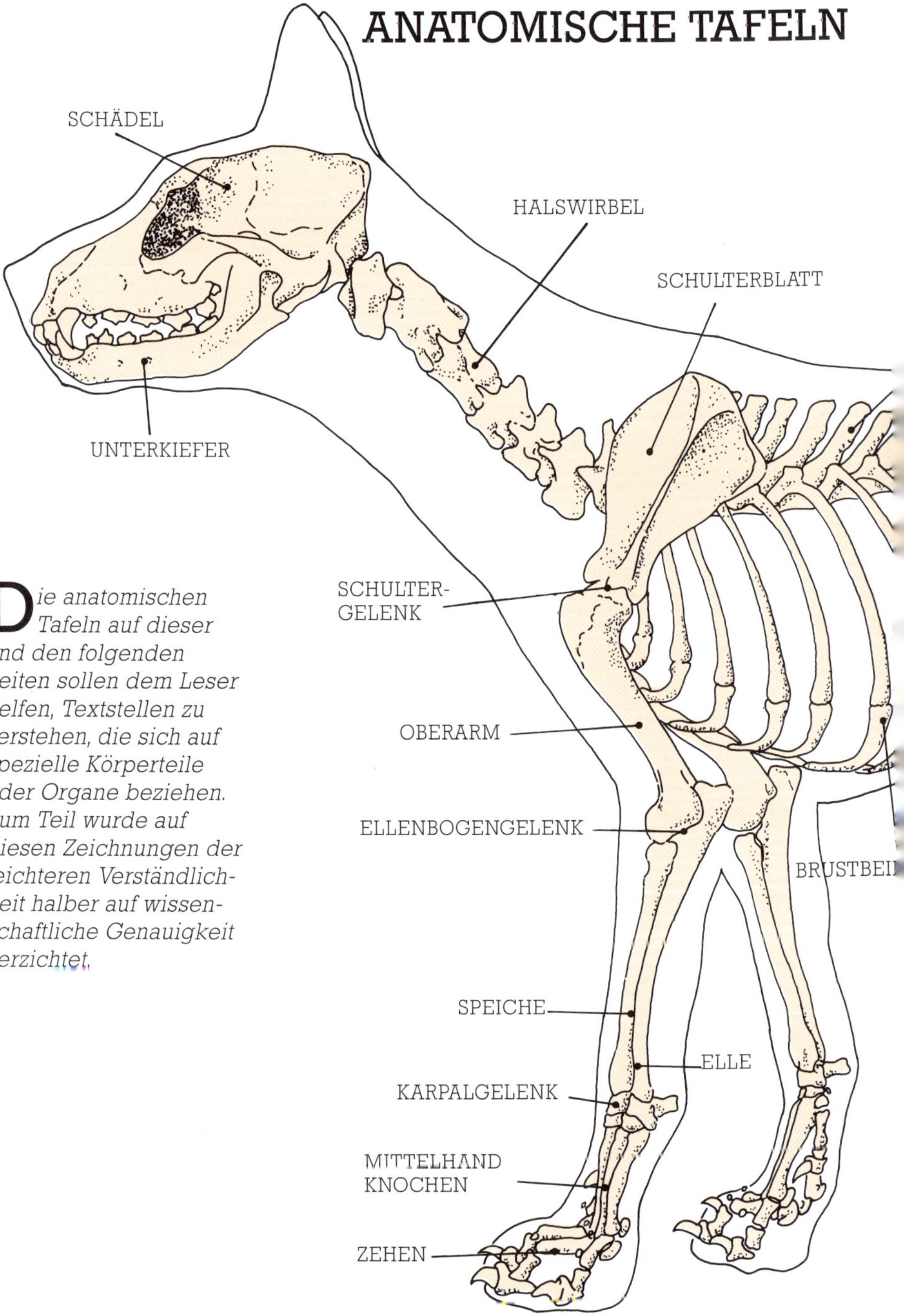

Die anatomischen Tafeln auf dieser und den folgenden Seiten sollen dem Leser helfen, Textstellen zu verstehen, die sich auf spezielle Körperteile oder Organe beziehen. Zum Teil wurde auf diesen Zeichnungen der leichteren Verständlichkeit halber auf wissenschaftliche Genauigkeit verzichtet.

Skelett des Hundes

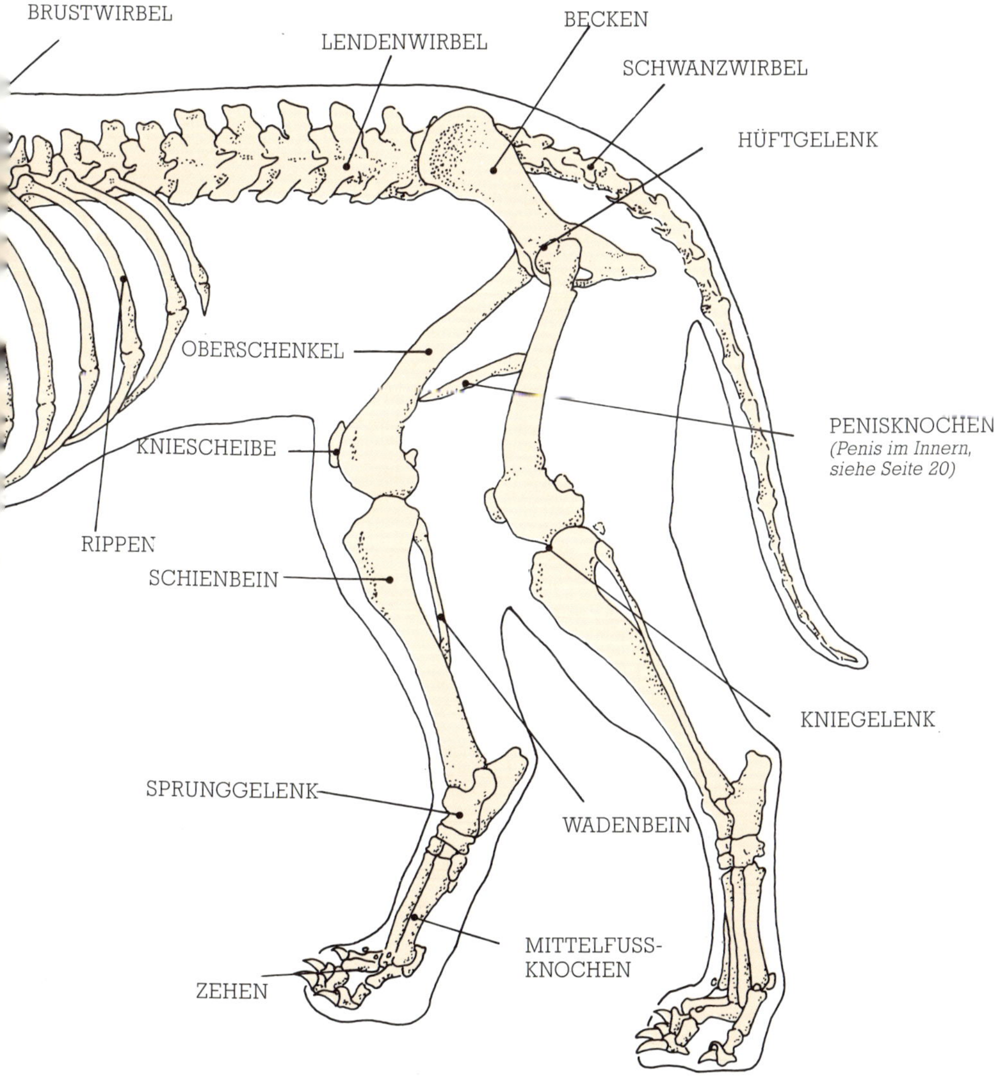

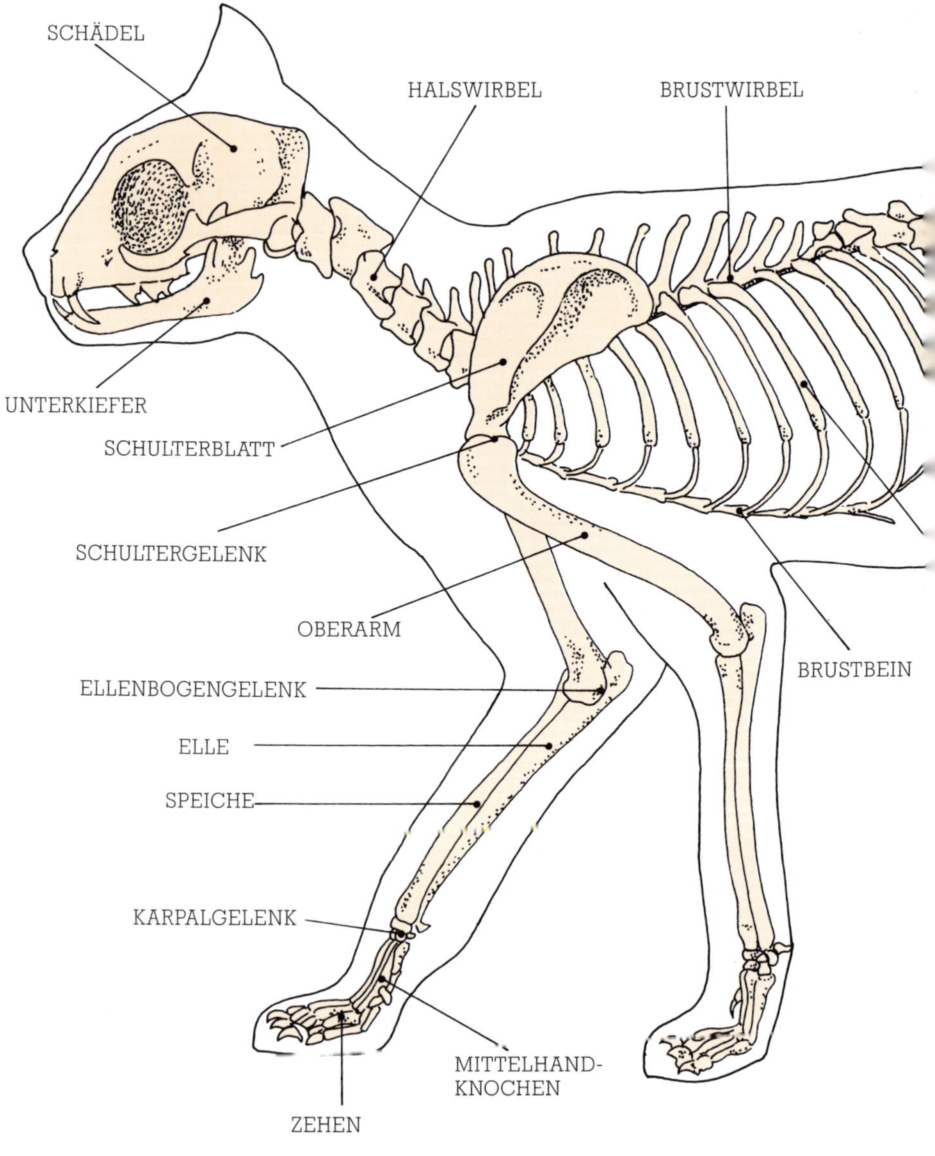
SCHÄDEL
HALSWIRBEL
BRUSTWIRBEL
UNTERKIEFER
SCHULTERBLATT
SCHULTERGELENK
OBERARM
BRUSTBEIN
ELLENBOGENGELENK
ELLE
SPEICHE
KARPALGELENK
MITTELHAND-
KNOCHEN
ZEHEN

Skelett der Katze

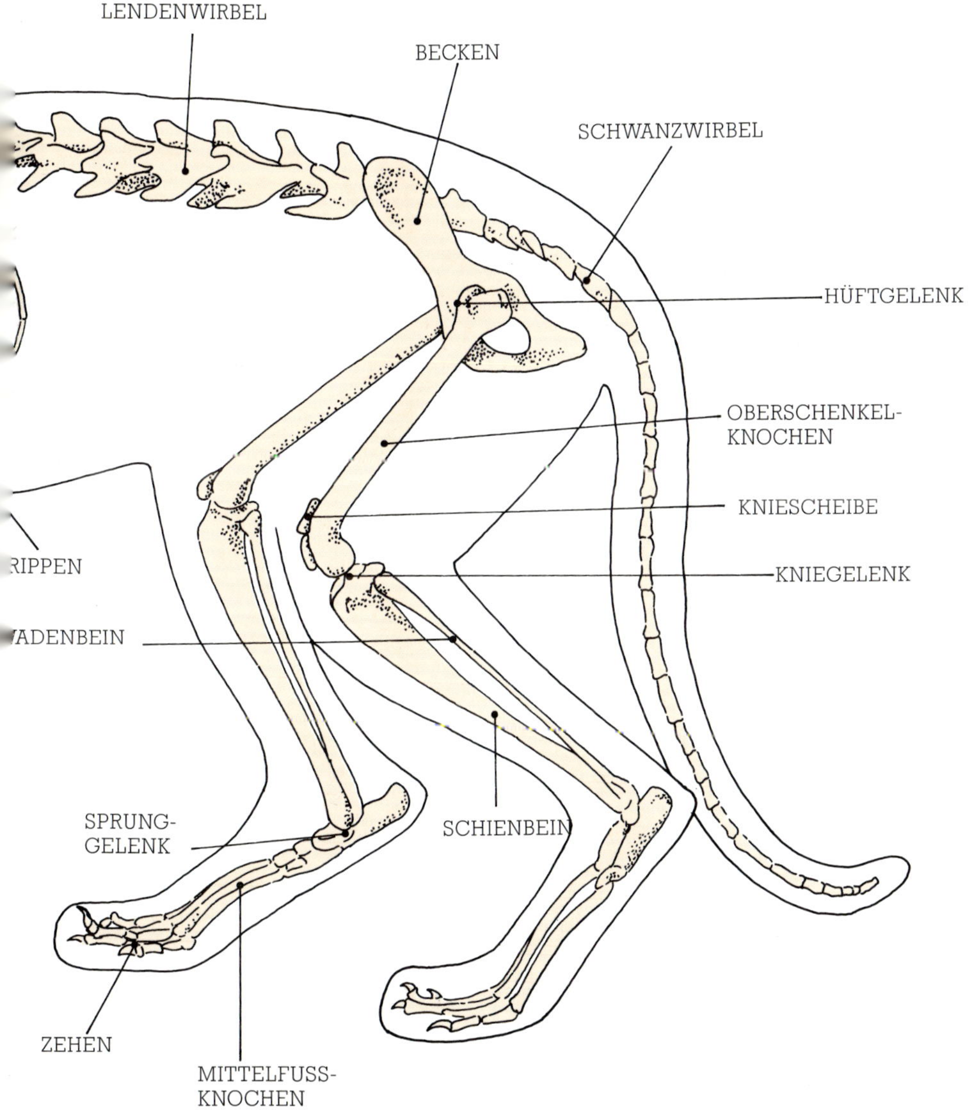

Innere Organe des Hundes

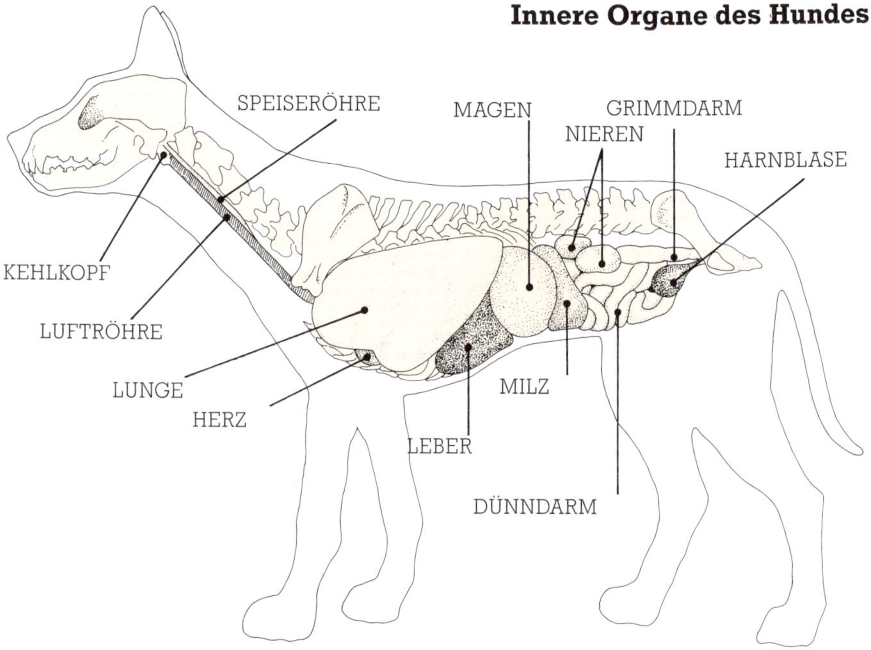

Innere Organe der Katze

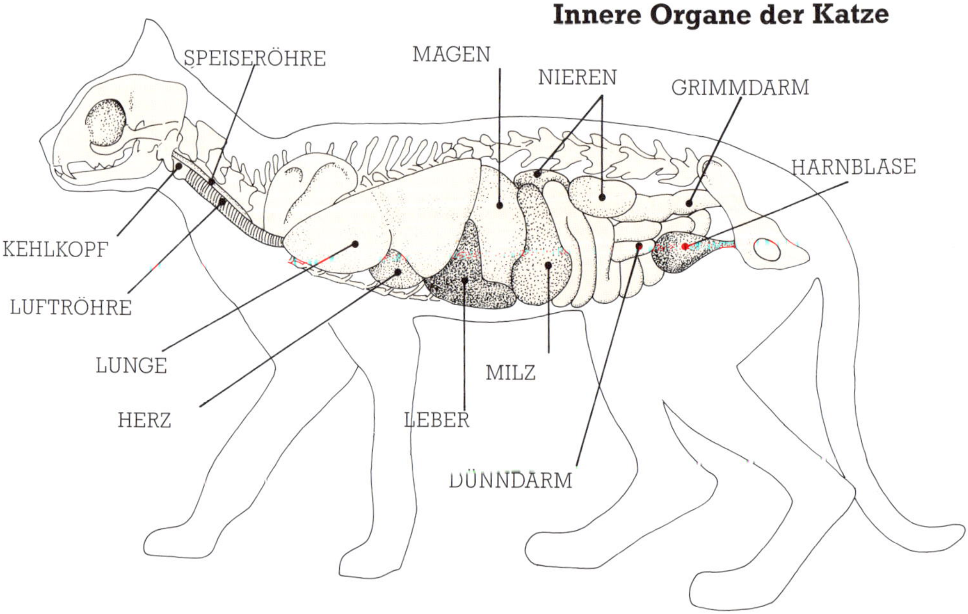

Querschnitt durch das Auge

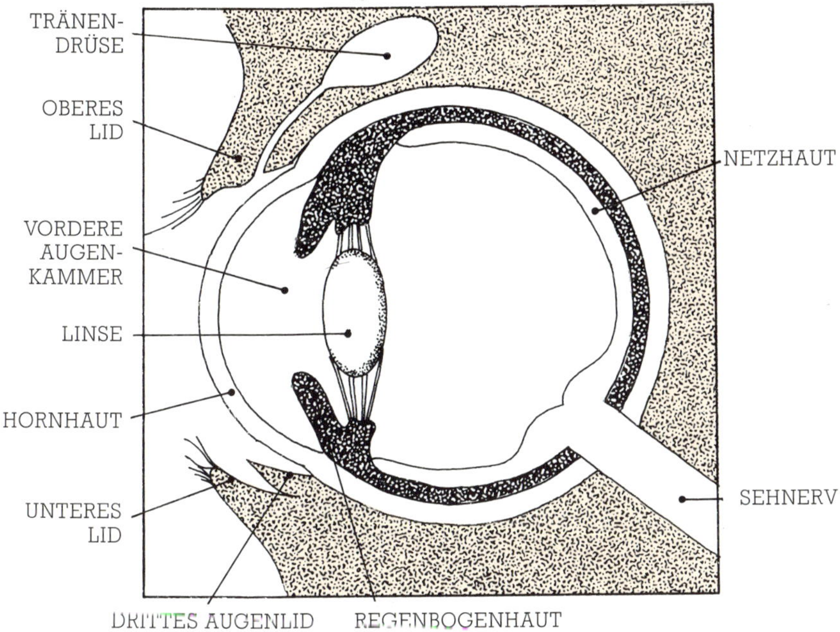

Das Auge der Katze

Das Auge des Hundes

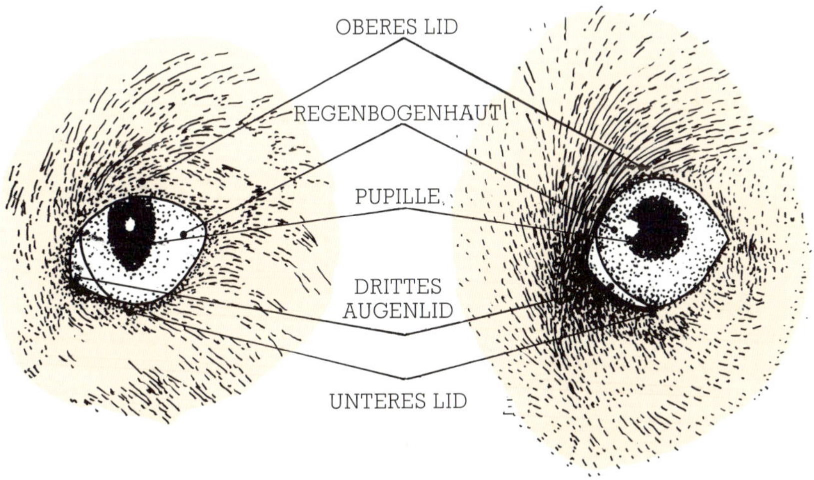

Querschnitt durch das Ohr

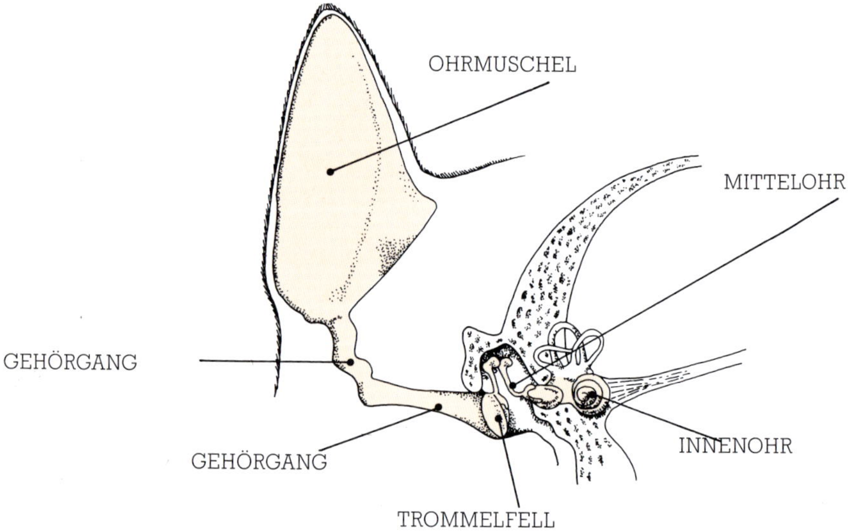

Das Ohr des Hundes

Das Ohr der Katze

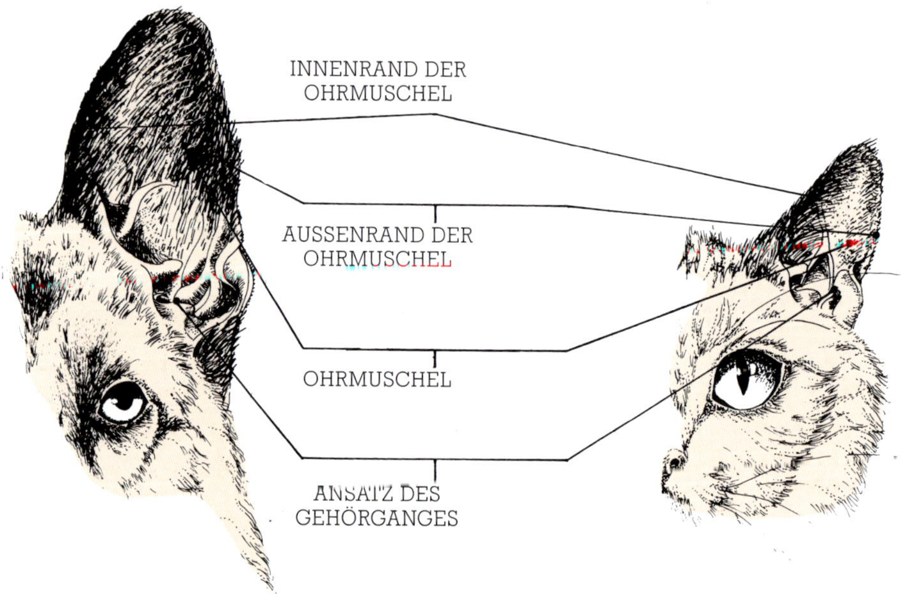

Die Zähne des Hundes von vorn

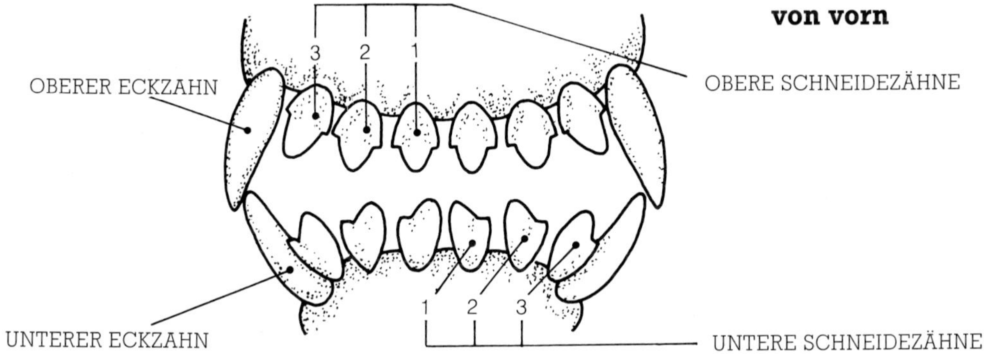

Die Zähne der Katze von vorn

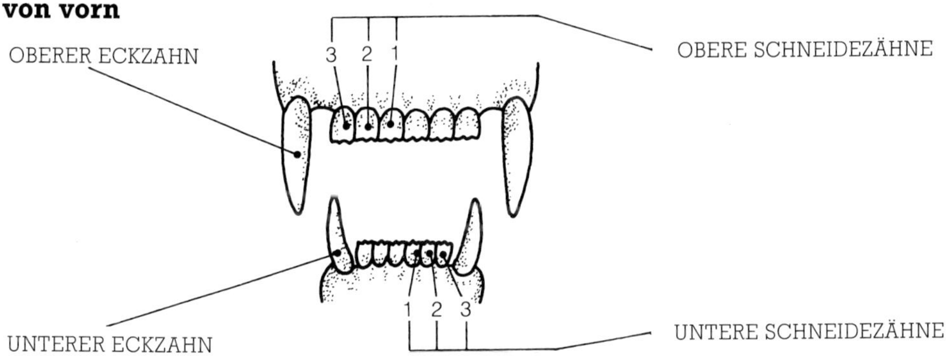

Die Zähne der Katze von der Seite

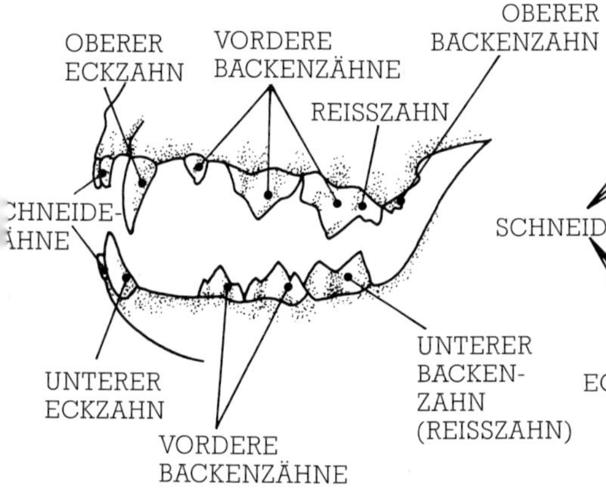

Die Zähne des Hundes von der Seite

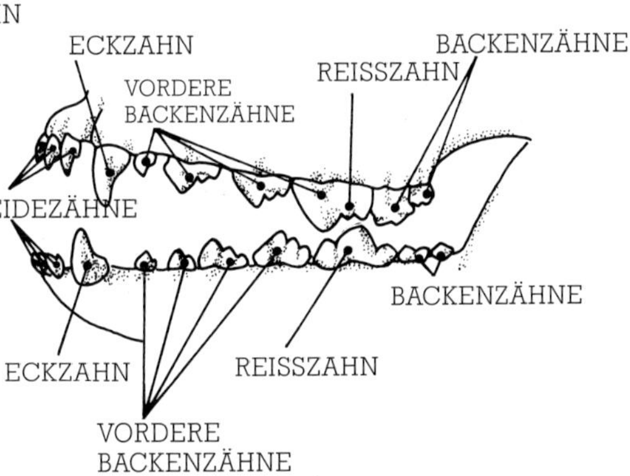

Die Nase des Hundes

Die Nase der Katze

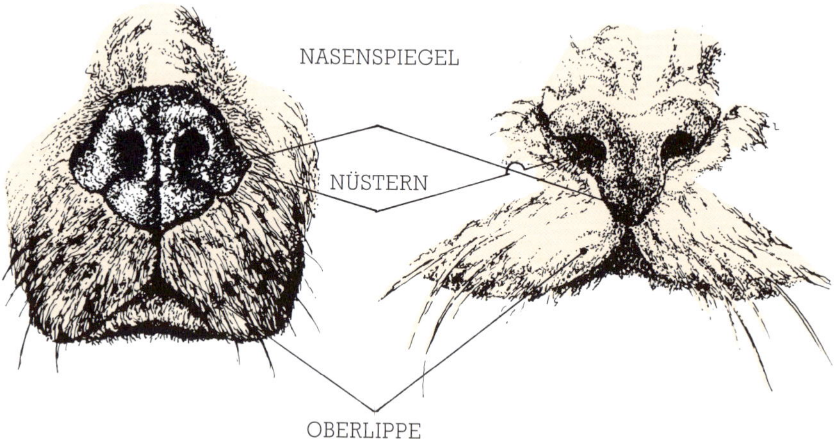

Querschnitt durch Hals und Schädel des Hundes

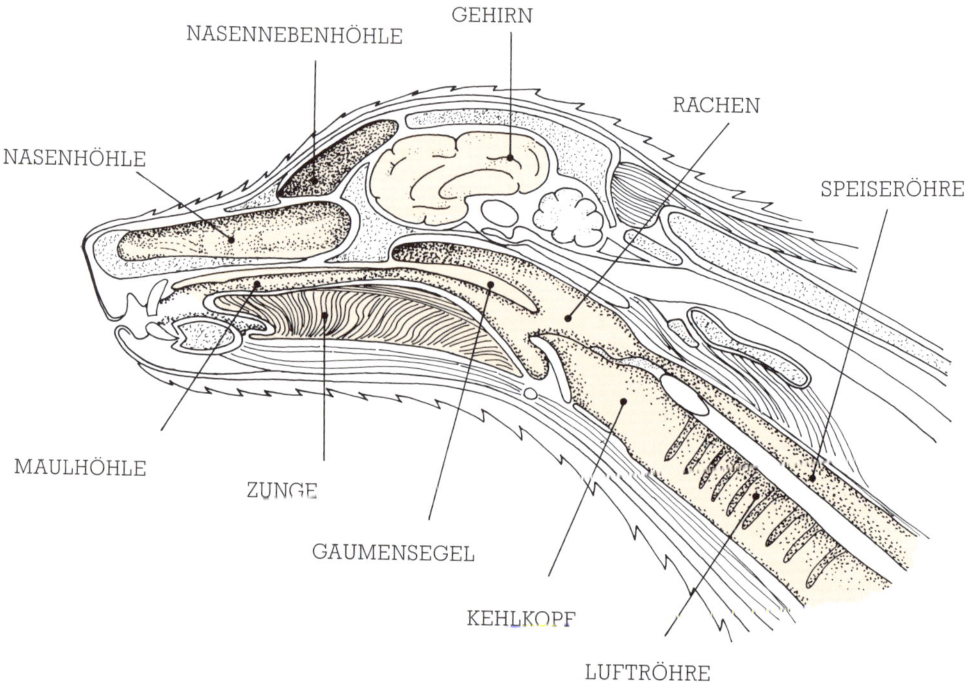

Querschnitt durch Haut und Unterhautgewebe

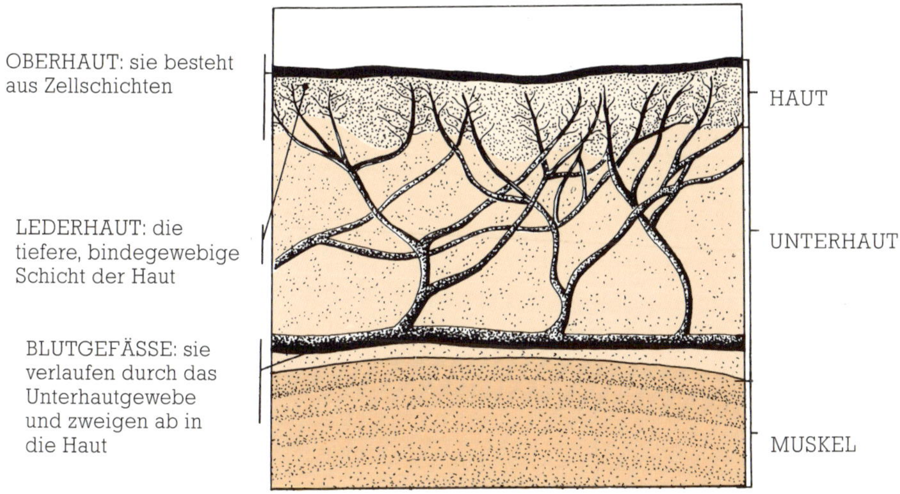

Schematische Darstellung eines Gelenks

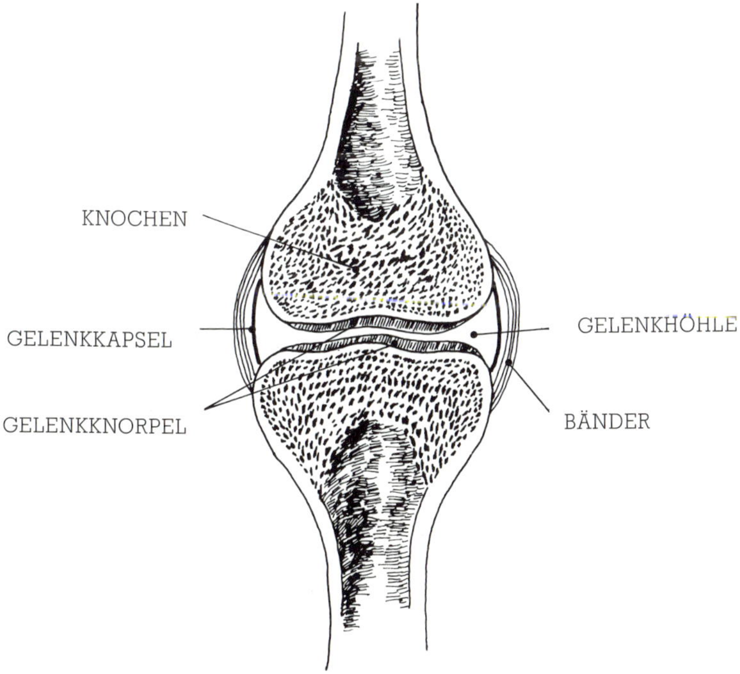

Geschlechtsorgane des Hundes

Männlich

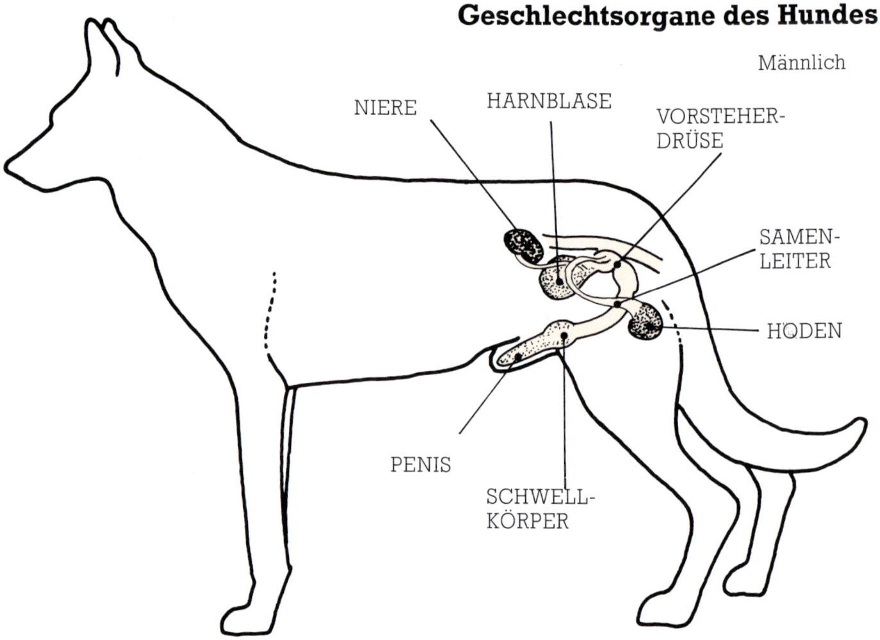

Geschlechtsorgane des Hundes

Weiblich

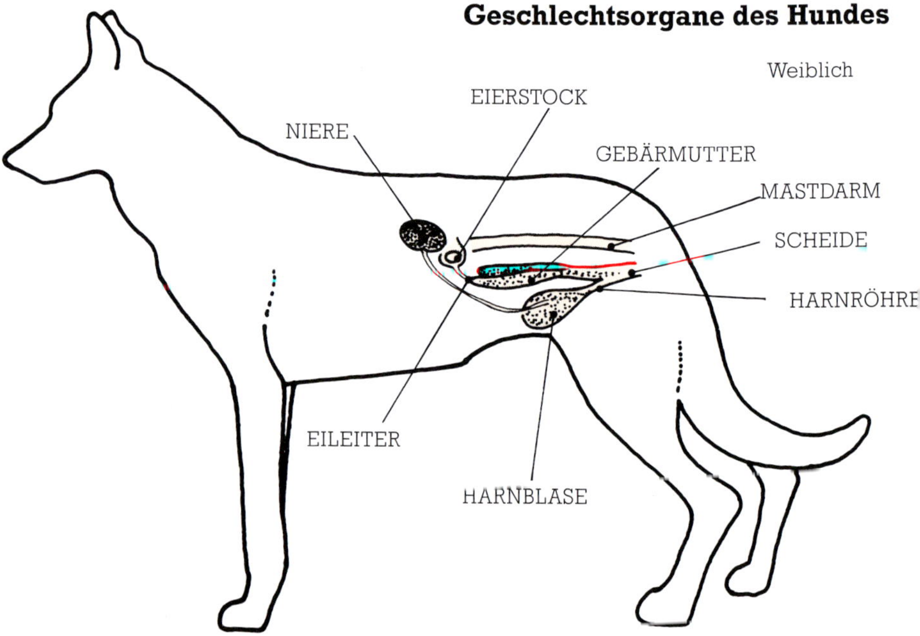

Geschlechtsorgane der Katze

Männlich

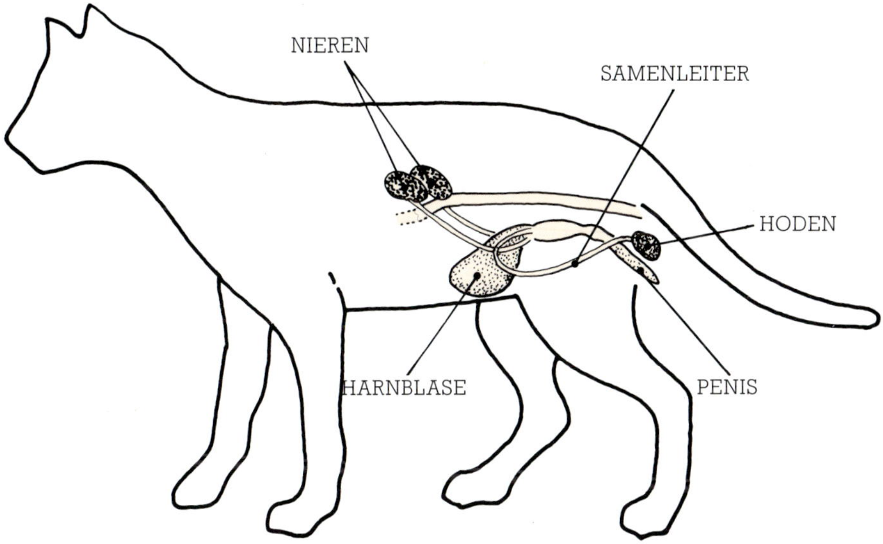

Geschlechtsorgane der Katze

Weiblich

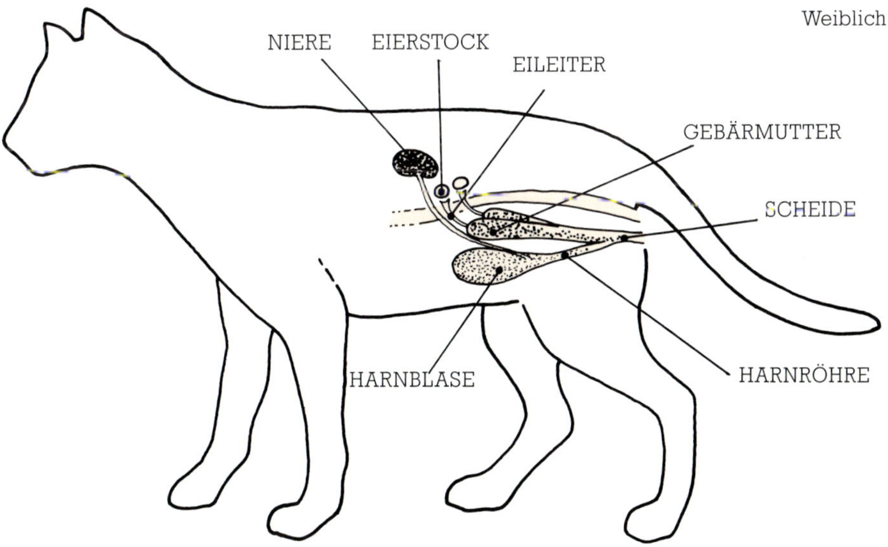

Skelett und innere Organe des Kaninchens

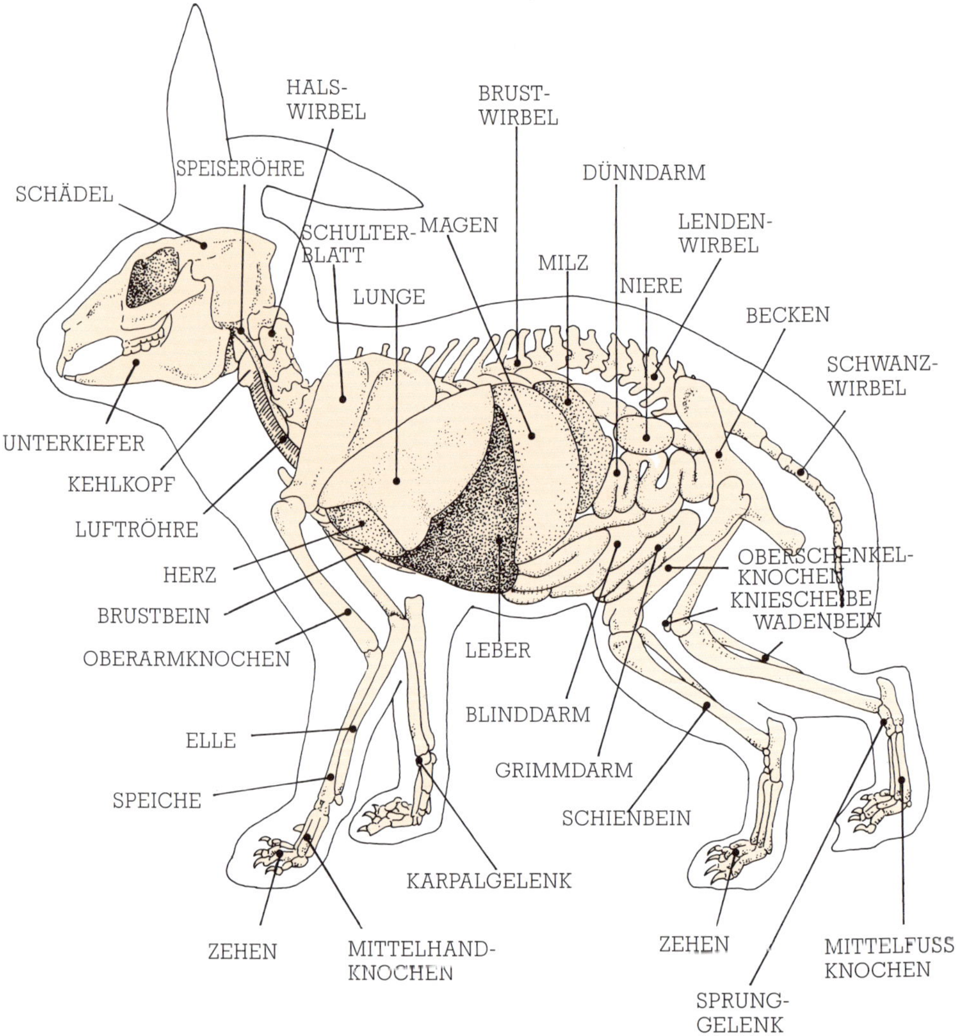

Skelett und innere Organe bei Vögeln

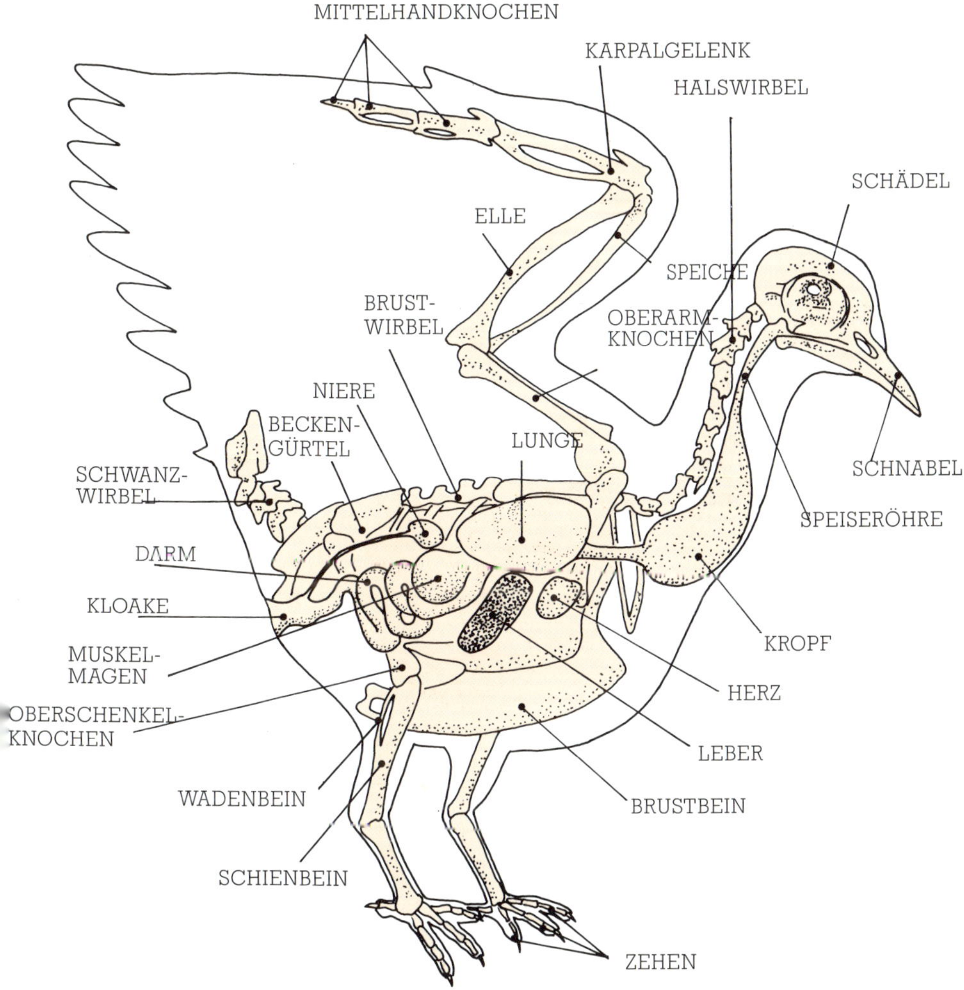

RUHIGSTELLEN

Damit die Erste Hilfe Erfolg hat, muß das Tier sich die Behandlung gefallenlassen, aber leider wehren sich Tiere oft und widersetzen sich der Behandlung, weil sie Angst und Schmerzen haben oder sehr temperamentvoll oder schlecht erzogen sind. In solchen Fällen sind Zwangsmaßnahmen angebracht, vor allem solche, die das Tier zum Stillhalten zwingen, damit der Helfer nicht unnötig gefährdet wird und helfen kann, ohne befürchten zu müssen, daß wilde Abwehrbewegungen des Tieres die Situation verschlimmern. Das Tier muß entschlossen, aber nicht grob festgehalten werden; ein fester, sicherer Griff wirkt außerdem wesentlich beruhigender als das harte Zupacken eines nervösen Helfers.

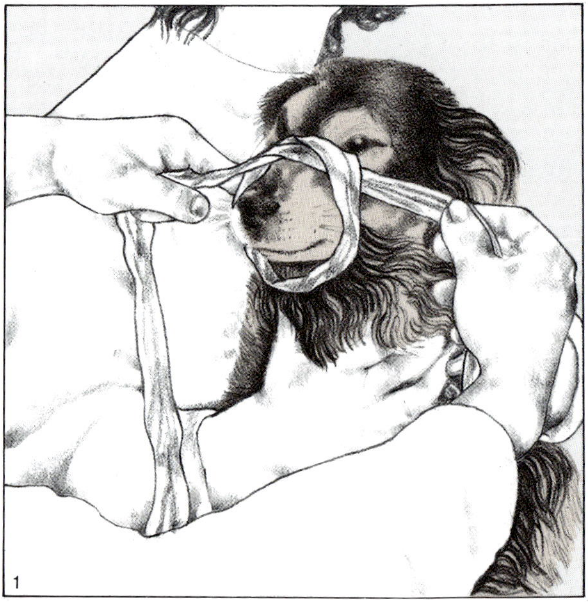

1

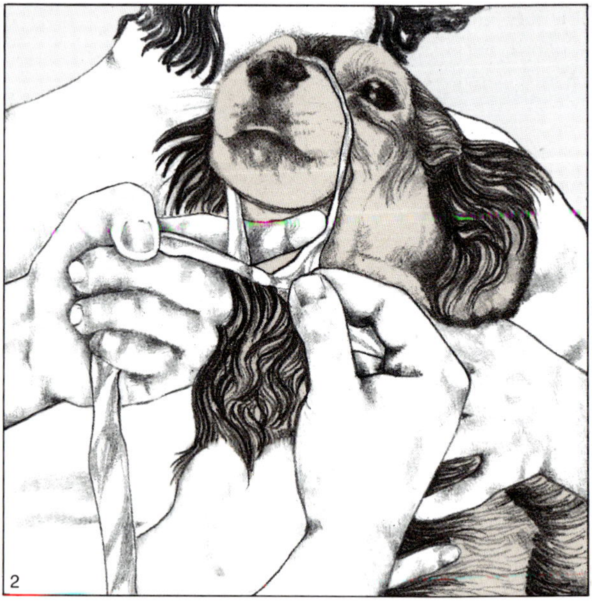

2

Hunde

■ Zubinden des Mauls

■ Die Abbildungen auf diesen Seiten zeigen, wie man das Maul eines Hundes zubindet.

Die Gefahr, von einem Hund gebissen zu werden, läßt sich leicht durch einen Maulkorb abwenden. Wenn keiner zur Hand ist, kann die Schnauze auch zugebunden werden:
— Für kleine und mittelgroße Hunde reicht ein Stoffstreifen von knapp einem Meter Länge, bei großen Hunden muß er mindestens anderthalb Meter lang sein. Am besten eignet sich eine elastische Binde, denn sie ist weich und rutscht nicht ab; geeignet sind aber auch breites Nahtband aus dem Nähkasten oder andere Bänder, die stabil, weich und dick genug sind, um nicht einzuschnüren. In der Mitte des Bandes wird ein einfacher Knoten geknüpft, den man über die Schnauze streift und etwa auf halber Höhe festzieht (Abb. 1).
— Unter dem Kinn einen weiteren einfachen Knoten knüpfen (Abb. 2).
— Das Band im Nacken mit einem Doppelknoten festbinden oder eine leicht zu lösende Schleife knüpfen (Abb. 3).

Die Abbildungen auf diesen Seiten zeigen das Ruhigstellen eines Hundemaules mit einem Band.

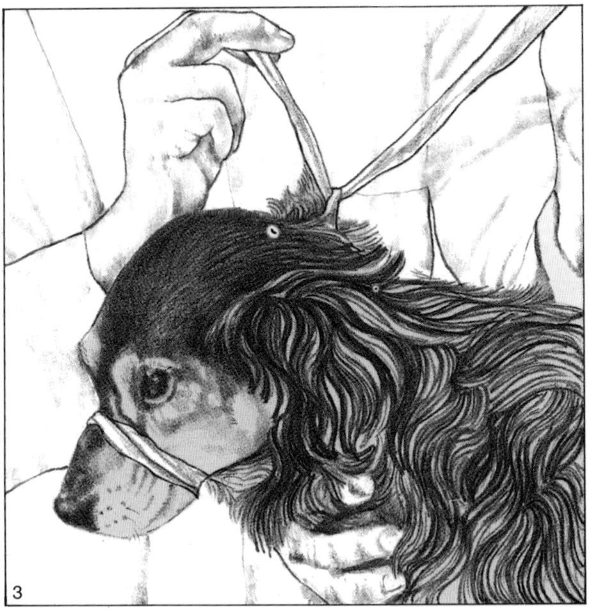
3

1

1.–2. Ablegen eines Hundes auf die Seite, so daß Brust- und Bauchraum zugänglich sind.

Die Schnauze sollte zugebunden werden, wenn:
– man den Hund nicht kennt oder seine Reaktionen nicht vorhersehen kann;
– man etwas tun muß, was dem Hund Schmerzen bereitet;
– man annehmen kann, daß der Hund eher stillhält, wenn er die Kiefer nicht bewegen kann, selbst wenn er nicht als Beißer bekannt ist.

Die Schnauze sollte nicht zugebunden werden, wenn:
– der Hund geduldig und ruhig ist;
– er unter Atemnot leidet;
– Maul oder Nase verletzt sind.

■ Ruhigstellen des Körpers

■ Wenn die Größe des Hundes und die örtlichen Gegebenheiten es erlauben, sollte er auf einen ausreichend großen Tisch gesetzt werden; dann kann der Helfer stehen und braucht keine unbequeme und anstrengende Haltung einzunehmen, um das Tier ruhigzustellen.
Wenn der Hund sehr groß ist oder im Freien verunglückte, muß man ihn auf dem Boden liegen lassen, am besten an einem ruhigen und geschützten Ort, und ihn mit einer Decke, einem Tuch oder einem Kleidungsstück zudecken.
Abhängig vom Sitz der Verletzung gibt es verschiedene Methoden, einen Hund ruhigzustellen. Dazu ist jedoch ein zweiter Helfer erforderlich.
Die hier gegebenen Ratschläge beziehen sich auf denjenigen, dessen Aufgabe es ist, das Tier festzuhalten.

2

Bauch- und Brustraum

Den Hund sanft auf die unverletzte Seite legen. Der Helfer stützt den Rumpf, und die Beine der gesunden Körperseite werden unter dem Körper weggezogen (Abb. 1, 2).
Dann übernimmt der Helfer allein den Hund; eine Hand umfaßt die Vorderbeine direkt über dem Handwurzelgelenk; der Unterarm liegt auf dem Hals des Hundes, damit er den Kopf nicht heben kann. Mit der anderen Hand werden die Hinterbeine oberhalb der Sprunggelenke umfaßt,

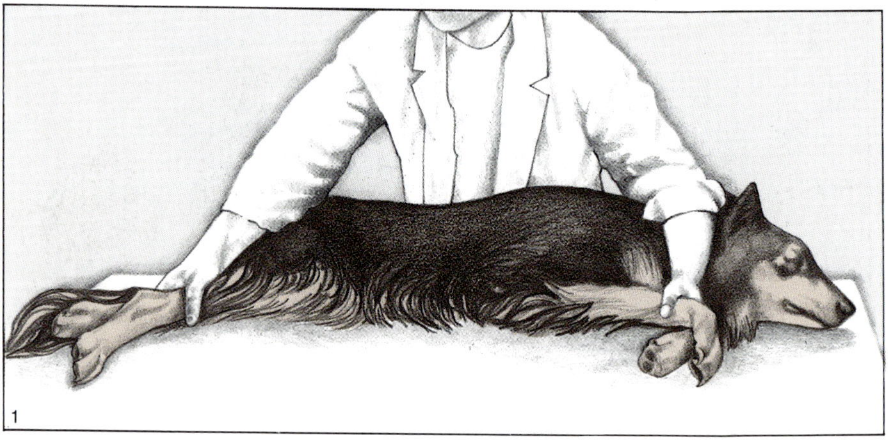

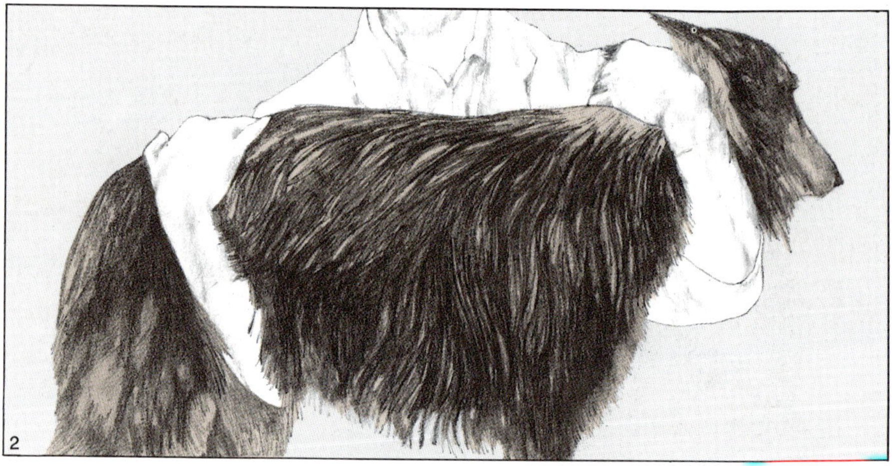

Ruhigstellung: 1. Brust- und Bauchraum; 2. Rücken; 3. Vorderbein; 4. Vorderpfote

und der Unterarm liegt auf der Hüfte des Hundes (Abb. 1).

Rücken

Bei der oben abgebildeten Stellung (Abb.1) ist der Rücken des Tieres nur schwer zugänglich: In diesem Fall muß das Tier stehenbleiben, darf sich aber nicht bewegen, was man verhindert, indem man mit einem Arm den Bauch direkt vor den Hinterbeinen umfaßt und den anderen Arm um den Hals legt und den Hund dann fest an sich drückt (Abb. 2).

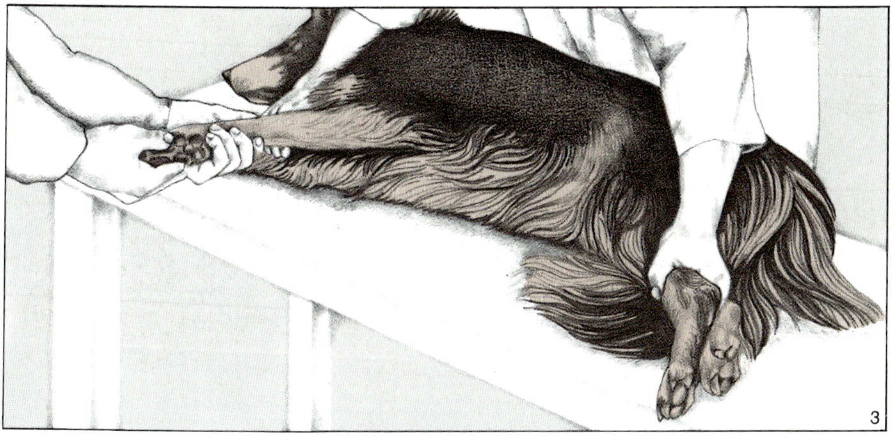

3

4

Vorderbein

Den Hund ablegen, wie auf den Abbildungen 1 und 2 auf den Seiten 26 und 27 gezeigt, mit einer Hand die Hinterbeine festhalten und mit der anderen Hand die unverletzte Vorderpfote; so ist die Verletzung leicht zugänglich (Abb. 3).

Vorderpfote

Zur Behandlung der Vorderpfote sollte der Hund nur abgelegt werden, wenn er sehr unruhig ist. Um die verletzte Pfote ruhigzustellen, umfaßt man den Hund mit einem Arm und ergreift das Vorderbein oberhalb des Ellenbogengelenks. Kopf und Hals werden mit der anderen Hand fixiert (Abb. 4).

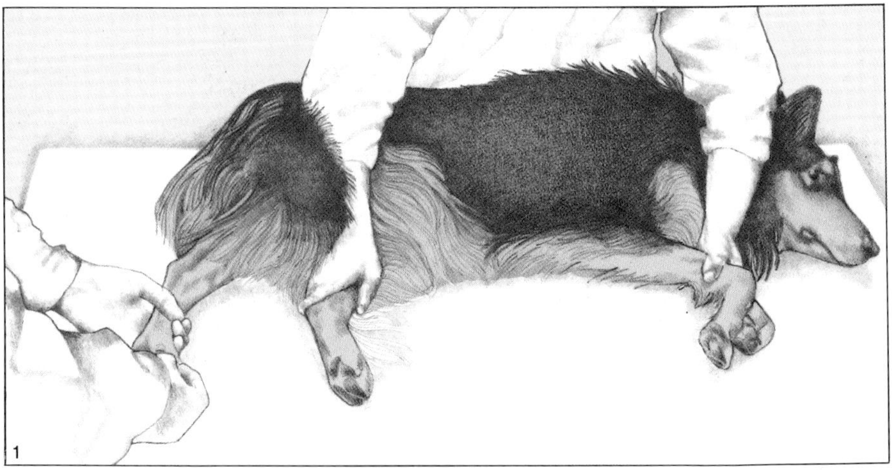

1

Hinterbein

Den Hund auf die unverletzte Seite ablegen, wie auf den Abbildungen 1 und 2 auf den Seiten 26 und 27 gezeigt. Das untenliegende (gesunde) Hinterbein unterhalb des Knies umfassen und den Unterarm fest auf den Körper drücken (Abb. 1).

Hinterpfote

Die Hinterpfote ruhigzustellen ist schwierig, wenn der Hund steht. Deshalb legt man ihn ab und bittet einen Helfer, mit der einen Hand den Oberschenkel oberhalb des Knies und mit der anderen die Pfote festzuhalten (Abb. 2).

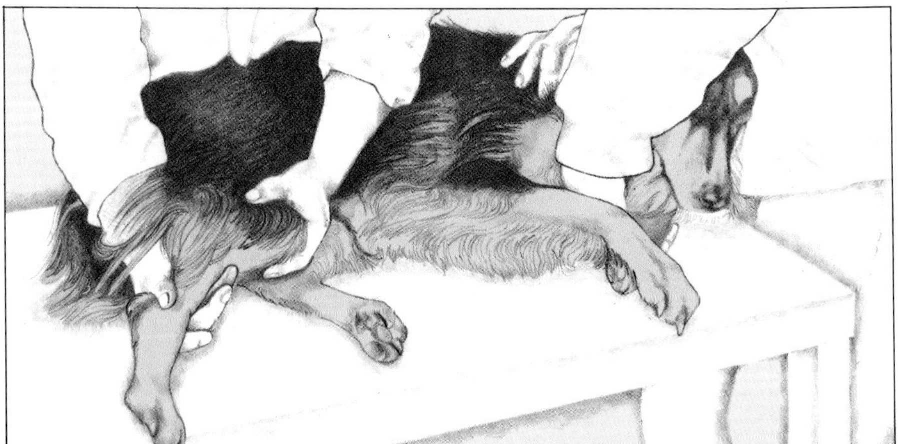

2

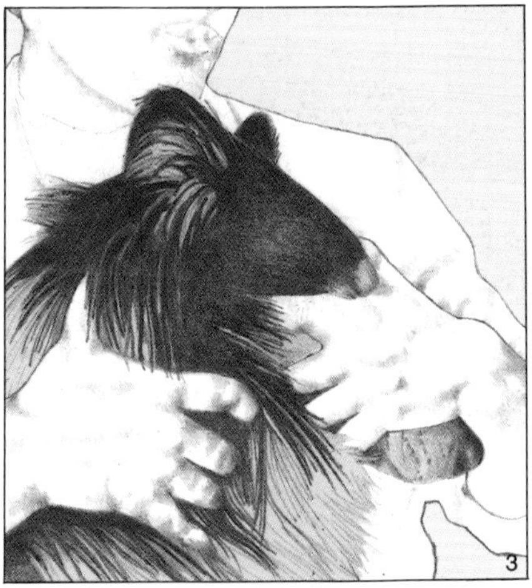

Verschiedene Methoden, einen Hund ruhigzustellen, so daß bestimmte Körperteile zugänglich sind:
1. Hinterbein;
2. Hinterpfote;
3. Ohr;
4. Auge

Ohr

Beim stehenden Hund umfaßt eine Hand die Schnauze von oben und drückt sie nach unten. Kopfbewegungen unterbindet man, indem man den freien Arm fest um Hals und Schultern des Tieres legt (Abb. 3).

Auge

Beim stehenden Hund umfaßt eine Hand des Helfers die Schnauze von unten und drückt sie an den Oberkörper , während die andere Hand den Kopf ruhighält; ein straffes Zurückziehen der Haut am Hinterkopf erleichtert das Offenhalten der Lider (Abb. 4).

Katzen

Da Katzen ganz anders geartet sind als Hunde, sind bei ihnen auch andere Methoden der Ruhigstellung angebracht.
Es ist fast unmöglich, einer Katze Erste Hilfe zu leisten, wenn sie es nicht will: Ihre Angriffe und Verteidigungsreaktionen erfolgen blitzschnell, und sie ist überaus flink und beweglich. Bei Katzen ist es nicht damit getan, sie ruhigzustellen; man muß sie erst einmal zum Stillhalten überreden. Hier sind einige nützliche Hinweise:

— Keine Gewalt anwenden, wenn es nicht unbedingt nötig ist; nur wenige Katzen lassen sich einschüchtern, die meisten werden unruhig und wehren sich.

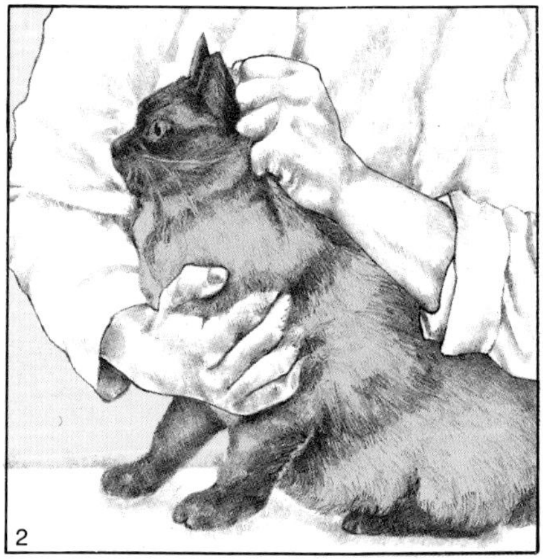

2

1. Ruhigstellen einer Katze mit Hilfe einer Decke

Ruhigstellen einer Katze, so daß verschiedene Körperteile zugänglich sind:
2. Kopf;
3. Hinterbein;
4. Vorderbein;
5. Rumpf

— Wenn die Katze nur sicher festgehalten und transportiert werden soll, wickelt man sie in eine Decke oder ein Handtuch ein, um nicht gekratzt zu werden (Abb. 1).
— Beim Versuch, eine Katze ruhigzustellen, sollte man immer allein vorgehen, da die Anwesenheit mehrerer Menschen sie oft nur noch mehr aufregt.
— Langsam und bedächtig bewegen, keinen Lärm machen, die Stimme nicht erheben.
— Für Ruhe sorgen; Lärmquellen wie Fernseher, Radios, Plattenspieler und elektrische Geräte abschalten; grelles Licht dämpfen; die Katze auf einen abgeräumten Tisch ohne Tischtuch setzen.
— Unnatürliche Positionen beim Ruhigstellen der Katze vermeiden, sie muß bequem sitzen oder liegen. Mit einer Hand ergreift man im Nacken eine große Hautfalte möglichst dicht am Kopf und versucht mit der anderen Hand Körper und Gliedmaßen möglichst ruhig zu halten, damit die Verletzungen versorgt werden können (Abb. 2, 3, 4, 5).

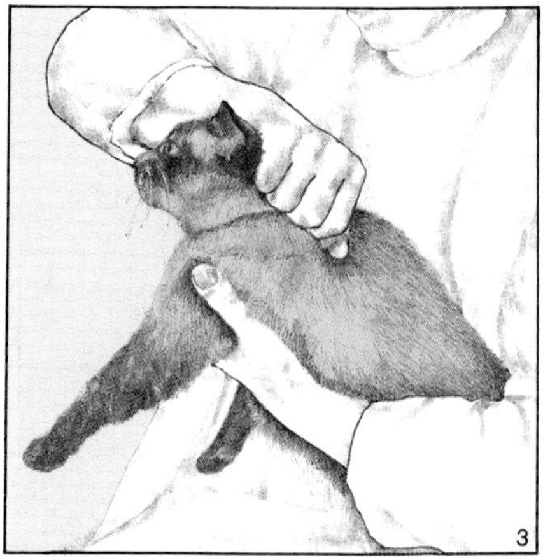
3

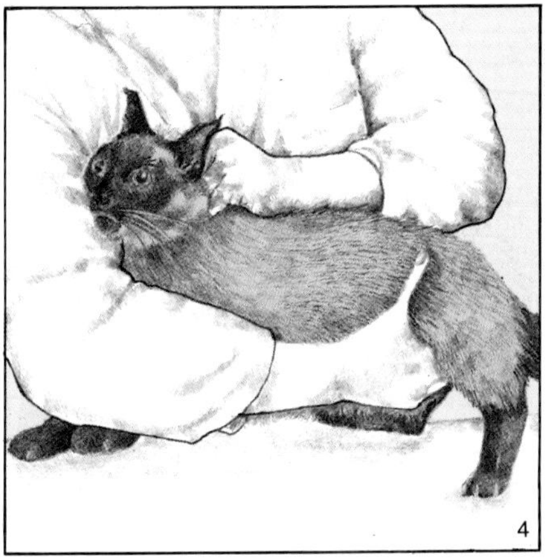
4

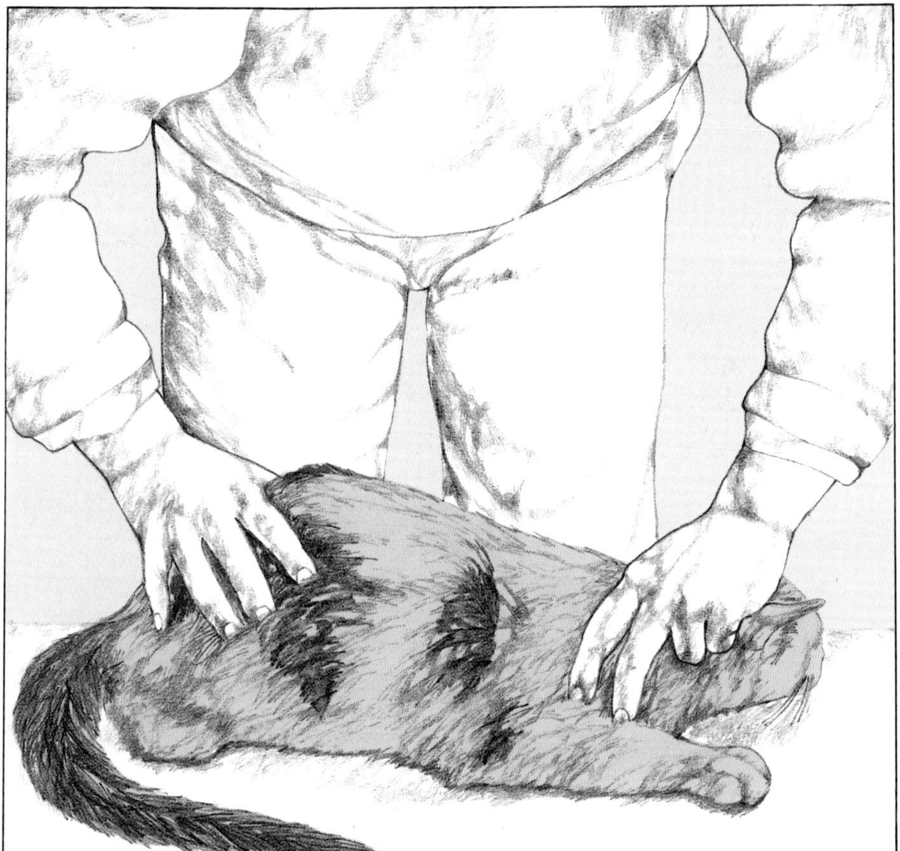
5

1

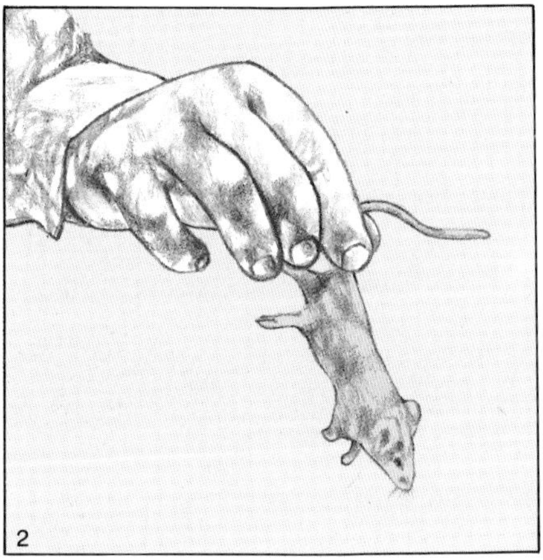

2

Ruhigstellen von Kleinsäugern: 1. am Nackenfell; 2. an der Schwanzwurzel

Kleinsäuger

Abgesehen von Kaninchen und Meerschweinchen, die größer und zahmer sind, ist der Umgang mit kleinen Nagetieren oft nicht ganz problemlos, denn sie sind relativ wild und aggressiv und versuchen ihren Pfleger selbst beim normalen Umgang zu beißen oder ihm zu entwischen. In Panik geratene Hamster und Streifenhörnchen zum Beispiel können in solch einer Situation nicht nur ihren Betreuer, sondern auch sich selbst gefährlich verletzen. Diese Tiere müssen immer vorsichtig und entschieden behandelt werden; plötzliche Bewegungen und laute Geräusche sind zu vermeiden.

Um ein Kleintier aus dem Käfig zu heben, ergreift man mit zwei Fingern die elastische Haut im Nacken und stützt das Hinterteil des Tieres mit der freien Hand ab; bei kleinen Nagetieren reicht es aus, nur eine große Hautfalte im Nacken zu nehmen (Abb. 1). Das tut dem Tier nicht weh und ist auch für den Menschen die sicherste Methode. Bei Kaninchen und Meerschweinchen sollte die freie Hand immer das Hinterteil abstützen.

Dann wird das Tier auf einen Tisch mit einer rutschsicheren Oberfläche gesetzt, aber nicht losgelassen. Am besten sind niedrige Tische, damit das Tier sich nicht verletzt, falls es sich freimacht und vom Tisch fällt. Mäuse und Ratten kann man festhalten, indem man den Schwanzansatz zwischen die Finger nimmt (Abb. 2) und sich das Tier auf die Handfläche setzt;

so kann man es in aller Ruhe betrachten. Streifenhörnchen und Wüstenrennmäuse dürfen nie am Schwanz gepackt werden, denn er ist sehr zart und könnte brechen, was gefährliche und schmerzhafte Blutungen zur Folge hat. Wenn das Tier zu wild ist, sollte man es nicht durch sinnloses Umherjagen verängstigen, sondern es in seinem Käfig zum Tierarzt bringen.

Vögel

Wenn man den Vogel anfassen muß, sollte er möglichst nicht ängstlich herumflattern, sobald die Hand in den Käfig gestreckt wird. Um dies zu verhindern, hantiert man am besten im Dunkeln. Man stellt fest, wo der Vogel ist, öffnet den Käfig und schaltet das Licht aus. Dann streckt man langsam die Hand in den Käfig und greift den Vogel. Bei Papageien empfiehlt sich ein starker Handschuh, denn diese Vögel können kräftig zubeißen.
Die beste Art, einen Vogel festzuhalten, ist in Abb. 3 gezeigt. Den Vogel nicht zu stark drücken; er könnte ersticken, aber auch nicht zu vorsichtig festhalten, damit er nicht flüchten kann.

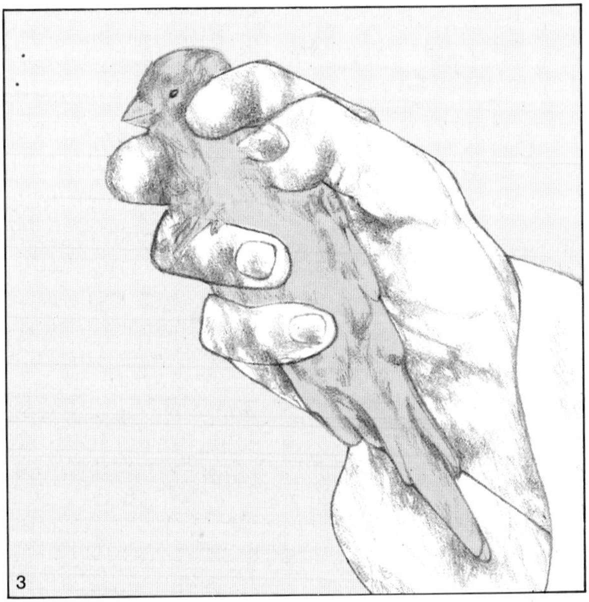
3

3. Ruhigstellen kleiner Vögel: So hält man sie richtig

EINGEBEN VON MEDIKAMENTEN

Um die Anweisungen des Tierarztes korrekt befolgen zu können, sollte jeder Tierhalter sich darüber informieren, auf welche Weise Medikamente eingegeben werden können, und lernen, es selbst zu tun.

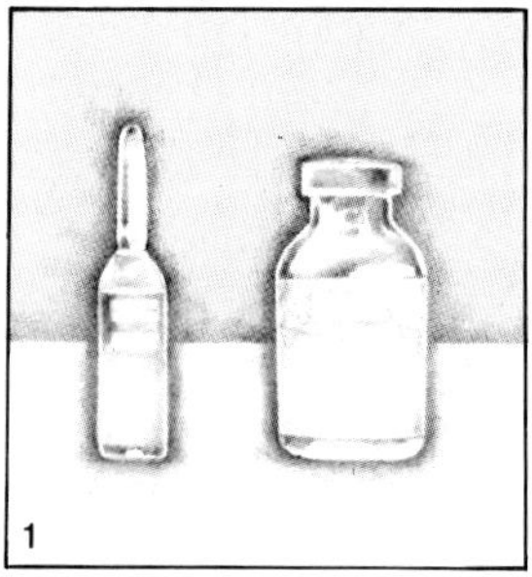
1

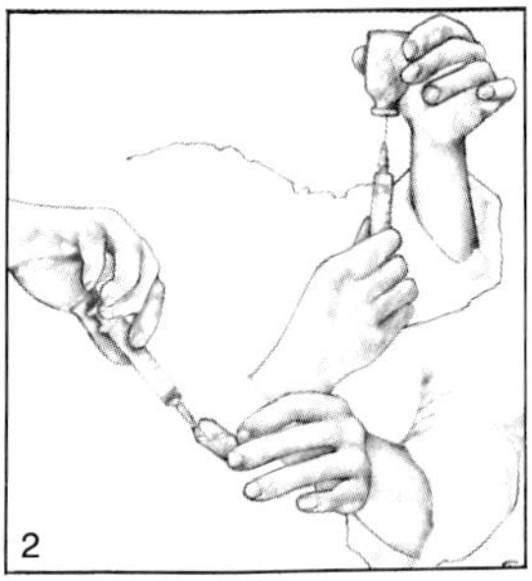
2

Katzen und Hunde

■ **Injektionen**

■ Zu injizierende Medikamente sind im allgemeinen in Ampullen oder in Flaschen mit einem Gummistopfen erhältlich (Abb. 1).

Um eine Ampulle zu öffnen, muß sie oft erst mit einer Ampullensäge angeritzt werden. Stets werden mindestens drei Kerben in den Flaschenhals gesägt und die Ampulle vor dem Öffnen in ein Tuch oder etwas Watte eingehüllt, um Verletzungen der Finger zu vermeiden. Bei Flaschen wird der Sicherheitsverschluß entfernt und der Gummistopfen dort, wo er durchstochen werden soll, mit Alkohol desinfiziert.

– Die Nadel tief in die Flasche schieben und die gewünschte Menge aufziehen (Abb. 2). Um das Aufziehen zu erleichtern, vorher etwas Luft in die Flasche injizieren.

In der Spritze darf sich keine Luft befinden:
– Die Nadel nach oben richten und den Kolben geringfügig zurückziehen.
– Mit dem Fingernagel leicht gegen die Spritze klopfen, damit sich mögliche Luftblasen lösen und nach oben steigen (Abb. 3).
– Den Kolben aufwärtsdrücken, bis der erste Tropfen der Flüssigkeit aus der Nadel tritt (Abb. 4).

3

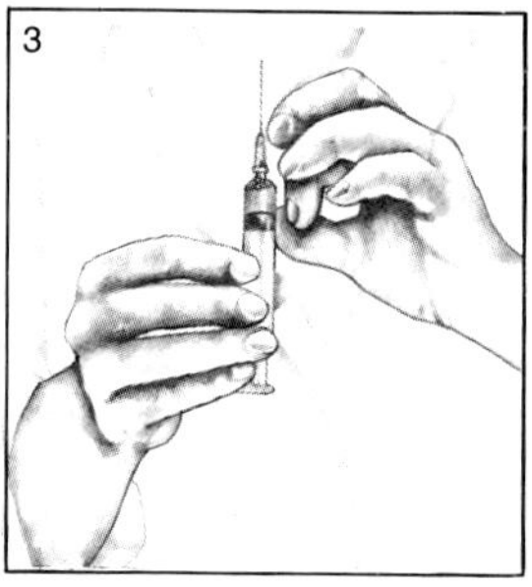

4

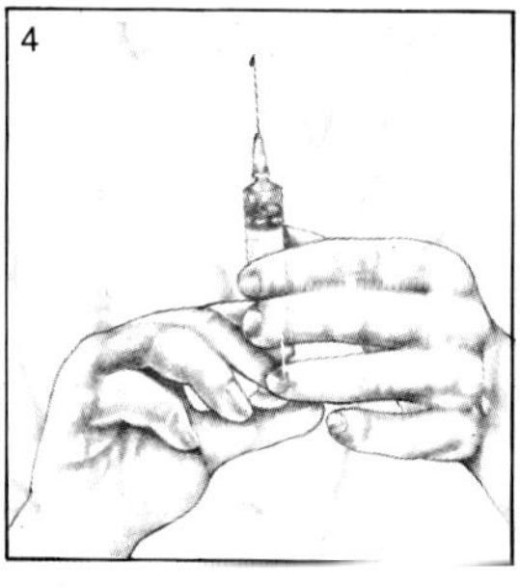

■ Subkutane Injektionen

■ Neben dem Eingeben durch das Maul ist die subkutane Injektion die einfachste Methode zur Verabreichung von Medikamenten. Korrekt ausgeführt, ist sie ungefährlich und schmerzlos.

Wohin spritzen?

Bei einer subkutanen Injektion wird das Medikament in die Gewebeschicht gespritzt, die zwischen der Oberhaut und den darunterliegenden Muskelschichten liegt; dieses Gewebe findet sich am ganzen Körper, aber aus praktischen Gründen werden Hals- und Rückenbereich bevorzugt.

Direkt über den Schulterblättern oder der Wirbelsäule sollte nach Möglichkeit nicht gespritzt werden, weil die Gefahr besteht, daß die Nadel (aus irgendeinem Grund) einen Knochen trifft, vor allem, wenn das Tier eine plötzliche Bewegung macht.

Die auf der Abbildung (Abb. 5) gezeigten Körperstellen sind am sichersten und besonders leicht zugänglich. Am Hals ist die Haut gewöhnlich dicker und unempfindlicher, vor allem bei Katzen, und deshalb ist das Nackenfell besonders gut geeignet, um das Tier daran festzuhalten. Wenn man keinen Helfer hat, ist das Nackenfell für eine Injektion der geeignetste Ort (Abb. 6).

Eine Injektion am Rücken ist leichter durchzuführen, weil die Haut dort dünner ist, aber das Tier hat dabei mehr Bewegungsfreiheit (Abb. 7). In diesem Fall braucht man jedoch einen Helfer, der das Tier festhält.

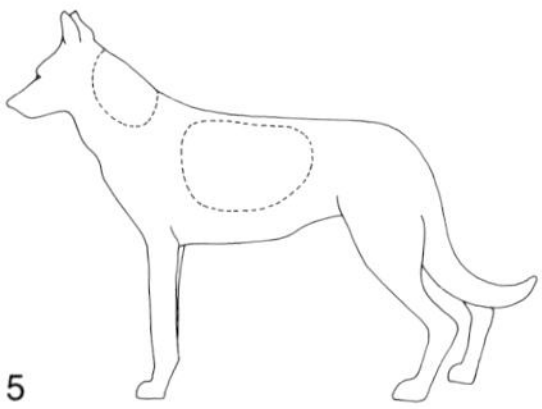

5

Subkutane Injektion:
1.–2.–3.–4. Vorbereitung;
5. empfohlene Injektionsstellen;
6. Injektion am Hals;
7. Injektion am Rücken

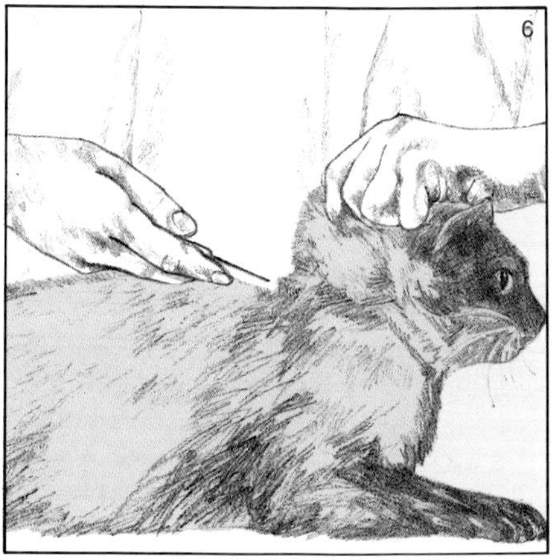

6

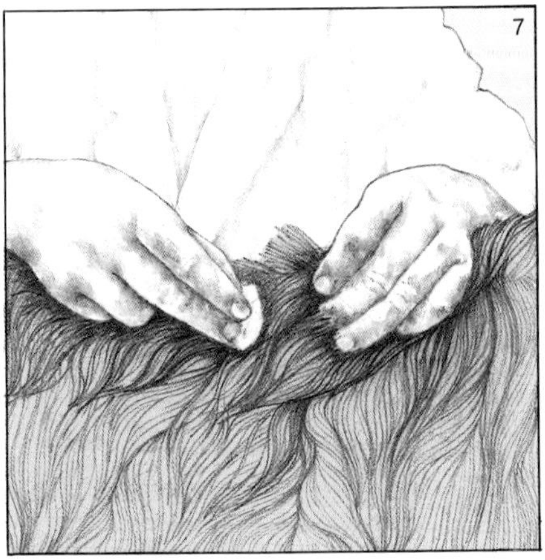

7

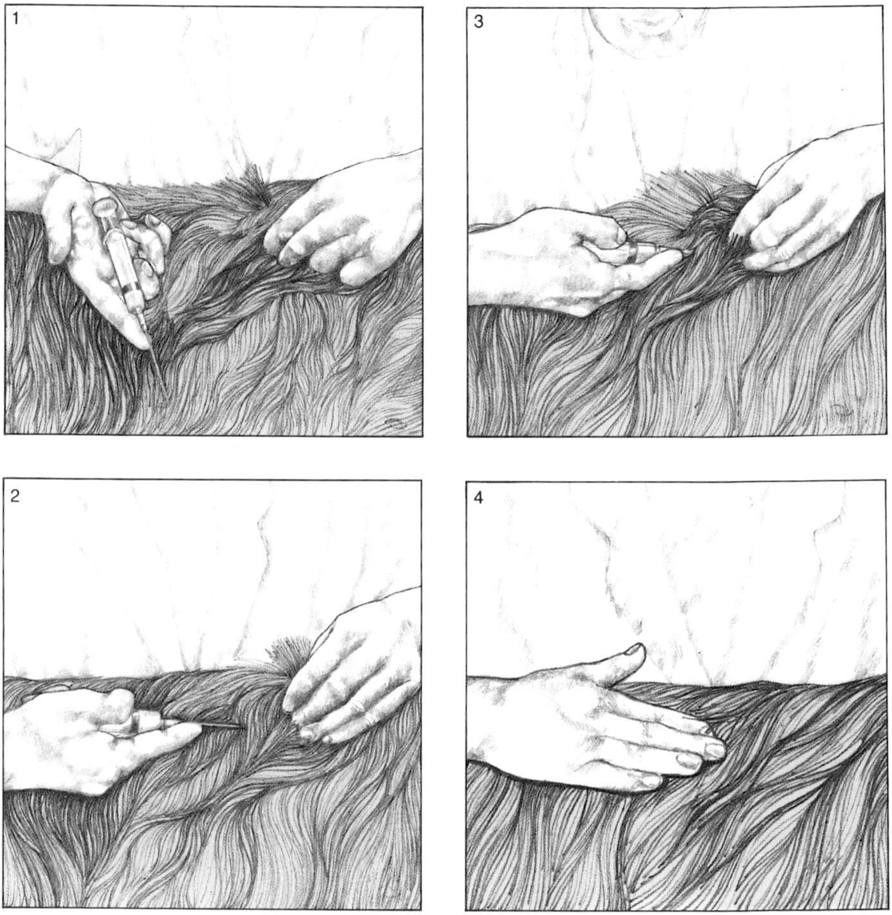

Spritzen

1.–2.–3.–4. Verabreichen einer subkutanen Injektion am Rücken mit nachfolgender Massage.

– An der ausgewählten Stelle eine Hautfalte zwischen Daumen und Zeigefinger greifen (Abb. 6 und 7 auf der vorhergehenden Seite), sie anheben und mit Alkohol desinfizieren, der beim Verdunsten kühlt und das Schmerzempfinden verringert.
– Die Spritze halten wie auf Abb. 1 gezeigt. Der Zeigefinger liegt auf der Nadel, so daß sie sicher geführt werden kann und nicht zu tief in die Haut eindringt.
– Die Spritze auf den unteren Rand der Hautfalte richten und dann etwas neigen, so daß die Nadelspitze nach oben zeigt (Abb. 2).

– Die Haut durchstechen, die Nadel etwa 1–2 cm tief einschieben und den Kolben langsam niederdrücken. Es kann schwierig sein, die Handhaltung zu verändern, ohne die Spritze zu bewegen; wenn die Spritze nicht zu groß ist, kann man versuchen, den Kolben mit dem Handballen herunterzudrücken (Abb. 3). Die Flüssigkeit fließt leicht hinaus, von dickflüssigeren Medikamenten vielleicht abgesehen. Wenn ein starker Widerstand zu spüren ist, kann die Nadel etwas vor- oder zurückgezogen werden; sollte auch dies nichts nützen, wird die Nadel herausgezogen und eine andere Injektionsstelle gewählt.

– Die betreffende Körperstelle muß nach der Injektion sanft massiert werden (Abb. 4).

Mögliche Nebenwirkungen

Eine korrekt durchgeführte subkutane Injektion ist relativ ungefährlich.

Nur wenn Medikamente in die Haut anstatt unter sie gespritzt werden, kann es zu örtlich begrenzten Entzündungen mit Haarausfall kommen, der bestehen bleibt, wenn die Haarfollikel in Mitleidenschaft gezogen wurden.

Ebenso können sich, wenn ein Medikament in zu großer Menge gespritzt oder vom Körper schlecht absorbiert wird, Knötchen bilden, die zunächst nicht sehr groß und auch nicht sehr fest sind, die aber mit der Zeit anschwellen und härter werden.

■ Intramuskuläre Injektion

Eine intramuskuläre Injektion wird vorgenommen, wenn ein Medikament seine Wirkung in kürzerer Zeit tun muß.

Sie ist leichter durchzuführen als die subkutane Injektion, aber etwas gefährlicher, weil die Nadel tiefer eindringt. Es besteht die Gefahr der Verletzung von Nerven oder dem versehentlichen Spritzen in Venen oder Arterien.

Wohin spritzen?

Im allgemeinen wird intramuskulär in den Oberschenkel oder in die Lendengegend gespritzt und zwar an der auf Abb. 1 auf der nächsten Seite gezeigten Stelle.

– Die Lendengegend empfiehlt sich bei Medikamenten, die stark reizen und zu einer Lahmheit führen können. Schwierigkeiten können auftreten, wenn das Tier mager, klein oder schwach bemuskelt ist.

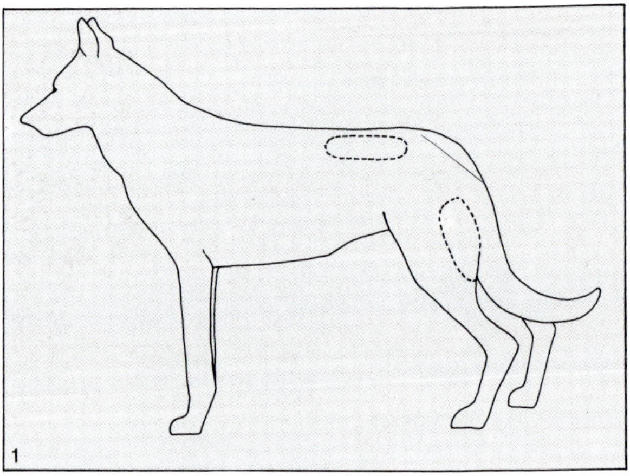

1

Intramuskuläre Injektion:
1.–2. Empfohlene Injektionsstellen;
3.–4. Festhalten des Tieres

Ausführung einer intramuskulären Injektion:
5. Hautdesinfektion;
6. Halten der Spritze

Am häufigsten wird in den Oberschenkel gespritzt, die Injektionsstelle muß jedoch sorgfältig ausgewählt werden, damit der Hüftnerv nicht verletzt wird. Zuerst das Knie und den Knochenvorsprung am oberen Ende des Oberschenkelknochens suchen (siehe Anatomie-Tafel auf Seite 10) und sie durch eine imaginäre Gerade verbinden. Dann denkt man sich eine von der Mitte dieser Linie ausgehende Senkrechte zur Hinterkante des Oberschenkels. Entlang dieser zweiten Linie ist die Injektion gefahrlos möglich (Abb. 2).

Festhalten

Bei einer intramuskulären Injektion ist besondere Vorsicht angebracht. Ruhige Katzen und Hunde können im Stehen behandelt werden, wobei sie von einem Helfer gehalten werden (Abb. 3). Unruhige Tiere werden auf die Seite gelegt und gut festgehalten, wie auf den Seiten 26 und 27 gezeigt.
Mit einer Hand die Hinterpfote des oben liegenden Beines, in das gespritzt werden soll, direkt oberhalb des Sprunggelenks umfassen, mit der anderen die Spritze halten (Abb. 4).

Spritzen

Die Injektionsstelle mit einem in Alkohol getränkten Wattebausch gut abreiben (Abb. 5).
– Die Spritze halten wie abgebildet (Abb. 6, vorhergehende Seite). Bei kleinen Tieren mit entsprechend dünner Muskulatur sorgt der auf der Nadel liegende Zeigefinger dafür, daß die Nadel nicht zu tief eindringt.

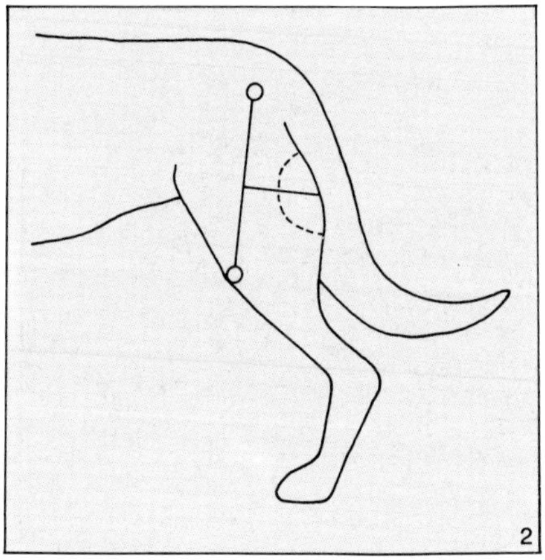
2

3

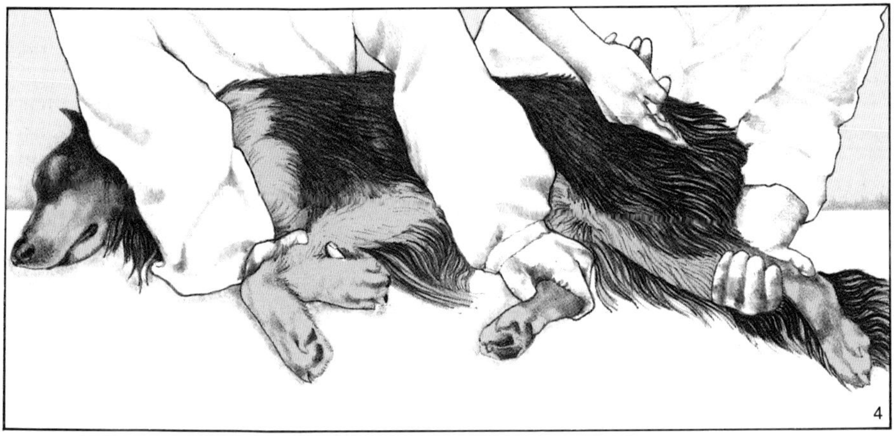
4

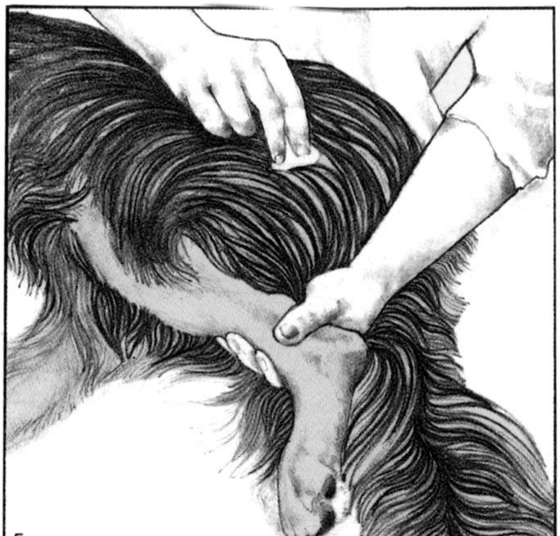
5

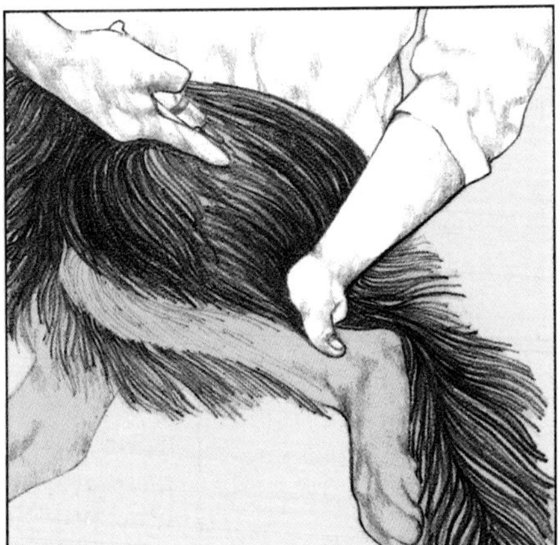
6

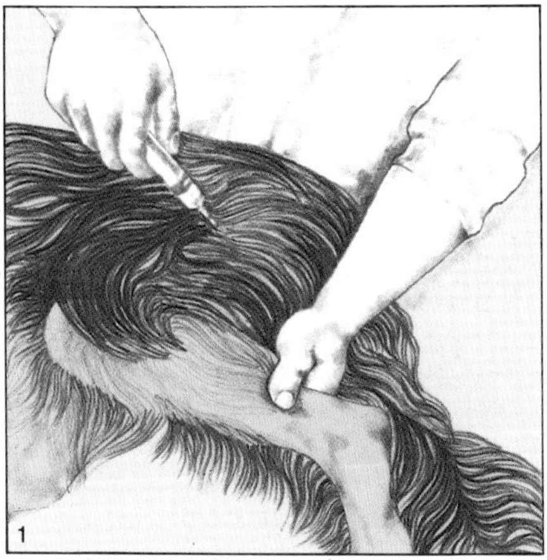
1

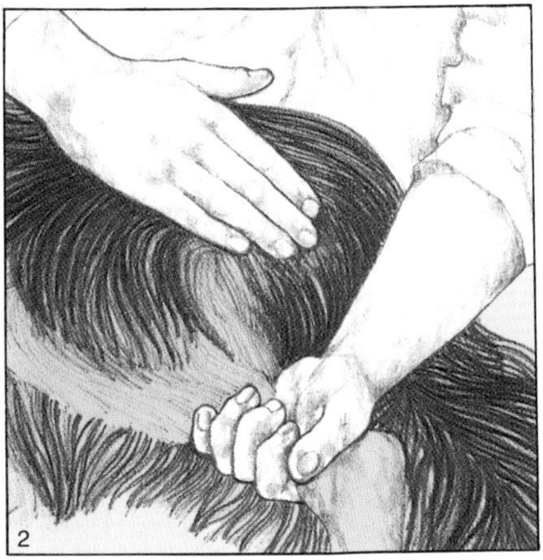
2

Ausführung einer intramuskulären Injektion:
1. Einstechen der Nadel;
2. Massage

– Vor dem Einstechen wird die Nadel aufwärts gegen die Hinterkante des Oberschenkelmuskels gerichtet. Die Nadel etwa 1–2 cm tief einstechen, je nach Größe des Tieres. Vor dem Niederdrücken muß der Kolben etwas zurückgezogen werden; wenn nichts aufgezogen werden kann, befindet sich die Nadelspitze im Muskel und damit am richtigen Ort; wenn Blut aufgezogen werden kann, ist die Nadel in ein Blutgefäß eingedrungen und muß wieder herausgezogen werden. Eine andere Injektionsstelle wählen (Abb. 1). Wenn die Nadel richtig eingestochen ist, wird der Kolben langsam niedergedrückt.
– Den betreffenden Körperteil nach der Injektion gut massieren (Abb. 2).

Mögliche Nebenwirkungen

Wenn der Hüftnerv oder ein Zweig von ihm durch einen Fehler des Behandelnden oder eine plötzliche Bewegung des Tieres verletzt wird, kommt es vor allem bei Katzen und kleinen Hunden zu einer mehr oder weniger starken Lähmung des betroffenen Beines.
Ernste Schwierigkeiten treten auf, wenn Suspensionen oder ölige Lösungen versehentlich nicht in einen Muskel, sondern in ein Blutgefäß injiziert werden, denn dann kann es zur Verstopfung von mikroskopisch kleinen Kapillargefäßen kommen. Außerdem gibt es einige Medikamente, die eine gefährliche Wirkung zeigen, wenn sie in den Blutkreislauf injiziert werden.

■ Eingeben von Tabletten, Kapseln und Pillen

■ Das Eingeben von Tabletten und Kapseln ist weder unangenehm noch schmerzhaft, aber es kann zum Problem werden, wenn das Tier nicht mitspielt und versucht, sich zu wehren, indem es die Zähne zusammenbeißt oder sich weigert zu schlucken.
Hier helfen nur Schnelligkeit und Entschlossenheit: Man muß das Tier überraschen, darf es aber nicht ängstigen. Es sollte möglichst nicht merken, daß man vorhat, ihm etwas einzugeben. Dazu öffnet man die Packung mit dem Medikament leise und ohne daß das Tier es sieht.
Zum Zerkleinern von Tabletten eignen sich ein scharfes Messer oder eine Rasierklinge am besten; wenn die Tablette keine eingeprägten Furchen zum Durchbrechen hat, schneidet man mit der Klinge welche hinein, damit sie nicht zerkrümeln. Nach dem Zerkleinern werden Pulverreste weggepustet, damit sie keinen schlechten Geschmack im Maul des Tieres hinterlassen. Bestimmte Geschmacksrichtungen führen besonders bei Katzen zu verstärktem Speichelfluß.
Im Gegensatz zu Kapseln und Pillen, die sich relativ leicht schlucken lassen, haben Tabletten eine rauhere Oberfläche, was zu Problemen führen kann. Ein bewährter Trick ist es, sie mit etwas Vaseline oder Pflanzenöl gleitfähiger zu machen. Es sollte jedoch beim Tierarzt rückgefragt werden, ob dies die Wirkung der Tabletten nicht beeinträchtigt.

Verabreichung

– Die Tablette, die Kapsel oder die Pille zwischen Zeige- und Mittelfinger einer Hand nehmen und mit der anderen Hand das Maul des Tieres öffnen wie auf den Abbildungen gezeigt: Die Oberlippe auf einer Seite mit dem Daumen und auf der anderen Seite mit Zeige- und Mittelfinger direkt hinter den Reißzähnen gegen die Zähne drücken. Sowie sich das Maul ein wenig öffnet, den Unterkiefer mit dem Mittelfinger der Hand herunterziehen, die die Tablette hält (Abb. 1 und 2 auf der nächsten Seite),.
– Sobald das Tier das Maul geöffnet hat, die Tablette auf den Zungenrücken legen (Abb. 3 auf der folgenden Seite).
– Das Maul sofort schließen, den Kopf geringfügig hochhalten. Um zum Schlucken anzuregen, leicht gegen das Kinn tippen oder die Kehle mehrmals und sanft abwärts streicheln; wenn das Tier zu schlucken beginnt, die Schnauze loslassen (Abb. 4).

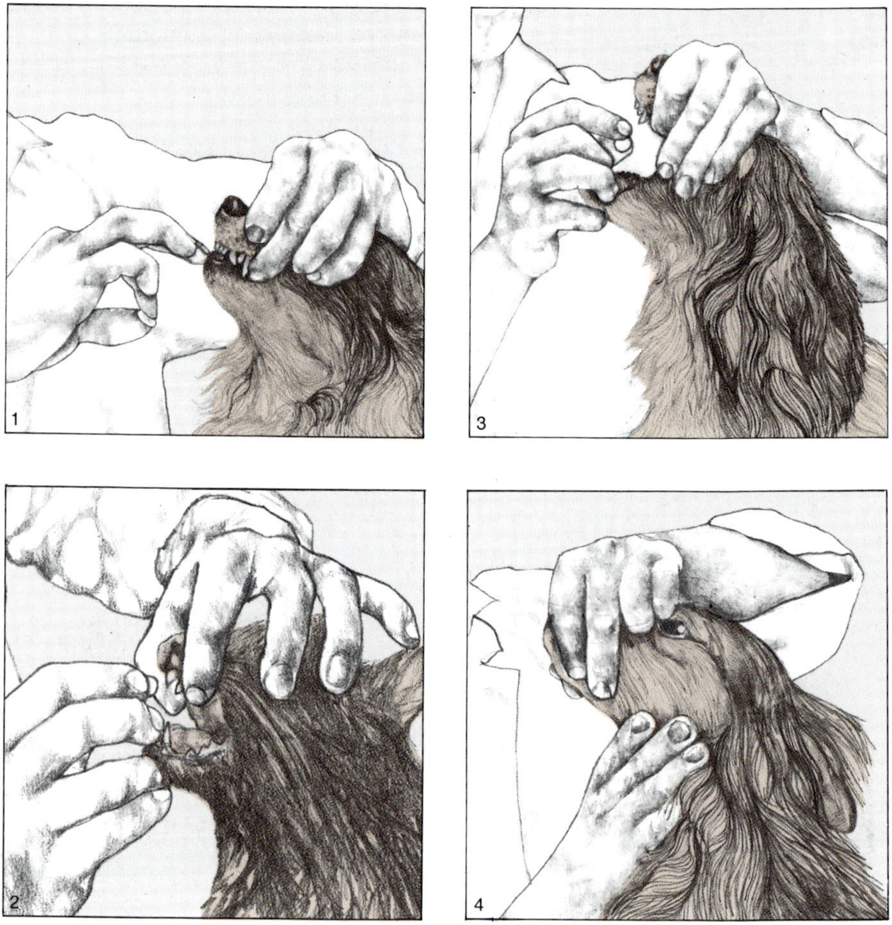

1.–2.–3.–4. Die Bilderfolge zeigt, wie eine Tablette verabreicht wird.

Falls der Versuch mißlingt, muß das Tier entweder zum Schlucken gezwungen werden, indem man ihm mit einer Spritze oder einem kleinen Glas etwas Wasser einflößt, wie im nächsten Kapitel beschrieben, oder man gibt das Medikament mit dem Futter, vorausgesetzt, seine Wirksamkeit wird dadurch nicht eingeschränkt.

Kapseln und Pillen können nicht zerkleinert werden und werden am besten in einem aufgeschnittenen Fleisch-, Käse- oder Schokoladenstück oder einem Ball aus Hackfleisch versteckt.

Tabletten können zerkleinert und unter das Futter gemischt werden, die einzelnen Stücke dürfen

jedoch nicht zu klein sein, damit das Futter keinen unangenehmen Geschmack annimmt.
Diese Methode ist jedoch nur sinnvoll, wenn das Tier nicht unter Appetitlosigkeit leidet.

■ Eingeben von Sirup oder Tropfen

■ Flüssige Medikamente können entweder mit der ihnen meist beiliegenden Pipette eingegeben werden, bei ruhigen und kooperativen Tieren auch mit einem Teelöffel, einer Tasse oder einem Glas.
Allerdings gibt es nur sehr wenige Tiere, die flüssige Medikamente freiwillig schlucken. Bei Katzen und Hunden ist es im allgemeinen einfacher, eine Spritze ohne Nadel oder eine Pipette zum Eingeben zu benutzen.

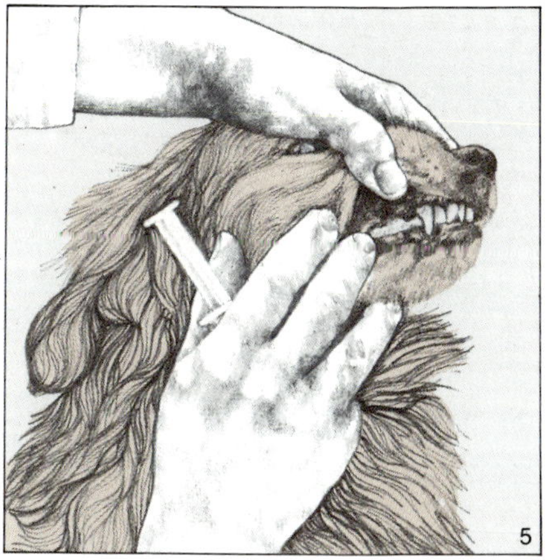

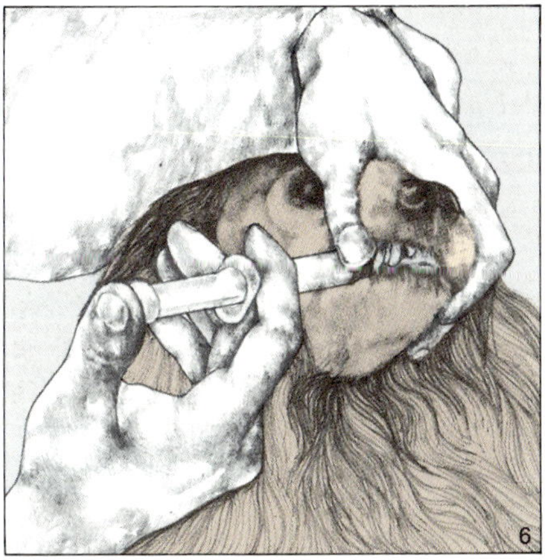

Verabreichung

– Die Spritze von der Seite her zwischen dem Eckzahn und den Backenzähnen ins Maul schieben (Abb. 5) und auf die Zunge legen; auf den Rachen richten und den Kopf leicht hochhalten (Abb. 6).
– Kolben der Spritze herunterdrücken: sobald die Flüssigkeit austritt, beginnt das Tier zu schlucken. Die Verabreichung sollte schnell geschehen, aber genug Zeit für die normalen Schluckvorgänge lassen, damit nicht ein Teil des Medikaments in die Luftröhre gerät und einen Hustenreiz auslöst. Wenn das geschieht, die Verabreichung unterbrechen, die Spritze herausziehen und nach einigen Minuten einen weiteren Versuch unternehmen.

5.–6. Verabreichung von flüssigen Medikamenten mit einer Spritze

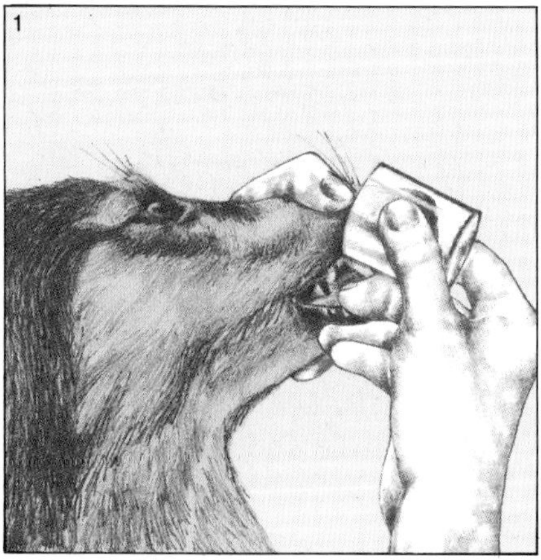

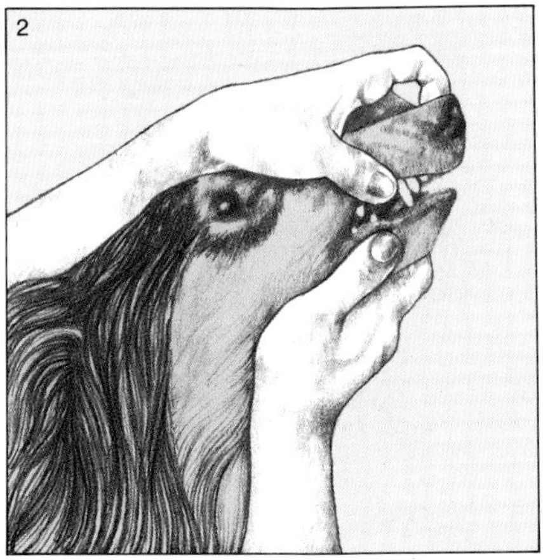

1. – 2. Eingeben von Medizin mit einem kleinen Becherglas

Wenn das Tier eine größere Menge Flüssigkeit schlucken soll, benutzt man Bechergläser oder kleinere Flaschen. Die Flüssigkeit seitlich ins Maul träufeln, wobei die Unterlippe wie ein Trichter wirkt (Abb. 1). Diese Methode funktioniert jedoch nur bei Hunden, und auch nur bei sehr gutmütigen. Wenn das Tier sich weigert, zu schlucken, und die Flüssigkeit in der Backentasche sammelt, hält man seinen Kopf leicht hoch und öffnet die Zähne geringfügig, damit die Flüssigkeit in den Rachenraum läuft (Abb. 2).

■ Einbringen von Medikamenten in die Augen

■ Vor dem Verabreichen von Augentropfen muß zunächst dafür gesorgt werden, daß die Augen sauber sind. Wenn sich im inneren Augenwinkel oder an den Lidrändern Schleim, eitrige Absonderungen oder auch angetrocknete Krusten gebildet haben, müssen die Augen sanft und vorsichtig gereinigt werden.

■ Säubern der Augen

■ Zum Reinigen der Augen benutzt man am besten etwas Gaze, die möglichst steril sein sollte; Watte ist zwar auch weich, kann aber fusseln und ist deshalb weniger gut geeignet.

– Die Gaze mit einem Augenwasser anfeuchten (Borwasser oder ähnliches, in der Apotheke in kleinen Flaschen erhältlich). Zum Reinigen der Augen sollte man möglichst kein Leitungswasser verwenden, wenn es jedoch unumgänglich ist, sollte es lauwarm und nicht heiß oder kalt sein.

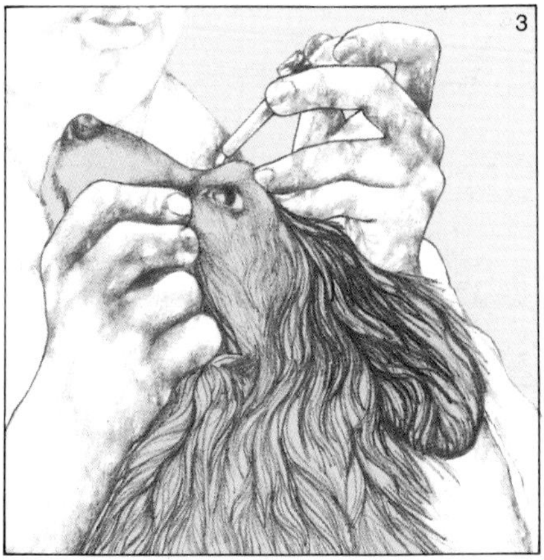

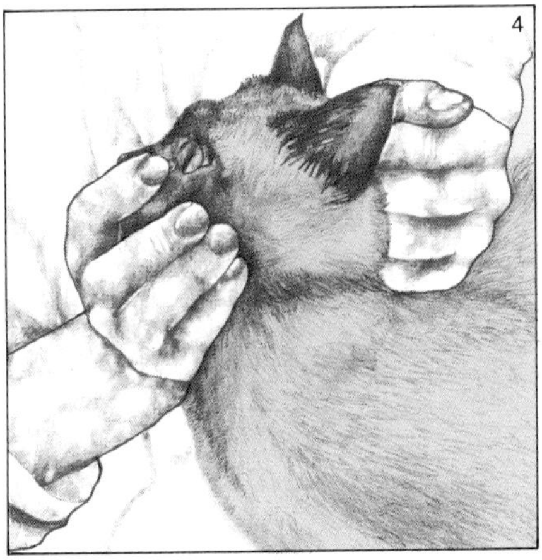

3. Einbringen von Augentropfen
4. Einbringen von Augensalbe

– Die Augen mit der angefeuchteten Gaze mehrmals vorsichtig von der Nase nach außen hin abwischen.
– Die Lider mit trockener Gaze, einem sauberen Tuch oder etwas Küchenpapier abtupfen; niemals Watte benutzen.

■ Augentropfen

■ Den Kopf mit einer Hand leicht anheben; die Schnauze mit Daumen und Zeigefinger fixieren und gleichzeitig mit dem Mittelfinger das untere Lid herunterziehen. Mit der anderen Hand die Flasche oder Pipette halten und ein oder zwei Tropfen ins Auge fallen lassen; größere Mengen rinnen wieder heraus und sind damit vergeudet. Die Entfernung zwischen Flaschenspitze und Auge sollte etwa 2 cm betragen, damit bei plötzlichen Bewegungen des Tieres nicht die Gefahr einer Hornhautverletzung besteht (Abb. 3).

■ Augensalbe

■ Einen 3–5 cm langen Salbenstrang aus der Tube auf den Innenrand des unteren Lides auftragen; das Tier wird blinzeln und so die Salbe gleichmäßig verteilen.
Die Tube direkt an das Auge zu halten, kann gefährlich sein, wenn sich das Tier bewegt; es ist deshalb einfacher und sicherer, die Salbe mit der gründlich gewaschenen Spitze des Zeigefingers aufzutragen, wie in Abb. 4 gezeigt. Mit dem Mittelfinger derselben Hand kann der Lidrand etwas heruntergezogen werden.

■ Ohrensalbe

■ Bevor Tropfen in den Gehörgang oder Salbe auf die Ohrmuschel aufgebracht werden können, muß das Ohr sauber sein. Ohrenschmalz und andere Absonderungen, die am besten mit Hilfe einer kleinen Taschenlampe zu erkennen sind (Abb. 1), können die Wirksamkeit des Medikaments beeinträchtigen.

■ Säubern der Ohren und Einbringen des Medikaments

■ Das Ohr muß sehr vorsichtig gesäubert werden, vor allem, wenn die Schleimhäute entzündet sind. Die Gefahr, das Trommelfell zu verletzen, besteht kaum, weil dies der Aufbau des äußeren Gehörganges bei Hund und Katze nicht zuläßt (Anatomie-Tafel, Seite 16); ganz sicher geht man, wenn ein Helfer das Tier gut festhält (siehe Seite 31), und wenn man sich an die hier gegebenen Anweisungen hält.
Es gibt viele Medikamente, um menschliche oder tierische Ohren sauberzuhalten. Der Tierarzt wird ein geeignetes Präparat vorschlagen. Eine andere Möglichkeit besteht darin, einige Tropfen des zur Behandlung des Ohrproblems verordneten Medikaments auch zum Reinigen der Ohren zu verwenden; nach der Reinigung muß natürlich noch einmal nachgetropft werden.

— Eine Hand hält die Ohrmuschel so fest, daß der äußere Gehörgang freiliegt; mit der anderen Hand einige Tropfen hineinträufeln und verhindern, daß die Spitze der Flasche oder Pipette das Ohrinnere berührt (Abb. 2).
— Das untere Ende der Ohrmuschel kurz durchmassieren, damit sich das Medikament gleichmäßig verteilt (Abb. 3).
— Einige Minuten abwarten, bis Ohrenschmalz und andere Absonderungen sich gelöst haben.
— Den senkrechten Teil des äußeren Gehörganges (siehe Anatomie-Tafel, Seite 16) mit einem Wattestäbchen von guter Qualität reinigen. Von unten nach oben auswischen, den Stab senkrecht halten und so tief hineinschieben, wie es die Form des Ohres erlaubt: wenn die Watte den Punkt erreicht, an dem der horizontale Gehörgang vom vertikalen abzweigt, kann sie nicht tiefer eindringen (Abb. 4). Der äußere Teil des Gehörganges und das Innere der Ohrmuschel können mit etwas Watte gereinigt werden, die um die Fingerspitze gelegt wird (Abb. 5).

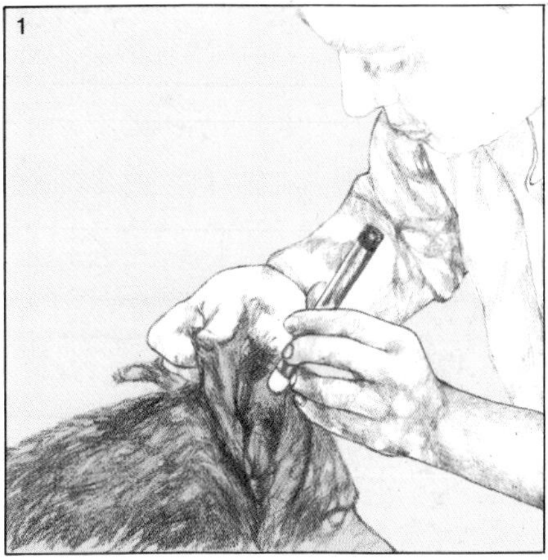

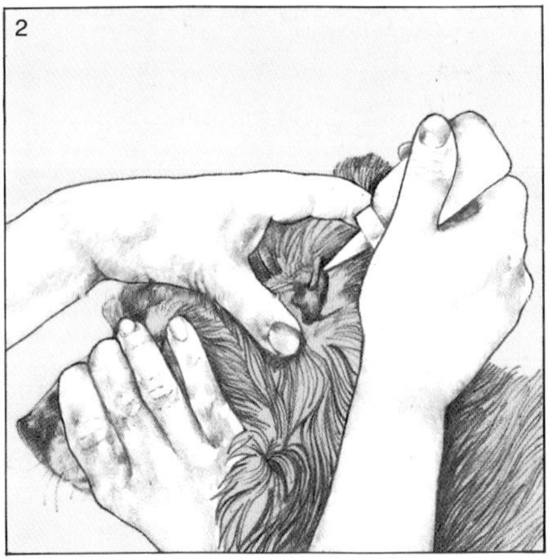

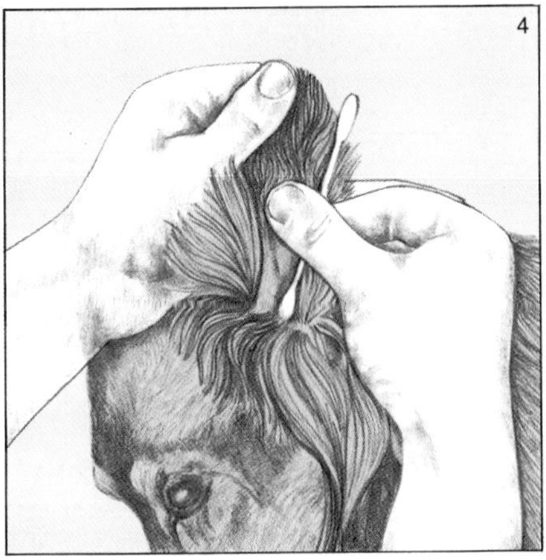

Säubern der Ohren:
1. Untersuchung mit Hilfe einer Taschenlampe;
2. Einbringen des Medikaments;
3. Massage;
4. Säuberung mit einem Wattestäbchen;
5. Säuberung mit einem Wattebausch

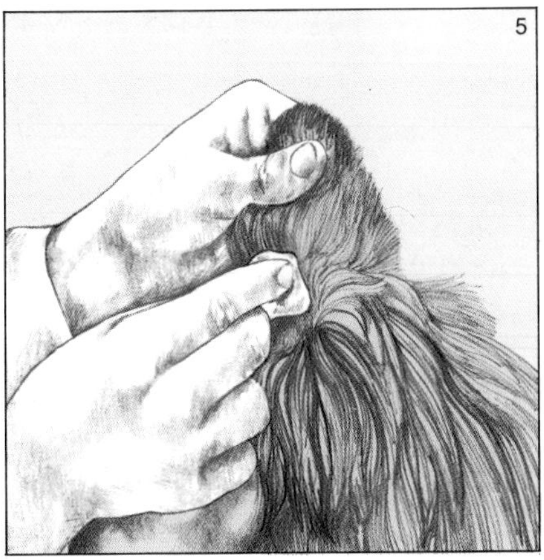

Nach dem Säubern wird das Medikament wie vom Tierarzt verordnet (Menge, Häufigkeit) in den Gehörgang eingebracht. Je nach Art des Präparates und Größe des Tieres werden im allgemeinen zwischen zwei und fünf Tropfen benötigt.

■ Maulspülungen

■ Katzen und Hunde wird man kaum dazu bringen können, daß sie freiwillig ihr Maul so ausspülen lassen, daß der gewünschte Zweck erreicht wird. Einfacher ist es, Lösungen direkt auf das Zahnfleisch aufzutragen:

Verabreichung

— Mehrere Gazeschichten oder ein mehrfach gefaltetes Stück Gaze wie eine Kappe um die Spitze des Zeigefingers legen und mit dem Daumen dort fixieren (Abb. 1).
— Den umwickelten Finger solange in die Lösung tauchen, bis die Gaze sich mit der Lösung vollgesogen hat (Abb. 2).
— Mit dem Zeigefinger sanft über das Zahnfleisch fahren, langsam von unten nach oben und von vorn nach hinten massieren (Abb. 3).

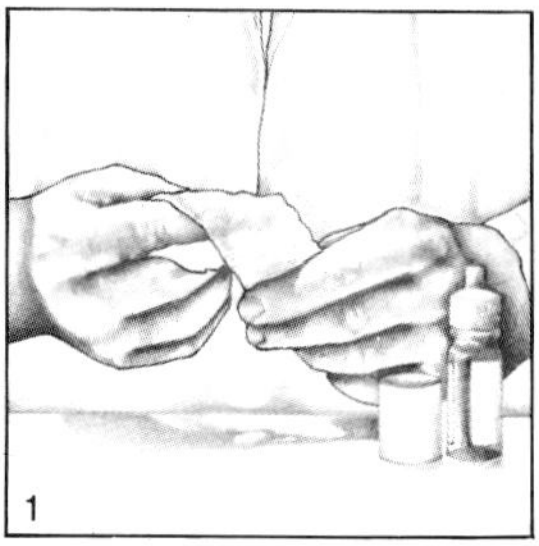
1

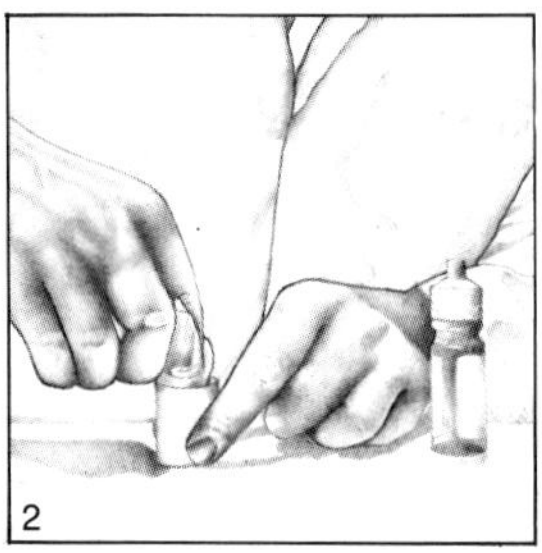
2

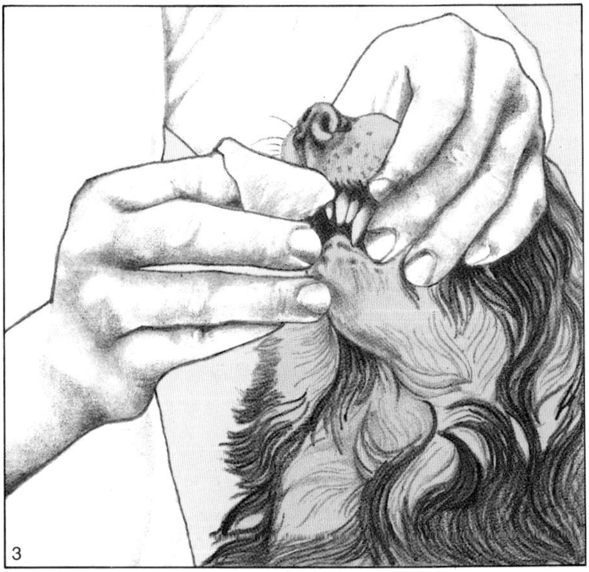
3

■ Zähneputzen

■ Bei Katzen und Hunden bildet sich ein bakterieller Zahnbelag zwischen Zähnen und Zahnfleisch

(er sieht aus wie eine gelblich-graue Kruste). Auf diesem Zahnbelag lagern sich allmählich im Speichel enthaltene Mineralsalze ab, und es entsteht eine harte und übelriechende Kruste, der sogenannte Zahnstein.
Mit der Zeit wird der Zahnstein immer dicker und breitet sich aus, führt zur Zahnfleischentzündung und schließlich zum Zahnfleischschwund (siehe Abb. 1 und 2 auf Seite 224). Wie schnell sich Zahnstein bildet, ist von Tier zu Tier verschieden, es hängt von individuellen Faktoren, der Ernährung und der Rasse ab. In jedem Fall ist es sinnvoll, die Zähne mindestens einmal wöchentlich zu putzen. Wenn man es richtig macht, bleiben die Zähne gesund, die Gefahr von Abszessen an den Wurzelspitzen und Zahnfleischentzündungen verringert sich, was den Maulgeruch bei älteren Tieren erträglicher werden läßt.
Das Zähneputzen ist nicht ganz einfach und wird von den meisten Tieren auch nicht besonders geschätzt, vor allem wenn es sich um unruhige und ungeduldige Tiere, besonders Katzen, handelt. Ruhig aber entschlossen handeln, um das Tier allmählich daran

1.–2.–3. **Auftragen eines Mundwassers auf das Zahnfleisch mit einem Gazetupfer;**
4.–5. **Vorbereiten einer Zahnbürste**

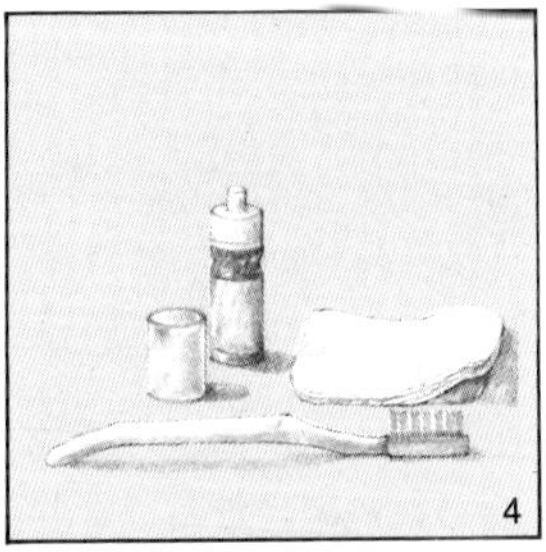

zu gewöhnen. Man beginnt, wenn das Tier etwa 6–7 Monate alt ist und sämtliche Milchzähne durch das Dauergebiß ersetzt worden sind.

Es gibt zwei mögliche Verfahrensweisen:
1) Eine Kinderzahnbürste mit weichen Nylonborsten (Abb. 4) in eine vom Tierarzt empfohlene Zahnreinigungslösung tauchen oder auch nur in warmes Wasser mit etwas doppeltkohlensaurem Natrium (1 Teelöffel auf ein halbes Glas Wasser) (Abb. 5).
Die Zähne mt kreisenden Bewegungen vorsichtig

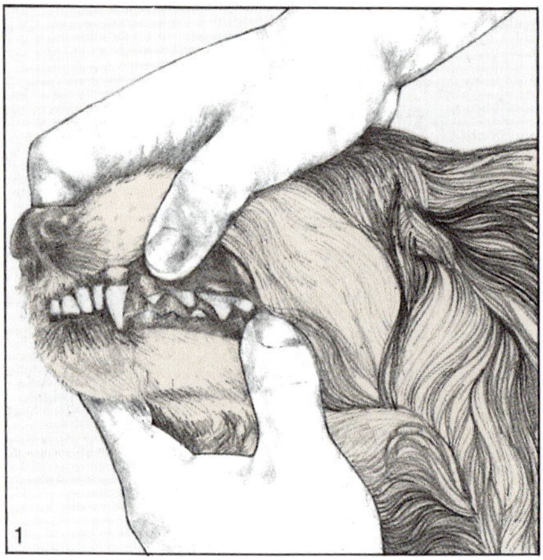
1

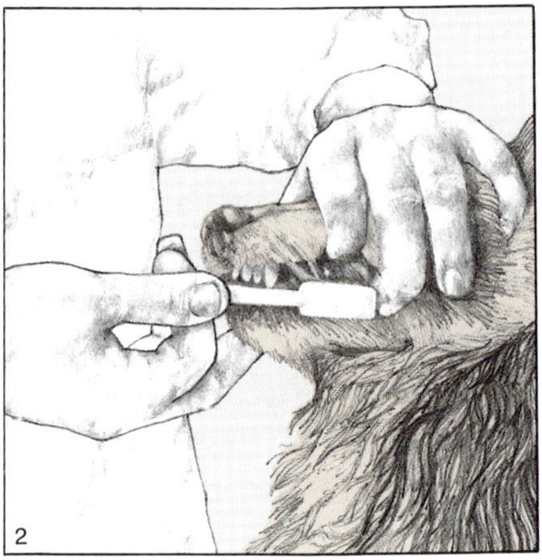
2

bürsten; am Übergang zwischen Zähnen und Zahnfleisch und an den Zähnen, die am schnellsten Zahnstein ansetzen (Reißzähne und obere Schneidezähne) stärker aufdrücken (Abb. 1 und 2).

2) Wenn das Tier nicht mitspielt oder Form und Kleinheit des Maules Schwierigkeiten bereiten (Katzen, kleine Hunde), werden die Zähne mit Gaze geputzt (siehe Abb. Seite 50). Mit einem Finger sind die Backenzähne leichter zu erreichen, und die Tiere lassen sich das Putzen mit einem Finger eher gefallen als mit einer Bürste (Abb. 3).

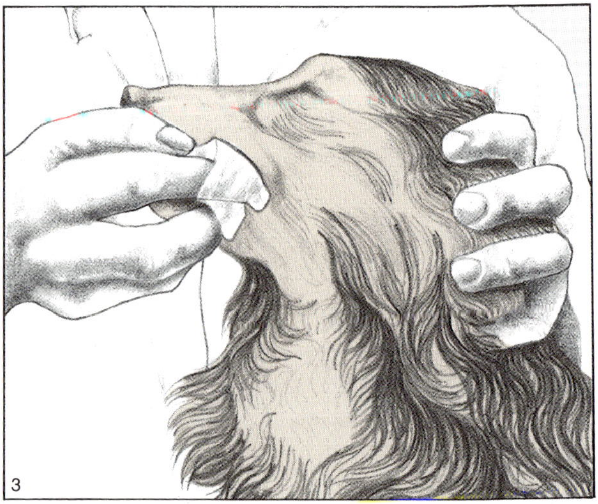
3

Zähneputzen:
1.–2. mit einer Zahnbürste;
3. mit Gaze

Folgende Seite:
Eingeben von Medikamenten bei Kleinsäugern:
4. ins Maul
5. durch subkutane Injektion

Kleinsäuger

■ **Eingeben von Medikamenten**

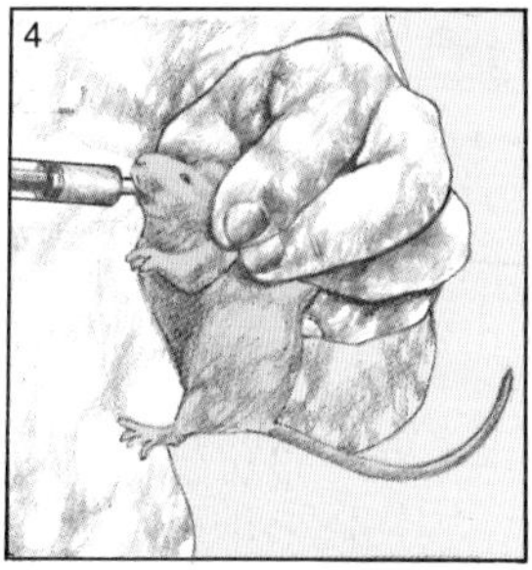

■ Bei größeren Tieren wie Kaninchen und Meerschweinchen ist das Eingeben von Medikamenten relativ einfach; man verfährt ebenso wie bei einer Katze und träufelt die Flüssigkeit mit einem Teelöffel oder noch besser mit einer Spritze ohne Nadel ins Maul. Bei kleineren Tieren, die nicht leicht zu greifen und festzuhalten sind, ist die Aufgabe schwieriger. Streifenhörnchen, Hamster und Rennmäuse wehren sich, und man braucht einen Helfer, um ihnen ein Medikament einzugeben. Er hält das Tier wie auf Seite 34 beschrieben fest, so daß man mit einer sehr kleinen (1 ml) Spritze das Medikament eingeben kann (Abb. 4).

■ **Auftragen von Salben und Cremes:**

■ Salben und Cremes sollten nur verwendet werden, wenn es unbedingt erforderlich ist, denn Nagetiere putzen sich sehr viel und würden einen großen Teil des Medikaments ablecken.

■ **Injektionen**

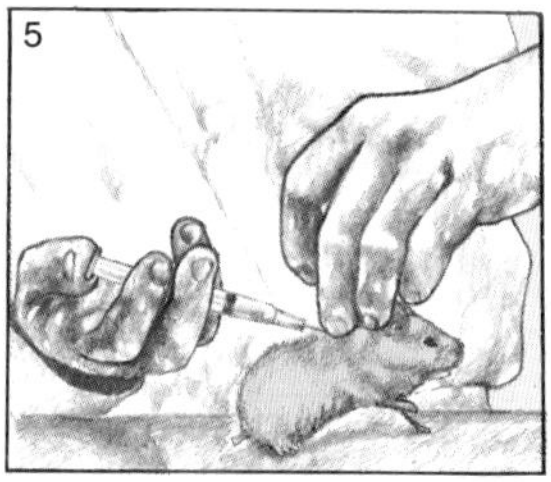

■ Subkutane Injektionen bei Kaninchen und Meerschweinchen sind einfach und problemlos. Bei kleineren Säugetieren empfiehlt sich diese Injektionsform jedoch nicht. Ist sie gar nicht zu vermeiden, ist die geeignetste Stelle die Haut im Nacken, die jedoch sehr zäh ist (Abb. 5).

Vögel

■ **Eingeben von Medikamenten**

■ Am häufigsten und einfachsten werden Vögeln Medikamente durch den Schnabel verabreicht. Das Medikament wird nach Anweisung des Tierarztes mit dem Wasser oder dem Futter vermischt.
Bei sehr kranken Vögeln, die nicht mehr fressen, werden flüssige Medikamente mit einer Pipette oder einer Spritze ohne Nadel in den Schnabel geträufelt, der danach so gut wie möglich zugehalten werden muß.

■ **Inhalieren**

■ Medikamente zum Inhalieren empfehlen sich vor allem bei Infektionen oder Parasitenbefall der Lunge (Milbenbefall). Den Vogel mit einem kleinen Käfig in einen festverschlossenen Plastikbeutel setzen und 15—20 Minuten inhalieren lassen.

TEMPERATURMESSEN

Die normale Körpertemperatur von Katzen und Hunden beträgt 38,5°C. Sie kann auch etwas höher oder tiefer liegen, was von individuellen Merkmalen (wie der Körpergröße) und möglicher Aufregung abhängt. Tiere werden rektal (im After) gemessen, denn andere Messungen sind gefährlich (im Maul) oder ungenau (in der Achselhöhle).

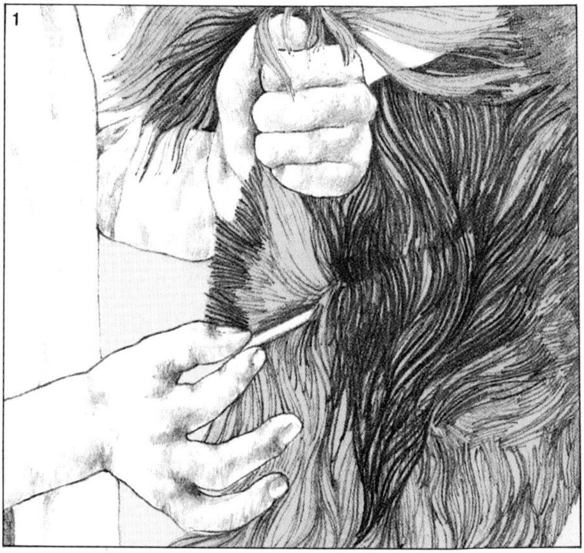

1. Messen der Rektaltemperatur

■ Thermometer

■ Geeignet ist ein normales Fieberthermometer, wie es auch für Menschen verwendet wird. Es gibt sie mit langer und kurzer, breiter Glasröhre; die lange Form ist leichter zu handhaben, die kurze stabiler und damit sicherer.

■ Messen

■ Wenn das Einführen des Thermometers Schwierigkeiten bereitet, vor allem bei Katzen, macht man die Spitze mit etwas Vaseline oder Speiseöl gleitfähiger. Die Spitze wird etwa 2 cm tief – bei großen Hunden etwas tiefer – vorsichtig in den After geschoben. Nach etwa einer Minute kann die Temperatur abgelesen werden (Abb. 1).

■ Beurteilung

■ Temperaturen zwischen 38,5°C und 39°C sind normal. Über 39°C bedeutet Fieber, 40°C bis 42°C hohes Fieber. Eine Temperatur unter 38°C bedeutet Unterkühlung, was bei Schock, zu langem Aufenthalt im Freien bei Minusgraden und bei Hündinnen auch einige Stunden vor dem Werfen auftreten kann. Bei Welpen und jungen Kätzchen liegt die Körpertemperatur in der Regel 0,5°C höher als bei ausgewachsenen Tieren.

ERSTE-HILFE-KASTEN

Ein kleiner, aber gut bestückter Erste-Hilfe-Kasten sollte in jedem Haushalt vorhanden sein und auch auf Reisen oder Ausflügen mitgeführt werden, damit in Notfällen sofort die richtigen Hilfsmittel zur Verfügung stehen. Man kann fertig bestückte Kästen kaufen, aber im allgemeinen ist es sinnvoller, den Inhalt des Kastens selbst zusammenzustellen.

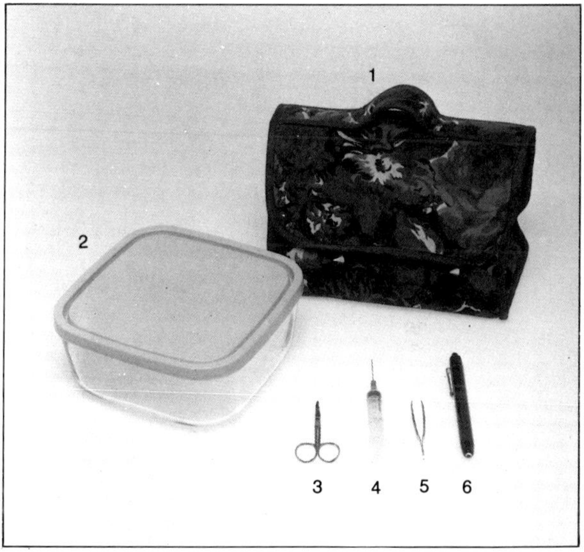

1. Kulturtasche
2. Plastikschale mit Deckel
3. Schere mit abgerundeten Spitzen
4. Spritze
5. Pinzette
6. Taschenlampe

■ **Kasten**

■ Der Kasten muß handlich, leicht, stabil und möglichst wasserdicht sein; geeignet sind zum Beispiel eine Kulturtasche oder eine der billigen und praktischen Tiefkühlboxen mit luftdicht schließendem Deckel.

■ **Instrumente**

■ Die Instrumente müssen von guter Qualität sein und regelmäßig gereinigt und desinfiziert werden, damit sie nicht rosten oder verschmutzen.

Pinzette zum Herausziehen von Dornen, Fremdkörpern in Ohren, Nase oder Augen oder Fellbüscheln und anderen Fremdkörpern aus Wunden. Die beste Form hat eine Pinzette mit schmaler, abgerundeter Spitze. Sie ist in Apotheken und Drogerien erhältlich.

Schere zum Schneiden von Gaze und Heftpflaster und zum Wegschneiden des Fells um eine Wunde; leicht gebogene Scheren mit abgerundeten Spitzen sind am sichersten und leicht zu handhaben. Erhältlich in Apotheken.

Spritzen zum Eingeben von Tropfen, wenn dies erforderlich sein sollte, und zum Desinfizieren tiefer Wunden. Am besten besorgt man sich zwei sterile Spritzen (5 ml) aus der Apotheke.

Taschenlampe zur genaueren Untersuchung von Ohren, Maul oder Wunden. Klein und handlich mit gut gebündeltem Lichtstrahl. Aus dem Elektrofachgeschäft.

■ Staubinden

■ Staubinden aus Gummi zum Abbinden blutender Gliedmaßen,
Sie sind in Apotheken erhältlich. Auch normale Gummibänder erfüllen ihren Zweck, sofern sie mindestens 30 cm lang und stabil genug sind.
Staubinden dürfen nur in Extremfällen verwendet werden und müssen so bald wie möglich wieder gelockert werden (spätestens nach 15 Minuten).

Eisbeutel, nicht zu groß und unförmig, damit auch im Sommer sofort ein Kühlmittel zur Hand ist. Wirkt etwa zehn Minuten lang. Auch nützlich bei kleineren Blutungen, aber auch bei Prellungen, Verstauchungen und Hitzschlag. In der Apotheke oder Drogerie erhältlich.

■ Desinfektionsmittel

■ Sie müssen eine gute antiseptische Wirkung haben und dürfen nicht brennen, damit sich das Tier nicht aufregt. Erhältlich in großen Flaschen, können in kleinere, handlichere Behälter umgefüllt werden, zum Beispiel in Flaschen mit Pipetten aus der Apotheke oder in gründlich gereinigte Behälter aus dem eigenen Bestand, die Augen- oder Ohrentropfen enthalten haben und zuvor gründlich gereinigt werden müssen.

Wasserstoffsuperoxyd eignet sich gut zum Desinfizieren von oberflächlichen Hautwunden oder Abschürfungen, die mit Erde, Rost oder Pflanzenteilen verschmutzt sind, weil es die Gefahr einer Tetanusinfektion verringert.

Jod-Wasser-Tinktur brennt nicht und desinfiziert wirksam. Zum Reinigen tiefer oder verschmutzter Wunden mit Wasser verdünnen; nach der Reinigung unverdünnt anwenden.

■ Erste-Hilfe-Ausrüstung

1. Watte
2. Eisbeutel
3. Desinfektionsmittel
4. Heftpflaster
5. Pipettenfläschchen
6. Staubinde
7. Gazetupfer
8. Mullbinden

■ Mit diesen Medikamenten und Verbandstoffen lassen sich Wunden schnell und gut versorgen.

Mullbinden, zwei bis drei Stück, etwa 4 und 8 cm breit, am besten elastisch.

Gazetupfer in ein- oder mehrlagiger Ausführung, möglichst steril.

Heftpflaster aus Stoff, 4 – 6 cm breit, in Streifen, die je nach Bedarf zugeschnitten werden.

Verbandswatte in Lagen, nicht in Bäuschen.

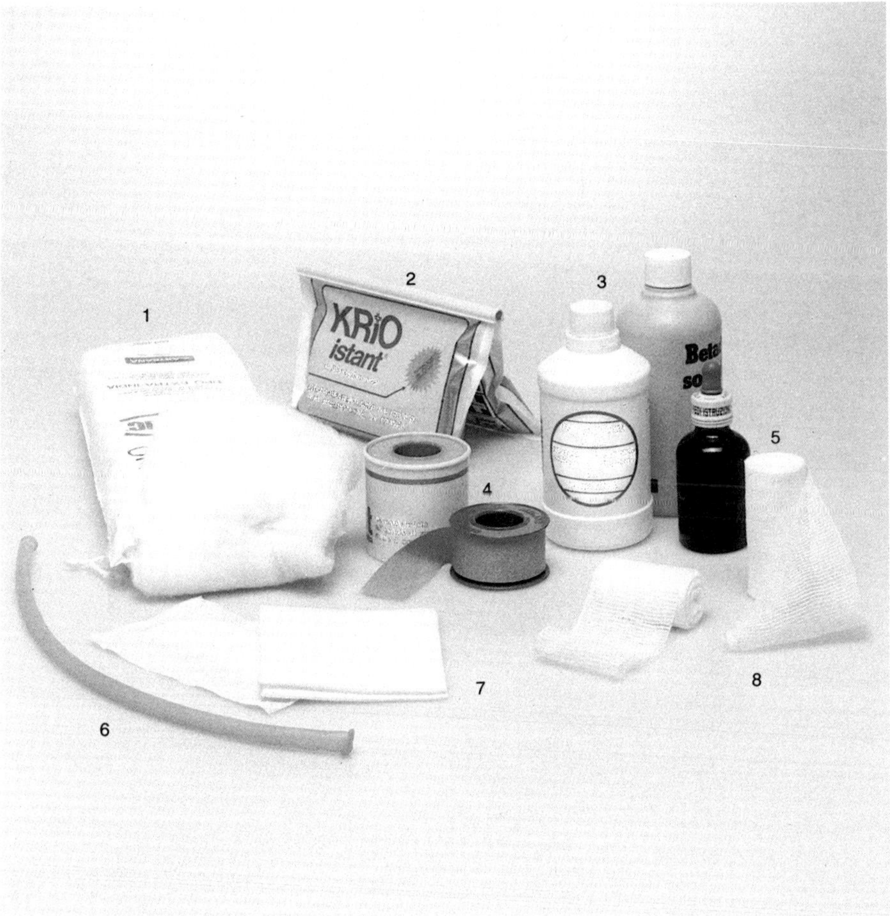

ERSTE HILFE BEI KATZEN UND HUNDEN

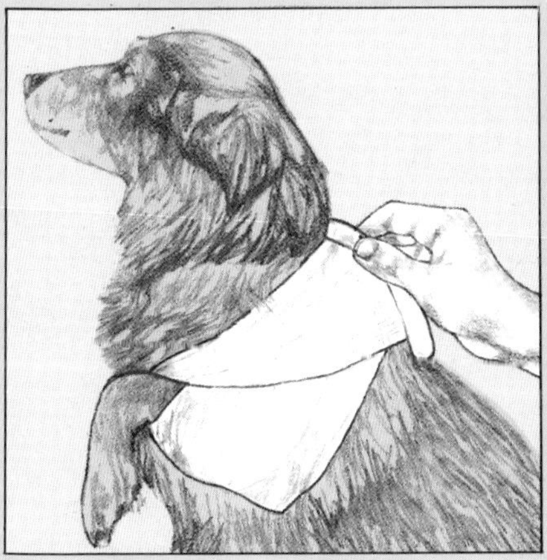

VERLETZUNGEN

HAUTVERLETZUNGEN

KNOCHENBRÜCHE, VERRENKUNGEN, VERSTAUCHUNGEN

SCHWERWIEGENDE VERLETZUNGEN

VERLETZUNGEN DER AUGEN

VERLETZUNGEN DER OHREN

VERLETZUNGEN DER NASE

HAUTVERLETZUNGEN

In den meisten Fällen sind es Hautverletzungen, bei denen der Tierhalter oder ein zufällig anwesender Tierfreund Erste Hilfe leisten muß. Dieses Kapitel befaßt sich mit Verletzungen der Körperoberfläche, ausgenommen Verletzungen der Ohren, der Augen und der Nase, die in speziellen Kapiteln abgehandelt werden.

URSACHEN

⋆ **Schnittwunden.** Glasstücke, Holzsplitter, Nägel oder andere Metallteile, die auf der Erde oder dem Grund von Teichen, Flüssen oder Seen oder am Strand liegen, führen häufig zu Verletzungen der Pfoten; Verletzungen an Hals und Rumpf werden vorwiegend durch Dornbüsche oder Stacheldrahtzäune verursacht. Von Messern, Sicheln, Heckenscheren oder ähnlichen im Haus oder Garten verwendeten Werkzeugen verursachte Schnittwunden sind relativ selten.
⋆ **Bißwunden.** Bißwunden haben ihre Ursache im allgemeinen in Kämpfen mit anderen Hunden oder Katzen, zu denen es vor allem in der Paarungszeit häufig kommt; sie befinden sich gewöhnlich am Hals, an den Flanken und an den Schultern.
⋆ **Schußwunden.** Meist die Folge von Jagdunfällen oder Schüssen auf streunende Katzen oder Hunde.
⋆ **Hautwunden über inneren Verletzungen.** Bei Verkehrsunfällen, Stürzen aus großer Höhe und ähnlichem kann es zu offenen Knochenbrüchen und inneren Verletzungen kommen.

BEURTEILUNG

Die Schwere einer Verletzung hängt von ihrer Größe, Tiefe und Lage ab.

• **Ausmaß**

• Hautabschürfungen oder Wunden sind an unbehaarten Körperstellen und bei kurzhaarigen Tieren nicht zu übersehen.
Bei langhaarigen Rassen muß man das Fell um die Wunde herum wegschneiden und etwaige Fremdkörper entfernen, bevor man das Ausmaß der Verletzung feststellen kann (wie auf Abb. 1 dargestellt).

• **Tiefe**

• Bei tiefen Wunden ist nicht nur die Haut verletzt, sondern auch tieferliegende Körperteile wie Adern, Nerven, Sehnen, Muskeln oder Organe im Brust oder Bauchraum.

1. Beurteilung von Wunden bei langhaarigen Tieren

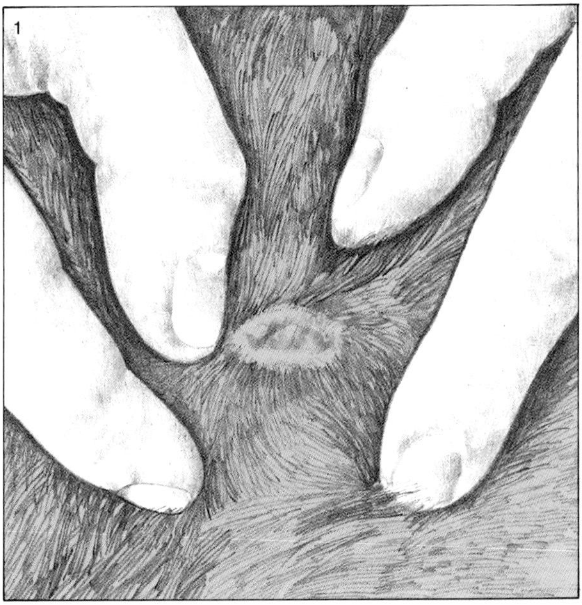

Abschürfungen

Bei ihnen handelt es sich um die harmloseste Form der Verletzung, weil tieferliegende Gewebeschichten unverletzt geblieben sind (Abb. 1a auf der folgenden Seite).
Die Blutung ist im allgemeinen gering, weil nur die Kapillargefäße, die sich unter der Oberhaut befinden, verletzt wurden.

Oberflächliche Wunden

Bei oberflächlichen Wunden ist die Oberhaut durchtrennt, das darunterliegende Gewebe jedoch unverletzt; die Blutung ist geringgradig und kommt relativ bald zum Stillstand (Abb. 1b auf der folgenden Seite), weil nur kleine Blutgefäße in der Haut verletzt wurden.
Der Unterschied zwischen einer Hautwunde und einer mehr oder weniger tiefen Abschürfung liegt darin, daß die Wundränder bei einer Abschürfung nicht klar umrissen sind und sich nicht verschieben lassen, was bei einer Durchtrennung der Oberhaut möglich ist.

Tiefe Wunden

Bei tieferen Wunden kann auch das unter der Haut liegende Gewebe verletzt sein (Abb. 1c auf der folgenden Seite).

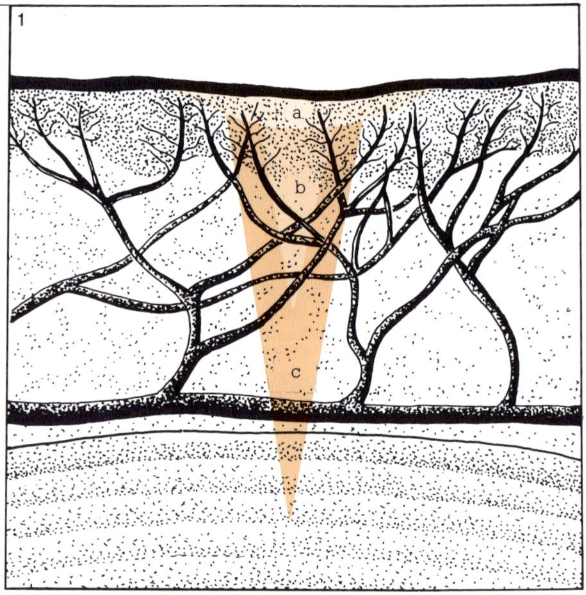

1. Schematische Darstellung der Haut mit verschieden tiefen Verletzungen (siehe Anatomie-Tafel, Seite 19)
a) Abschürfung
b) oberflächliche Wunde
c) tiefe Wunde

Durchtrennte Vene

Kräftiges, aber gleichmäßig langsames Ausfließen von dunkelrotem Blut, bei kleinen bis mittelgroßen Venen kommt die Blutung oft von selbst zum Stillstand.

Durchtrennte Arterie

Seltener. Rascher und je nach Größe des Gefäßes mehr oder minder starker Austritt von hellrotem Blut; Blutung ist schwer zu stillen.

Verletzung von Nerven und Sehnen

Schwer zu erkennen; ein eindeutiges Anzeichen ist die mehr oder weniger stark ausgeprägte Lähmung oder Lahmheit des betroffenen Körperteils.

• Lage der Verletzung

• Gefährliche Lokalisationen von Verletzungen sind:

Hals

Verletzungen der Luftröhre am Unterhals erschweren die Atmung und können zum Eindringen von Luft unter die Haut führen, was sich durch eine Schwellung und ein knisterndes Geräusch beim Abtasten bemerkbar macht. Wenn Drosselvene oder Halsschlagader durchtrennt sind (sie verlaufen entlang der Luftröhre), kommt es zu lebensgefährlicher Blutung.

2. Gefährliche Lokalisationen:
a) Hals
b) Brust
c) Bauch
d) Vorderbein
e) Hinterbein

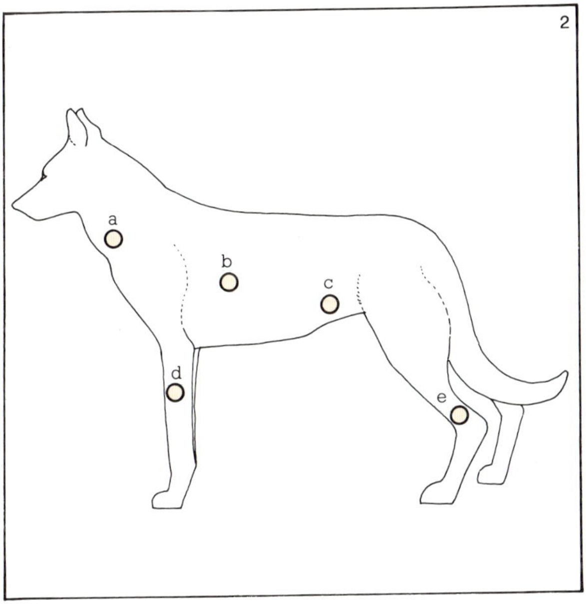

Brust

An Stellen, an denen die Rippen nicht vom Schulterblatt oder den Rückenmuskeln geschützt sind, können tiefe Wunden die Lunge in Mitleidenschaft ziehen, was zu gefährlichen Begleiterscheinungen führt, zum Beispiel dem Eindringen von Luft in die Brusthöhle (Pneumothorax).

Bauch

Tiefe Wunden können bis in die Bauchhöhle reichen und die in ihr liegenden Organe in Mitleidenschaft ziehen, vor allem, wenn die Verletzung an den schwachbemuskelten Seiten des Bauches liegt.
Bei großflächigen Wunden können unter Umständen auch die Eingeweide aus der Bauchhöhle hervortreten.

Vorderbein

Zwischen dem Ellenbogen und der Pfote verlaufen auf der Oberseite der Gliedmaße große Venen dicht unter der Haut, die bei einer Verletzung stark bluten.

Hinterbein

Die auf der Rückseite des Beines oberhalb des Sprunggelenks verlaufende Achillessehne kann in Mitleidenschaft gezogen sein, ebenso wie eine an der Seite des Beines dicht unter der Haut verlaufende Vene.

1
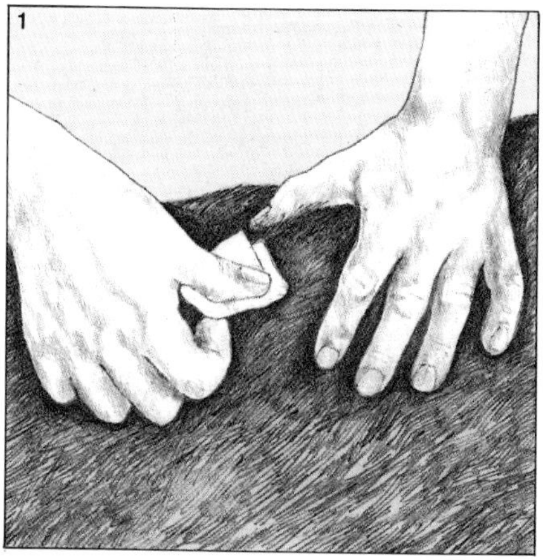

2
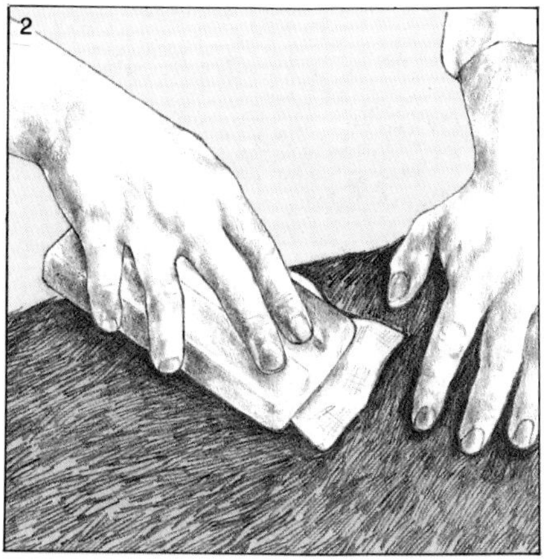

■ **Blutstillung**

Stillen der Blutung:
1. durch Druck mit der Hand
2. durch Kühlen

Gegenüberliegende Seite:
1. Gummistreifen, herausgeschnitten aus einem Reifenschlauch
2. Mullbinde
3. Zusammengedrehter Stoffstreifen
4. Schnürsenkel
5. Nylonstrumpf
6. Staubinde
7. Kräftiges Gummiband
8. Hosenträger

BEHANDLUNG

■ Eine leichte Blutung, die bei oberflächlichen Verletzungen auftritt, aber auch bei tiefen Wunden, bei denen keine größeren Blutgefäße verletzt wurden, wird am besten durch mehrere Minuten andauernden gleichbleibenden Druck gestoppt (Abb. 1). Dazu eignen sich am besten sterile Gazetupfer, ein zusammengefaltetes Taschentuch oder ein sauberes Stück Stoff. Materialien wie Wolle sind ungeeignet, weil sie die verletzte Hautstelle zusätzlich reizen und Fusseln hinterlassen.
Wenn die Blutung nach zwei Minuten noch nicht zum Stillstand gekommen ist, wird die Verletzung mit einem Eisbeutel, einem Kühlelement aus dem Gefrierschrank oder einer Erste-Hilfe-Kühlpackung gekühlt. Zwischen die Wunde und die Kühlpackung wird ein Stück Gaze oder sauberer Stoff gelegt und dort mit leichtem Druck festgehalten, bis die Blutung zum Stillstand gekommen ist (Abb. 2).

Bei einer starken Blutung, die auf diese Weise nicht zum Stillstand gebracht werden kann, wird eine Staubinde angelegt, bis der Tierarzt kommt (S. 68).

Wenn keine Staubinde aus Gummi zur Verfügung steht, kann man sich auch mit anderen weichen und elastischen Materialien behelfen, die die Haut nicht verletzen (breite Gummibänder, Streifen von Reifenschläuchen, Hosenträger, elastische Gürtel und ähnliches). Notfalls kann man auch andere Materialien verwenden, z. B. Bindfaden, Schnürsenkel oder zusammengedrehte Stoffstreifen.

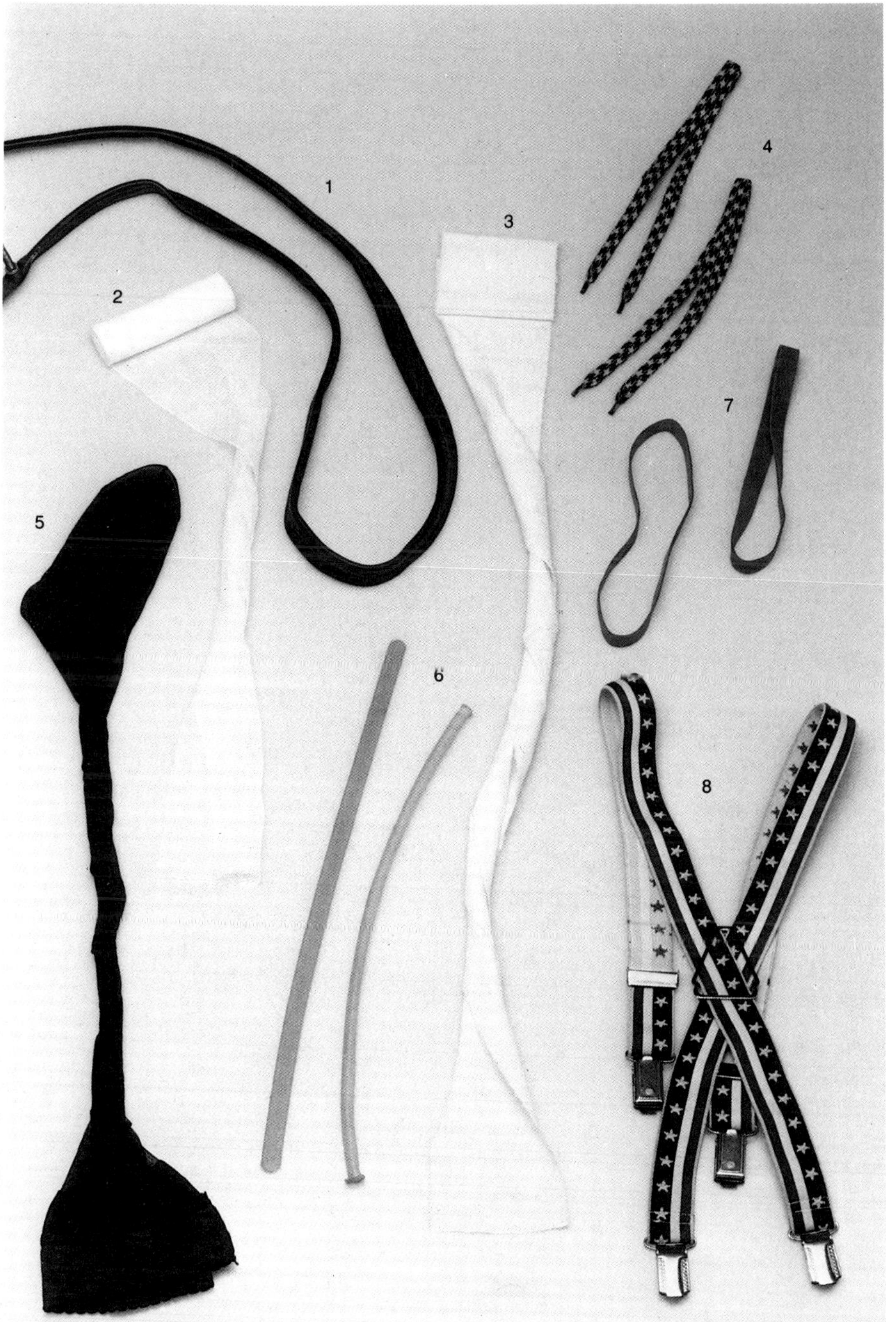
1
2
3
4
5
6
7
8

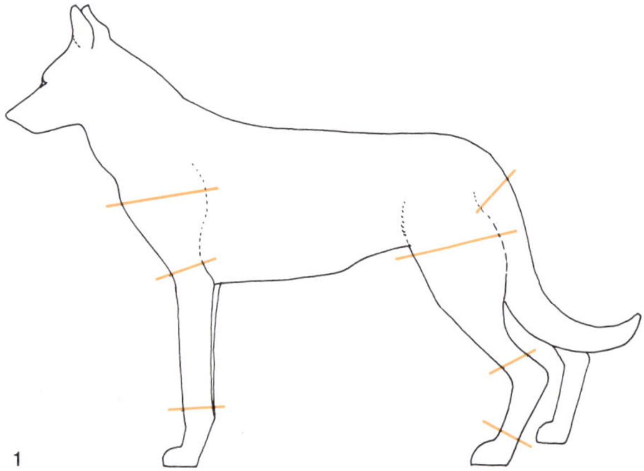

1

1. Die Abbildung zeigt, an welchen Körperteilen Staubinden angelegt werden können.

■ Anlegen einer Staubinde

■ Staubinden eignen sich lediglich für Verletzungen an Gliedmaßen oder am Schwanz und werden nur oberhalb der auf Abb. 1 gezeigten Punkte angelegt, niemals jedoch am Hals.

– Die Staubinde an einer geeigneten Stelle anlegen, mit einem einfachen Knoten befestigen und festziehen, bis die Blutung unter Kontrolle ist.

– Um den Knoten zu sichern, beide Enden noch

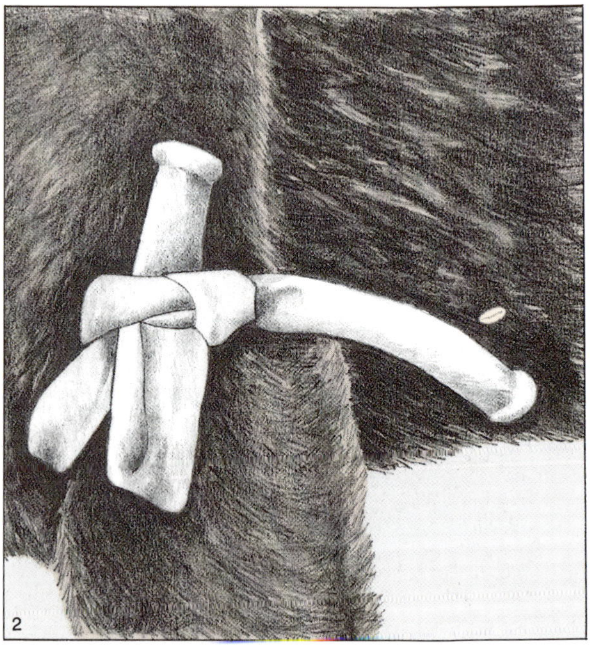

2

2. Ein Beispiel für das Verknoten einer Staubinde

einmal miteinander verknoten oder eine Schleife binden (Abb. 2).
Nie länger als 15 Minuten abbinden; dann Staubinde lösen, um die Blutzirkulation wiederherzustellen. Im Bedarfsfall wieder anziehen. Die Blutung kann nicht immer vollständig gestillt werden; in solchen Fällen wird zusätzlich noch Druck ausgeübt und gekühlt.

■ Wegschneiden des Fells

■ Vor dem Reinigen und Desinfizieren der Wunde wird das sie umgebende Fell mit einer Schere weggeschnitten, die möglichst gebogene Spitzen hat, wie z. B.. eine Nagelschere (Abb. 3).
Man beginnt an den Wundrändern, wobei darauf geachtet werden muß, daß die abgeschnittenen Haare nicht in die Wunde fallen (die Wunde mit Gaze oder einem sauberen Tuch abdecken). Es genügt, das Fell rund um die Wundränder etwa einen Zentimeter breit wegzuschneiden. (Bei langhaarigen Tieren muß unter Umständen auch das im weiteren Umkreis wachsende Fell ausgedünnt werden).

■ Wundhygiene und Desinfektion

■ Am besten eignen sich alkoholfreie Flüssigkeiten, die nicht brennen.

3

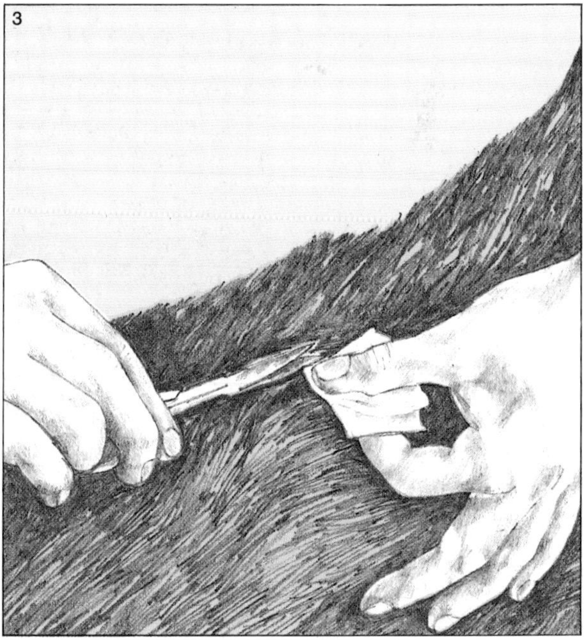

3. Abscheren des Fells entlang der Wundränder

Desinfektionsmittel

Milde Desinfektionsmittel zum Reinigen und Desinfizieren von Wunden verwenden, keine scharfen, brennenden Lösungen. Für oberflächliche Wunden, die mit Erde verschmutzt sind oder durch Pflanzen (Dornen, spitze Äste) oder durch rostiges Metall hervorgerufen wurden, empfiehlt sich Wasserstoffsuperoxyd, um das Risiko einer Tetanusinfektion zu verringern.

Wundreinigung

Alle oberflächlichen Wunden, die mit Erde, Speichel (Bißwunden) oder anderen Fremdkörpern verschmutzt sind, müssen gereinigt werden, um einer Infektion vorzubeugen. Hautwunden werden mit steriler Gaze oder einem sauberen Tuch abgetupft, das zuvor mit einem mit warmem Wasser verdünnten Desinfektionsmittel getränkt wurde. Watte sollte nicht verwendet werden, weil sie fusselt (Abb. 1).

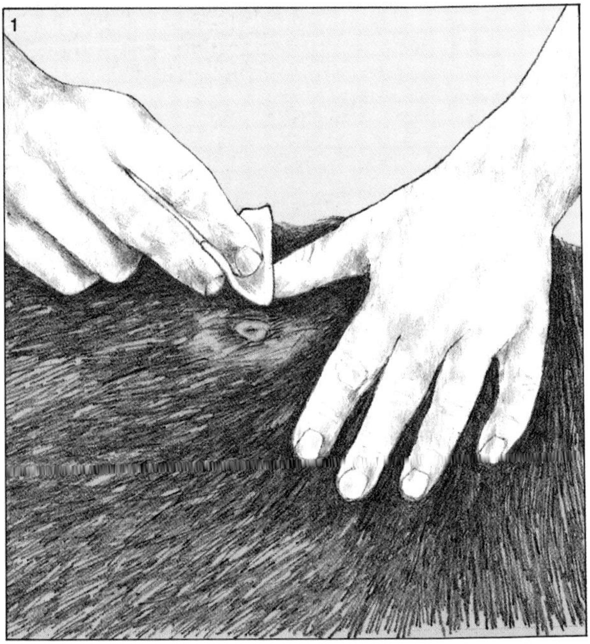

1. Reinigen einer oberflächlichen Wunde

Für tiefere Wunden benutzt man 5, 10 oder 20 ml Einwegspritzen, um die Desinfektionslösung in die Wundhöhle einzubringen (Abb. 2). Bei Verletzungen der Pfoten oder der Schwanzspitze wird die verletzte Stelle in eine Schale mit Desinfektionsmittel gehalten.

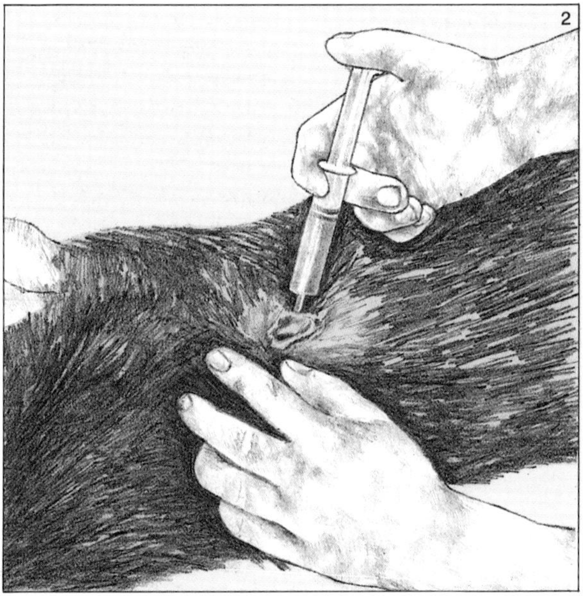

2. Reinigen einer tiefen Wunde

Abtrocknen

Nach der Reinigung wird das Fell mit einem sauberen Tuch oder mit Küchenpapier abgetrocknet.

Desinfizieren

Dasselbe Desinfektionsmittel wird unverdünnt in die Wunde eingebracht und auf das sie umgebende Fell aufgetragen und durch leichtes Abtupfen mit Gaze verteilt (Abb. 3).

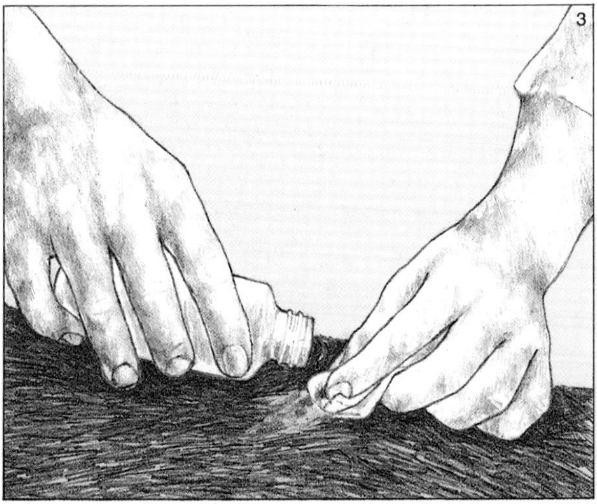

3. Wunddesinfektion

Wundschutz

Um die Wunde sauberzuhalten und zu verhindern, daß sie wieder aufreißt und erneut blutet, wird sie durch einen Verband geschützt. Damit der Verband nicht rutscht, muß für die verschiedenen Körperteile von verschiedenen Verbindetechniken Gebrauch gemacht werden.

Geeignete Materialien

— Gazetupfer, am besten steril, oder kleine saubere Stoffstücke wie Taschentücher. Sie werden direkt auf die Wunde gelegt.

— Mullbinden (5—10 cm breit, je nach Lage der Verletzung), notfalls auch Streifen von Bettlaken, Handtüchern oder Kleidungsstücken aus Baumwolle. Das Bandagieren hält den Gazetupfer an seinem Platz, gibt zusätzlichen Schutz und verhindert das Aufklaffen der Wundränder.

— Heftpflaster, 1—3 cm breit, um den Verband zu befestigen; wenn kein Heftpflaster zur Hand ist, kann auch gewöhnliches Klebeband verwendet werden; man kann die Bandage auch am Ende der Länge nach etwa 20 cm tief einschneiden und die Enden miteinander verknoten.

Gegenüberliegende Seite:

1. Kopftuch aus dünnem Stoff
2. Taschentücher
3. Hemdsärmel
4. Gazetupfer
5. Mullbinden
6. Klebeband
7. Heftpflaster
8. Stoffstreifen
9. Küchentuch

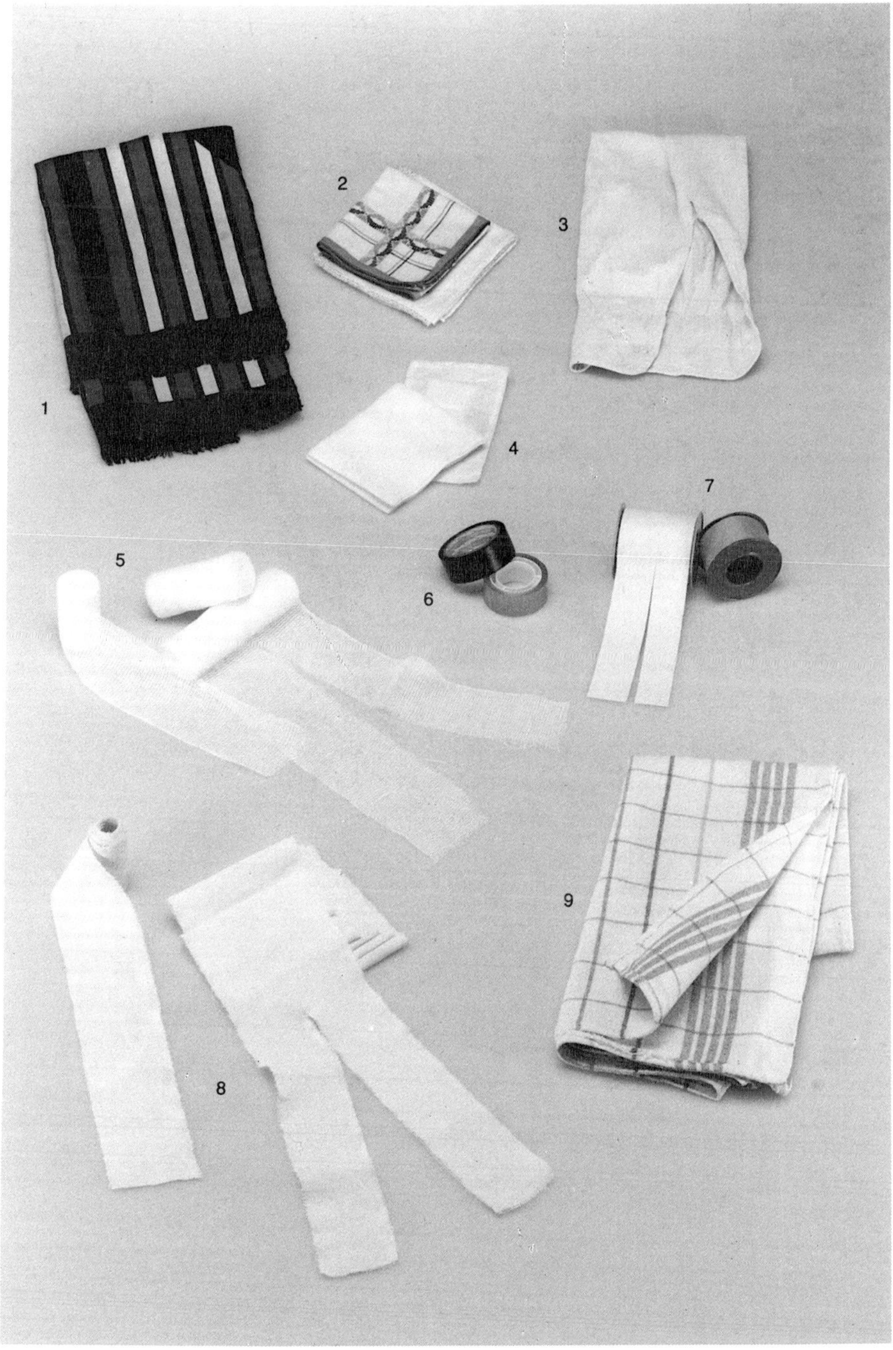
1
2
3
4
5
6
7
8
9

Verletzungen der Pfoten

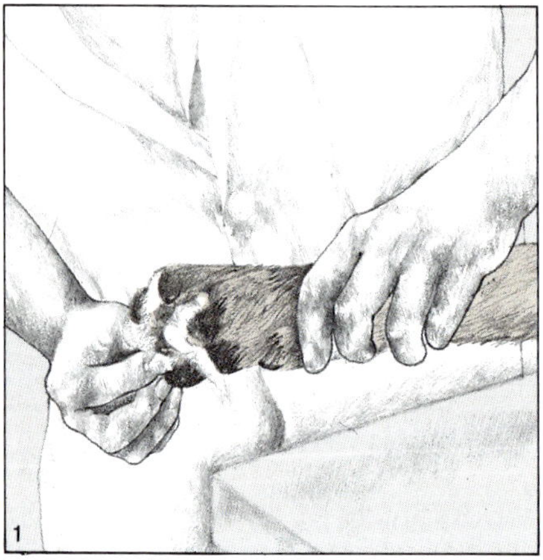

1. Wattebäusche zwischen die Zehen klemmen, die Verletzung nicht mit Watte in Berührung bringen.

2. Gazetupfer über die Wunde legen.

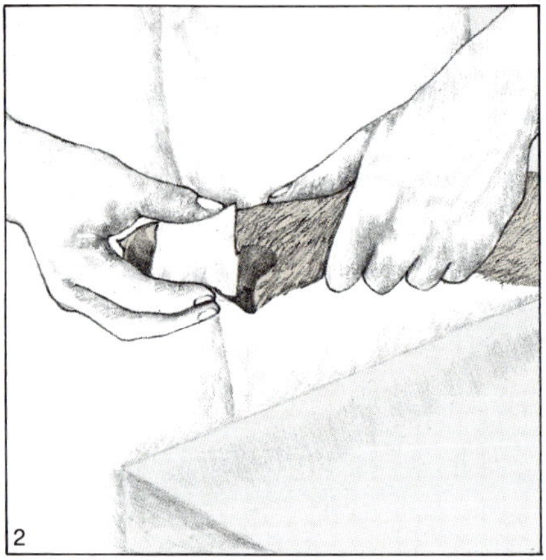

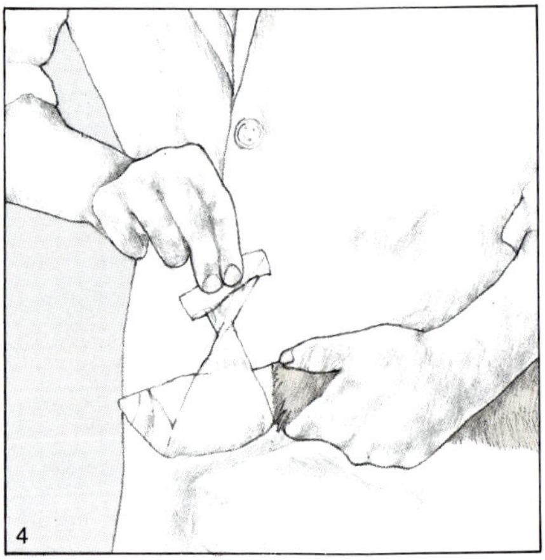

3. Pfote bis über das Handwurzel- oder Sprunggelenk bandagieren.

4. Damit der Verband sicher sitzt, wird er bei jeder zweiten oder dritten Wicklung einmal gedreht.

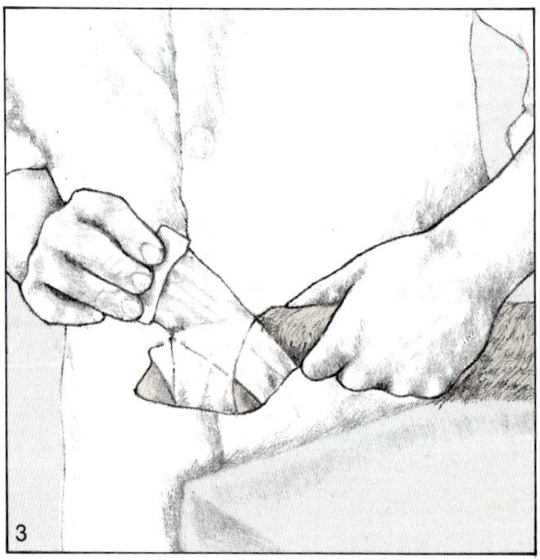

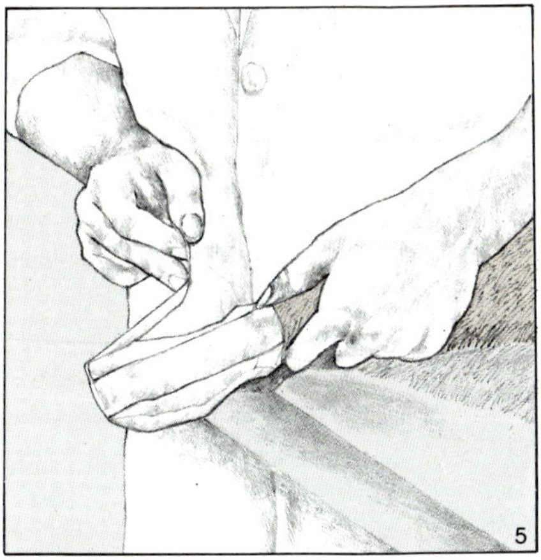

5. Einen Streifen Heftpflaster seitlich auf den Verband kleben, zwei weitere oben und unten.

6. Ein weiterer Streifen Heftpflaster wird am oberen Rand so angebracht, daß er zur Hälfte auf dem Fell klebt.

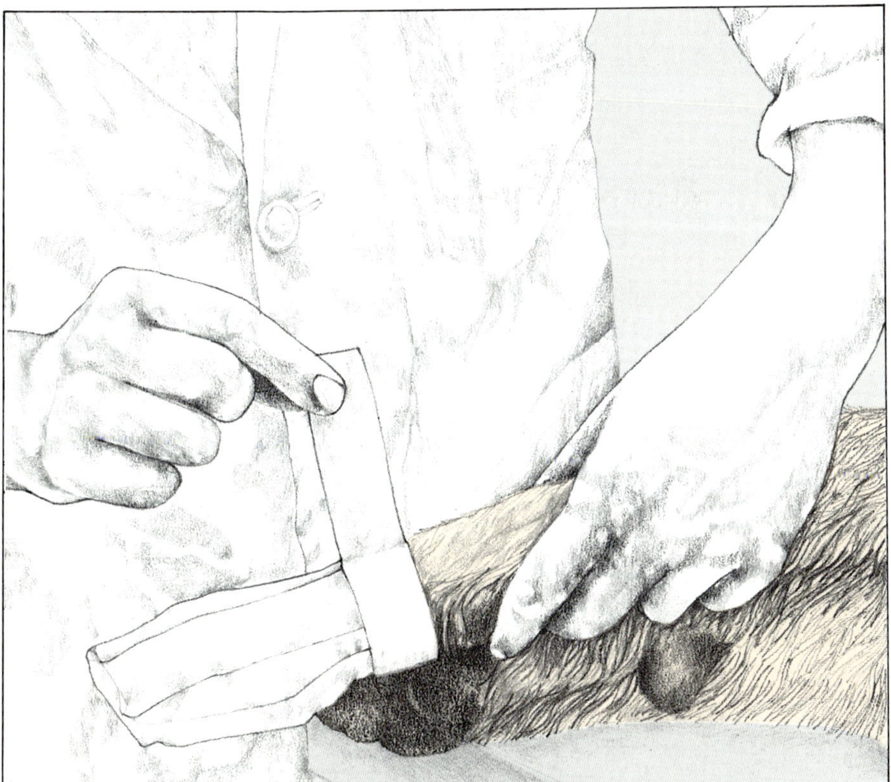

Vorder- und Hinterbein

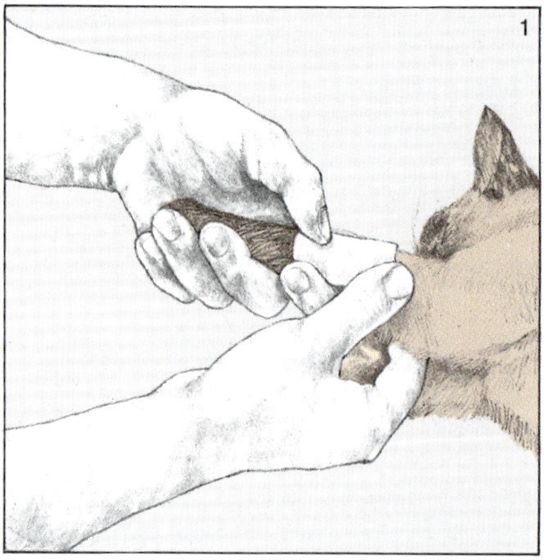

1. Gazetupfer auf die Wunde legen.

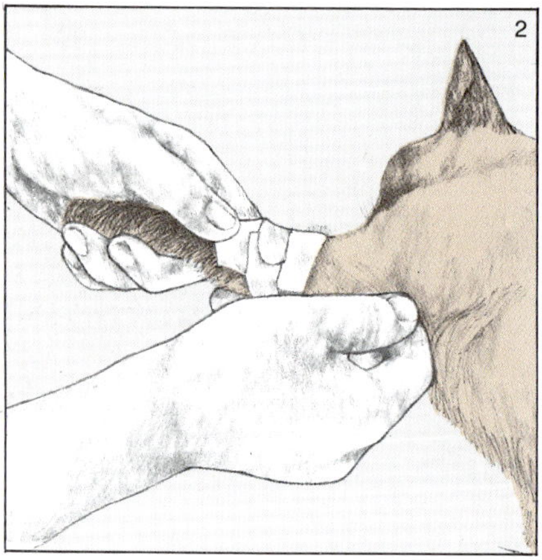

2. Tupfer mit einer Mullbinde vor dem Verrutschen sichern.

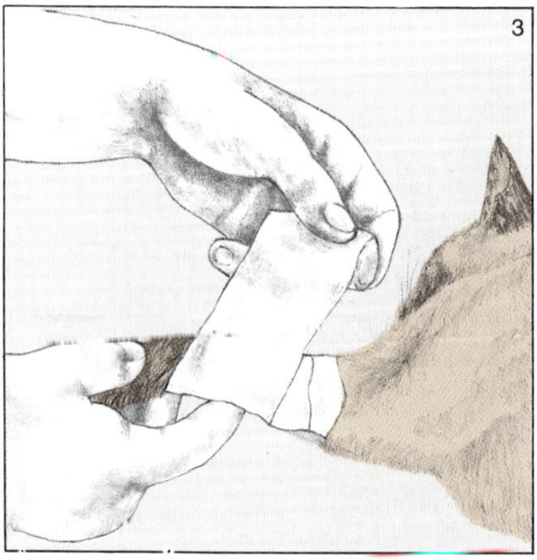

3. Pfote mindestens dreimal mit der Mullbinde umwickeln.

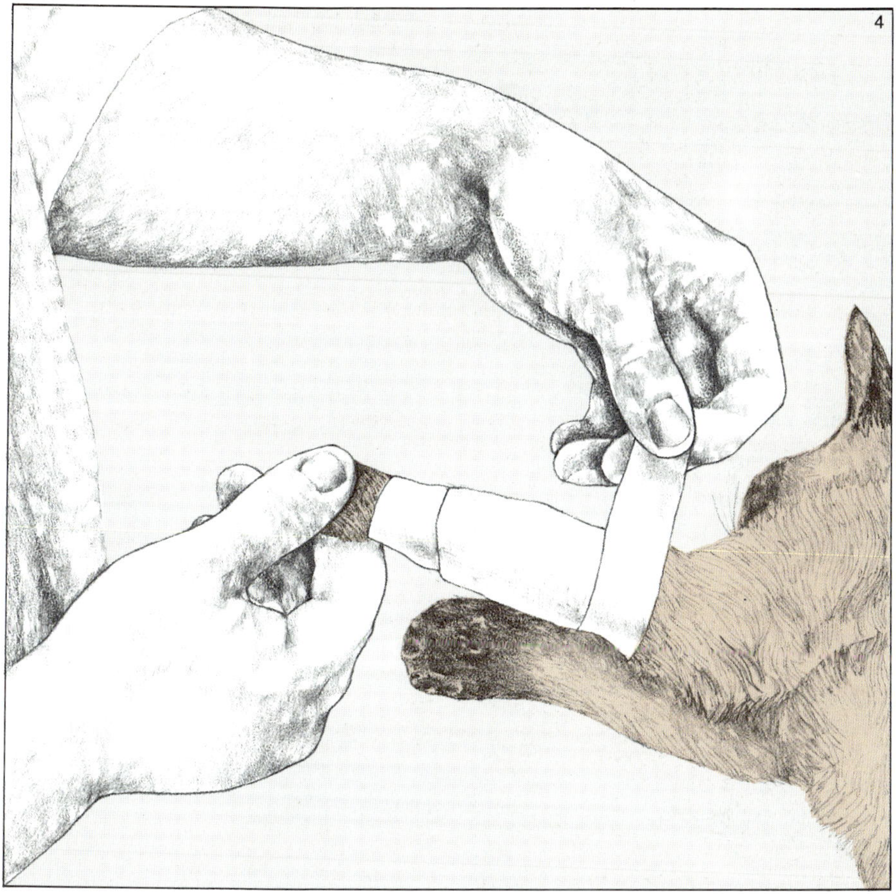

4. Verband an beiden Enden mit Klebeband sichern, das teilweise auf dem Fell klebt.

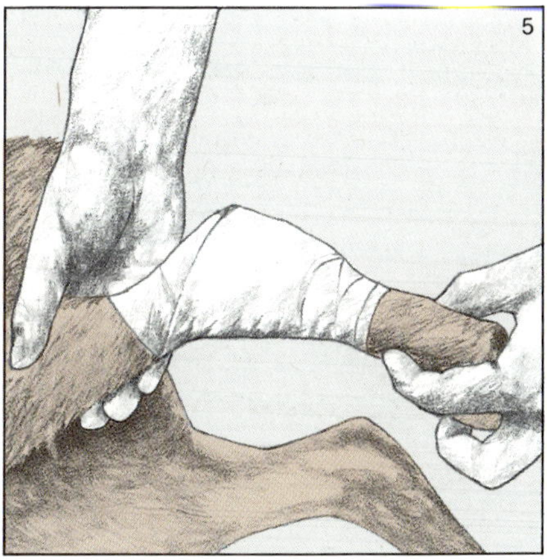

5. Bei Wunden in Gelenknähe Gelenk mit einbandagieren.

Hals und Schultern

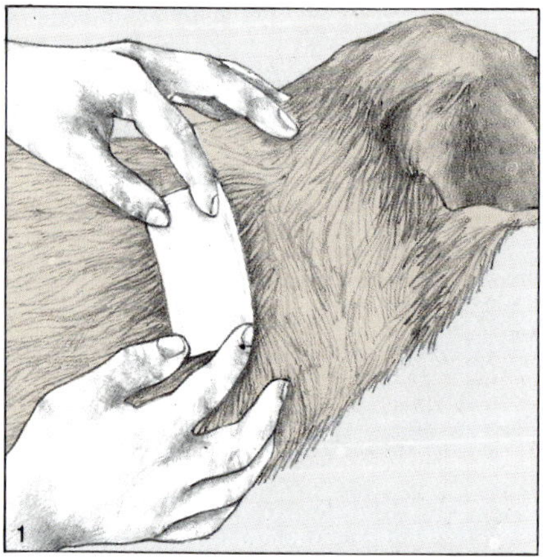

1

1. Einen Gazetupfer auf die Wunde legen und wenn nötig mit Heftpflaster befestigen.

2. Mullbinde mehrmals um Hals und Brust wickeln.

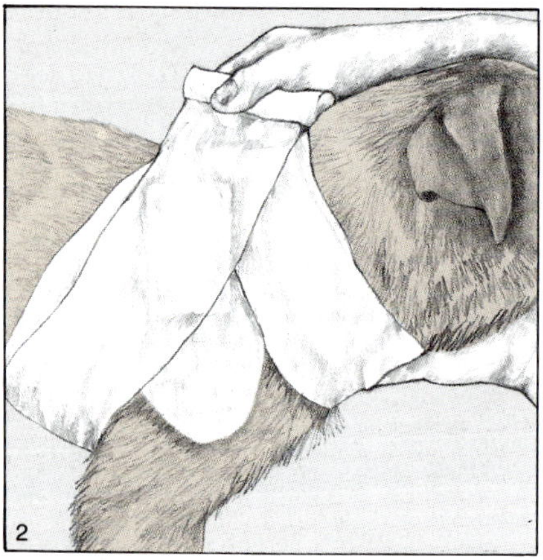

2

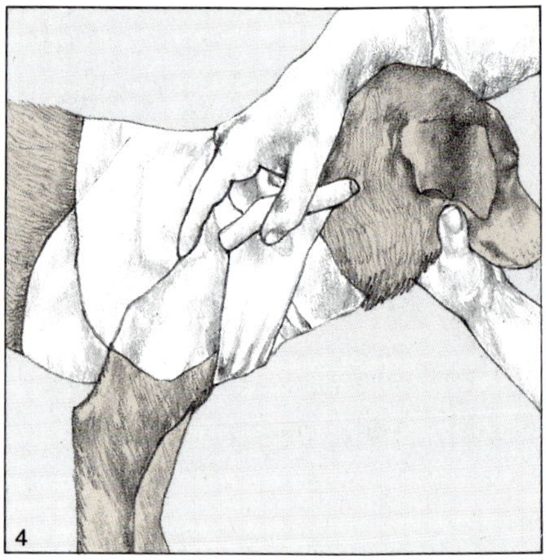

4

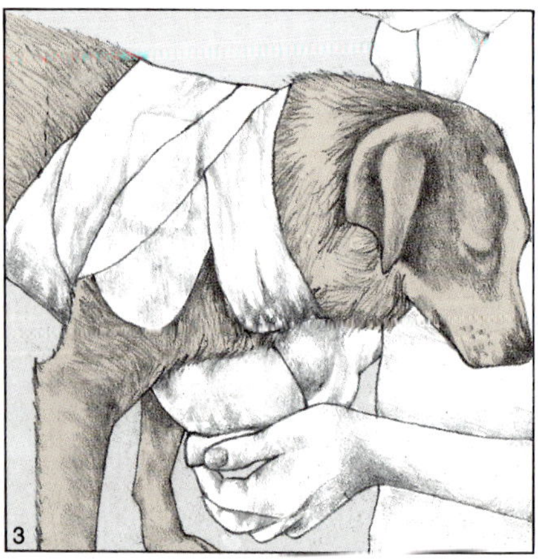

3

3. Verband über dem Rücken und zwischen den Vorderbeinen hindurchführen.

4. Verletzung mit mindestens drei oder vier Lagen Verbandmaterial abdecken.

5. Verband vorn durch Heftpflaster sichern, das teilweise auf dem Fell klebt.

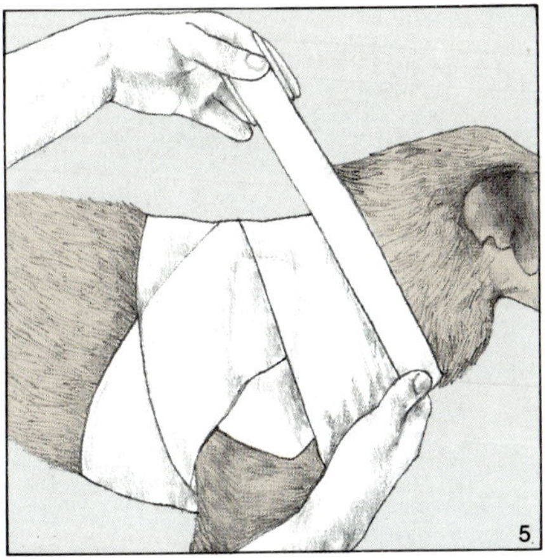

5

6. Hinteres Ende des Verbandes ebenfalls festkleben.

6

Brust und Bauch

1 Einen Gazetupfer auf die Wunde legen.

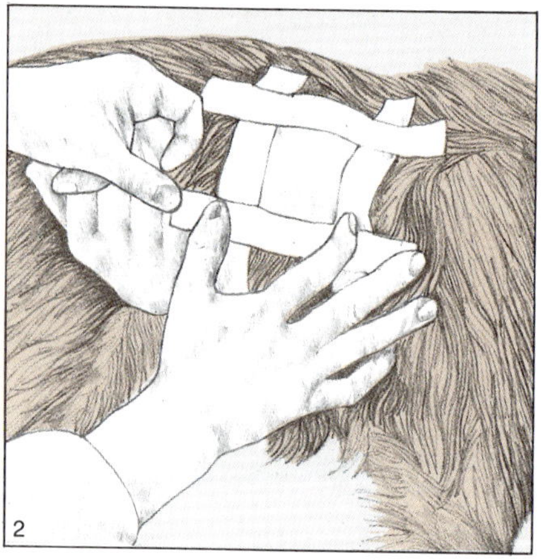

2. Tupfer mit Heftpflaster am Fell festkleben.

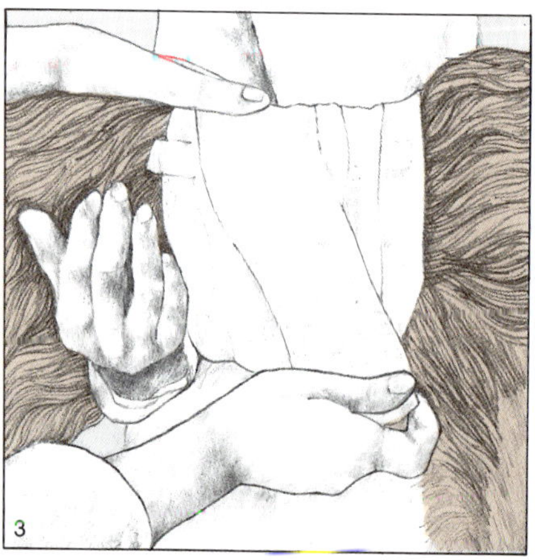

3. Mit Mullbinde mehrmals umwikkeln.

4. Das Ende der Mullbinde mit Heftpflaster festkleben und mit zwei weiteren Klebestreifen am Fell befestigen.

4

Oberschenkel

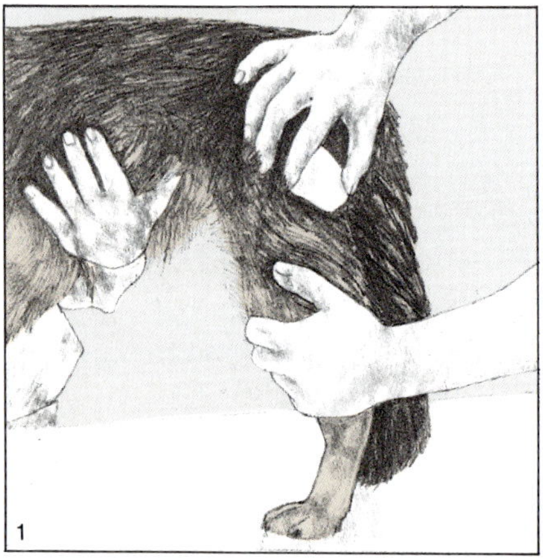

1. Einen Gazetupfer auf die Wunde legen.

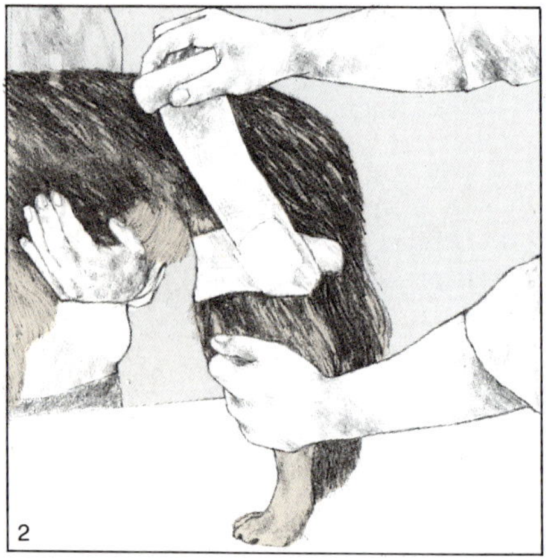

2. Tupfer durch Umwickeln mit einer Mullbinde befestigen.

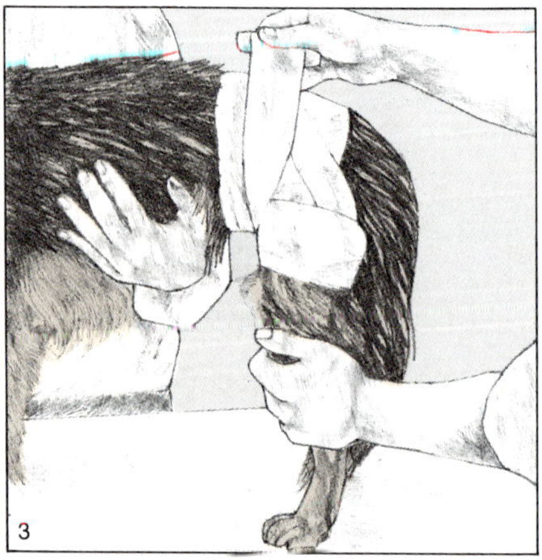

3. Um zu verhindern, daß der Verband abrutscht, Flanken und Bauchraum mit bandagieren.

4. Verband mit Heftpflaster sichern, das teilweise auf das Fell geklebt wird.

4

KNOCHENBRÜCHE, VERRENKUNGEN, VERSTAUCHUNGEN

Knochenbrüche, Verrenkungen und Verstauchungen sind die Folge von Verletzungen der Knochen und Gelenke.

URSACHEN

- ⋆ **Verkehrsunfall** (die häufigste Ursache).
- ⋆ **Stürze aus Fenstern, von Balkons oder Flachdächern.** Häufig bei Katzen und Welpen.
- ⋆ **Zusammenstöße mit Gegenständen oder ungeschickte Bewegungen** bei hohem Tempo oder beim Spiel.
- ⋆ **Schläge und Tritte.**

BEURTEILUNG

• Knochenbrüche

• Bei einem Bruch wird der Knochen durch äußere Krafteinwirkung in ein oder mehrere Stücke zertrennt.
Im allgemeinen wird die Art des Knochenbruchs nach dem Verlauf der Bruchlinie in folgende Bruchformen eingeordnet:

Kompletter Bruch

Der Knochen ist glatt durchgebrochen (Abb. 1).

Trümmerbruch

Der Knochen ist in mehrere verschieden große Teile zerbrochen. Ein Trümmerbruch ist die schwerwiegendste Form des Knochenbruchs. (Abb. 2).

Teilweiser Bruch

Der Knochen ist nur angebrochen (Abb. 3). Bei Welpen und jungen Katzen, deren Knochen noch elastisch sind, spricht man von einer Grünholzfraktur, weil der Knochen aussieht wie ein frischer Zweig, der zu stark gebogen wurde und dadurch aufgerissen ist (Abb. 4).

• Verrenkungen

• Die beiden knöchernen Teile eines Gelenks verlieren durch eine schwere Verletzung der Bänder den Kontakt zueinander (Abb. 5).

• Verstauchungen

• Eine weniger schwerwiegende Verletzung, bei der die Bänder eines Gelenks überdehnt werden, aber nicht reißen, so daß das Gelenk unverletzt bleibt.

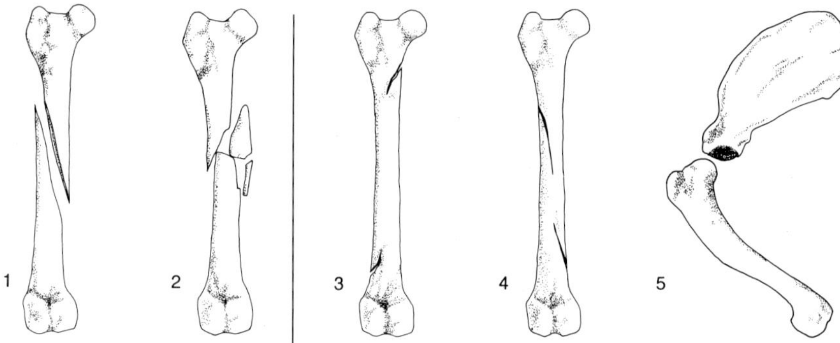

1. Kompletter Bruch
2. Trümmerbruch
3. Teilweiser Bruch
4. Grünholzbruch
5. Verrenkung

Für den Laien ist es oft schwer, diese Verletzungen voneinander zu unterscheiden. Eine präzise Diagnose über die Art und Schwere der Verletzung kann nur der Tierarzt stellen.
Man sollte jedoch lernen, eine Knochen- oder Gelenkverletzung zu erkennen und abzuschätzen, wie schwerwiegend sie ist.
Nur dann kann man entscheiden, ob Maßnahmen ergriffen werden sollten und welche, um den Schaden möglichst gering zu halten.
Vor allem muß sorgsam überprüft werden, ob eines oder mehrere der hier aufgeführten Symptome vorhanden sind:

• Lahmheit

6. Verhalten, das auf Schmerzen in einem Gelenk deutet: Lahmheit

• Hervorgerufen durch den Schmerz beim Bewegen oder Belasten des verletzten Körperteils. Unter Umständen ist die Lahmheit kaum wahrnehmbar und macht sich nur in verkürzten, unsicheren Tritten bemerkbar, es kann aber auch sein, daß die betroffene Gliedmaße nicht bewegt und die Pfote selbst im Stand nicht auf dem Boden aufgesetzt wird (Abb. 6).
Das allein klärt noch nicht, was dem Tier fehlt, aber es zeigt doch an, daß etwas nicht in Ordnung ist und daß das Tier Schmerzen hat. Bei geringgradiger Lahmheit sollte darauf geachtet werden, ob einige Stunden nach der Verletzung eine Besserung eintritt; in diesem Fall kann davon ausgegangen werden, daß der ursprünglich starke Schmerz geringer wird, was beweist, daß die Verletzung nicht schlimm war. Wenn das Tier jedoch weiterhin auch nur geringgradig lahmt, muß der Tierarzt aufgesucht werden.

• Anschwellen der Gliedmaße und Verformung des Gelenks

• Um festzustellen, ob ein Bein angeschwollen ist, vergleicht man es mit dem gegenüberliegenden gesunden Bein. Eine deutliche Verformung eines Gelenks kann ein Zeichen für eine Verrenkung sein (Abb. 1).

• Abweichen von der normalen Bewegungsrichtung

• Ungewöhnliche Bewegungen eines Gliedmaßenteils nach oben, unten oder zur Seite deuten im allgemeinen auf einen Bruch eines der langen Röhrenknochen hin. Im Zweifelsfall mit dem gesunden Bein der anderen Seite vergleichen (Abb. 2).

• Verkürzte Gliedmaße

• Ein kompletter Bruch des Oberschenkel- oder Oberarmknochens, bei dem die Bruchenden deutlich voneinander getrennt sind, oder eine schwere Verrenkung der über ihnen liegenden Gelenke (Hüfte oder Schulter) bewirkt, daß die Gliedmaße verkürzt und oben verdickt erscheint. Manchmal sieht es auch aus, als wäre das Bein lose aufgehängt, weil es bei jeder Bewegung passiv hin- und herschwingt (Abb. 3).

• Offener Bruch

• Ein Knochenbruch wird als offen bezeichnet, wenn ein Ende des gebrochenen Knochens Muskeln und Haut durchstößt und von außen zu sehen ist. Dabei handelt es sich um eine gefährliche Verletzung, die sofort behandelt werden muß, damit es zu keiner Infektion kommt (Abb. 4).

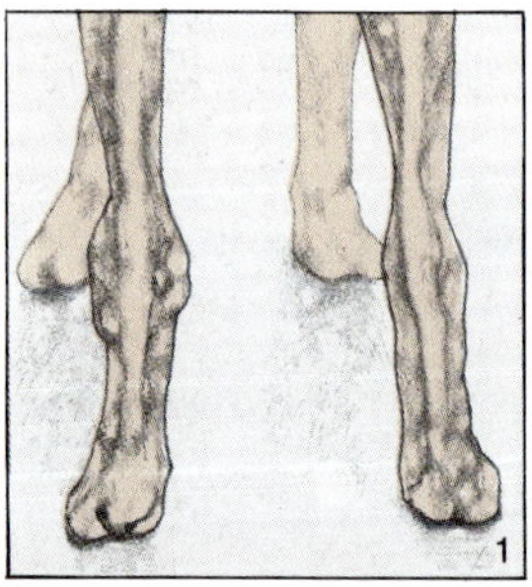

1

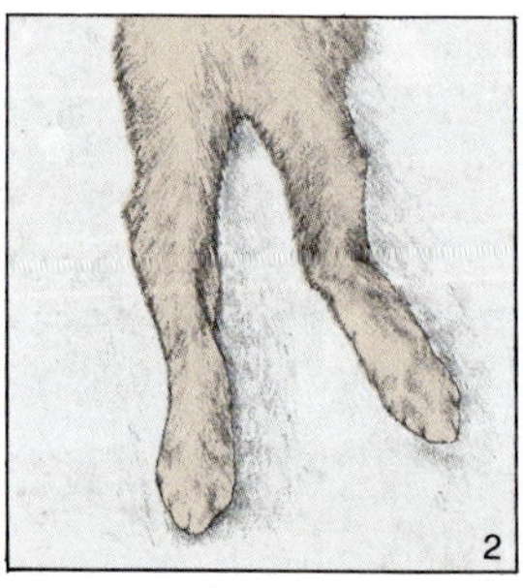

2

Wenn Lahmheit auftritt, ohne daß eine offensichtliche Verletzung vorliegt, muß die gesamte Gliedmaße vorsichtig und sorgfältig abgetastet werden. Tritt dabei wiederholt eine Schmerzreaktion auf, muß das Tier sofort ruhiggestellt werden (siehe auch das Kapitel Zwangsmaßnahmen, Seite 24).

– Zuerst werden die Zehenzwischenräume und die Sohle untersucht und abgetastet, da häufig Wunden, Fremdkörper oder starke Hautreizungen in diesem Bereich die Ursache der Lahmheit sind (Abb. 5).

– Als nächstes werden die Gelenke von den Zehen aufwärts untersucht. Auf schmerzhafte Schwellungen achten und die Gelenke mit Daumen und Zeigefinger abdrücken (Abb. 6). Dann die Gelenke beugen und wieder strecken, um festzustellen, ob sie normal beweglich sind, ob die Bewegungen Schmerzen bereiten oder ob ein knirschendes Geräusch auftritt.

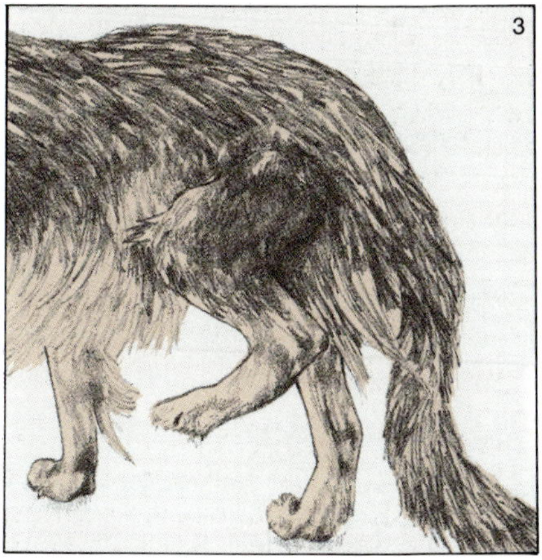
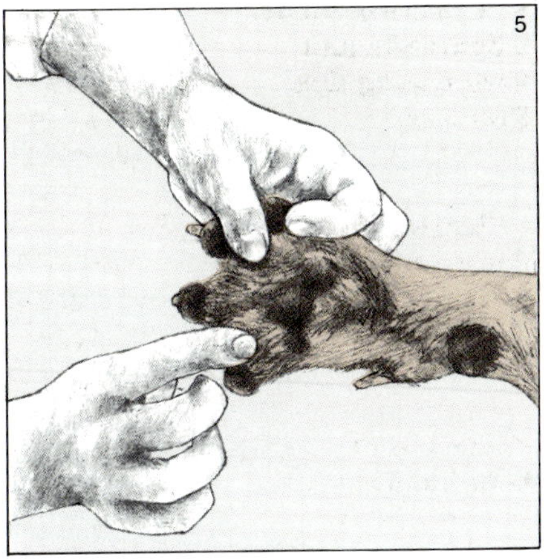
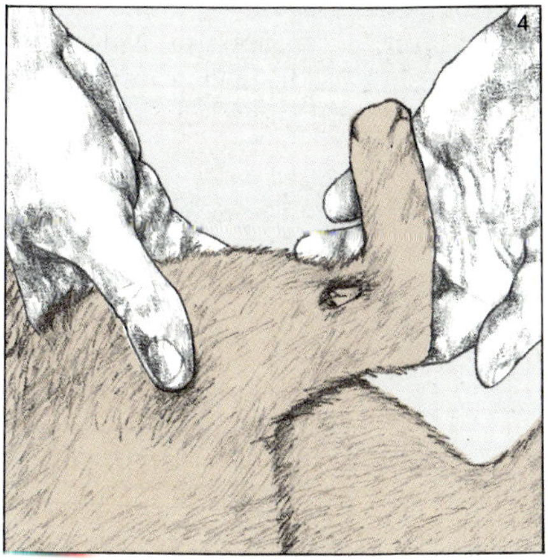
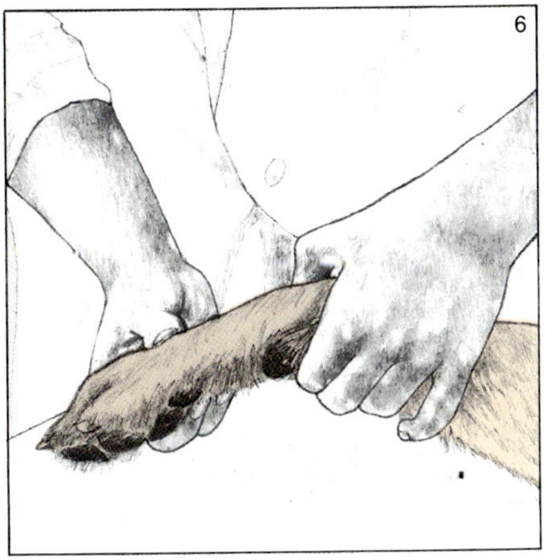
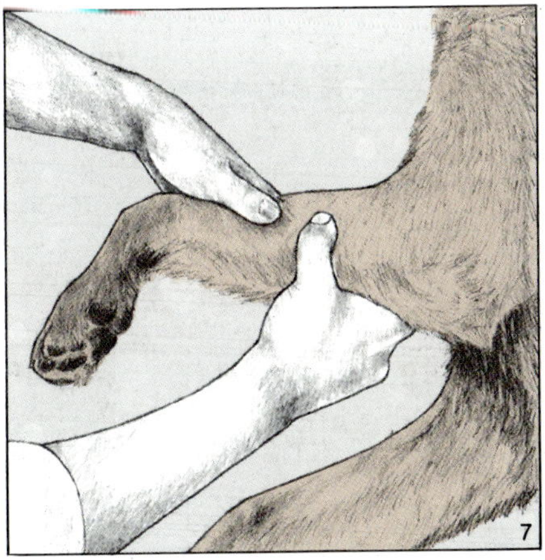

1. Verformtes Gelenk
2. Verdrehtes Bein
3. Verkürzte Gliedmaße
4. Offener Bruch
5. Abtasten und Untersuchen der Zehen
6. Abtasten der Gelenke
7. Ausschließen eines Knochenbruches

— Ob ein Knochenbruch vorliegt (Abb. 7 auf der vorhergehenden Seite), läßt sich durch Abtasten feststellen, wobei besonders auf Schwellungen, Verformungen, Schmerzreaktionen und die Geräusche aufeinanderreibender Bruchstücke geachtet werden muß.

BEHANDLUNG

Beim Verdacht auf eine Knochen- oder Gelenkverletzung muß das Tier sofort zum Tierarzt.

▪ Ruhigstellen der Gliedmaße

▪ Bei eindeutig schwerwiegenden Verletzungen empfiehlt es sich, ebenso wie bei kompletten Brüchen oder Verrenkungen, das betroffene Bein sofort zu schienen; das gilt auch, wenn der Unfall in einer abgelegenen Gegend passiert, das Tier nicht getragen werden kann und selbst laufen muß.

Geeignete Materialien

— Mullbinden zum Bandagieren; auch Streifen von Kleidungsstücken, Handtüchern, Bettlaken und ähnlichem oder, bei kleinen Tieren, Taschentücher.
— Ein Wattepolster verhindert, daß die Schiene direkt auf der verletzten und schmerzenden Körperstelle aufliegt. Ist keine Watte zur Hand, kann auch anderes weiches Material, z. B. ein Pulloverärmel oder ein Streifen von einer Wolldecke, verwendet werden; auf dem Land kann man sich auch mit einem Büschel Gras oder Heu behelfen, sofern es weich genug ist.
— Schiene. Ihre Größe hängt von der Größe des verletzten Körperteils ab, sie kann zwischen 15 und 40 cm oder mehr liegen. Die Schiene muß flach, im Querschnitt rechteckig, stabil und leicht sein. Das beste Material ist Holz, vor allem wenn es leicht und elastisch ist; geeignet sind Stiele von Dauerlutschern, Holz von Obstkisten oder gerade Stücke eines der Länge nach gespaltenen Astes.
Wenn kein Holz zur Hand ist, können auch Gegenstände aus Plastik verwendet werden, zum Beispiel der Länge nach durchgeschnittene Schläuche, Kabel oder Rohre in der entsprechenden Größe, aber als Notfall kann die verletzte Gliedmaße auch mit Zeitungspapier oder Wellpappe umwickelt werden.
— Pflaster, Schnürsenkel, Bindfaden oder Binden zum Befestigen der Schiene.

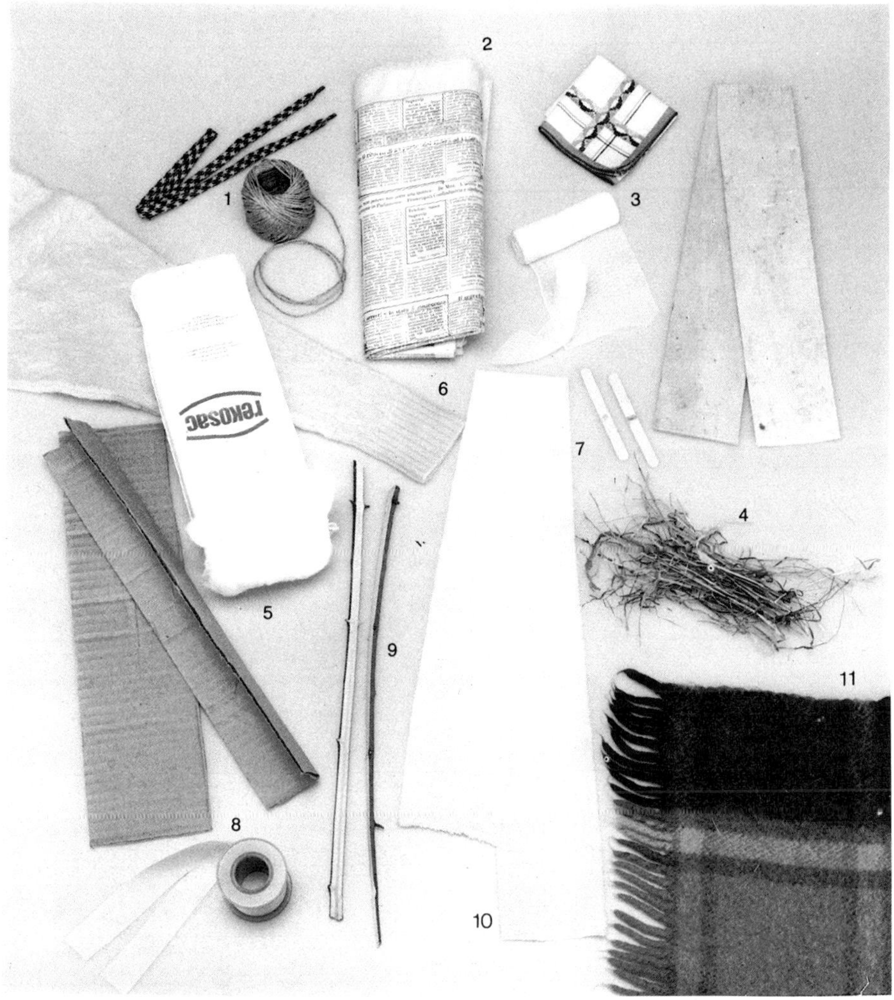

1. Bindfaden
2. Zeitungspapier
3. Taschentuch und Mullbinde
4. Zweige und Stroh
5. Watte
6. Pulloverärmel
7. Lutscherstiel
8. Pappe und Heftpflaster
9. Längs gespaltener Ast
10. Stoffstreifen
11. Streifen von einer Wolldecke

Ruhigstellen mit Hilfe einer Schiene

Wie man eine verletzte Gliedmaße am besten ruhigstellt, hängt davon ab, welcher Teil des Beines verletzt ist.
Einige Möglichkeiten sind hier aufgeführt; sie sollten aber nur als Notbehelf ergriffen werden, wenn kein Tierarzt erreichbar ist.

Vorderpfote und Unterarm

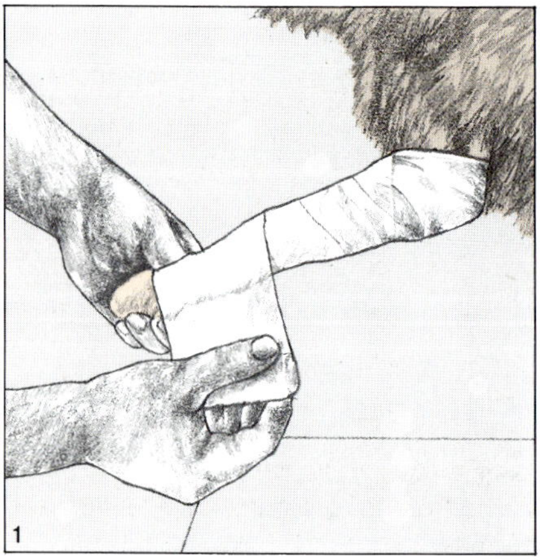

1. Gliedmaße mit Mullbinde oder langen Stoffstreifen bandagieren.

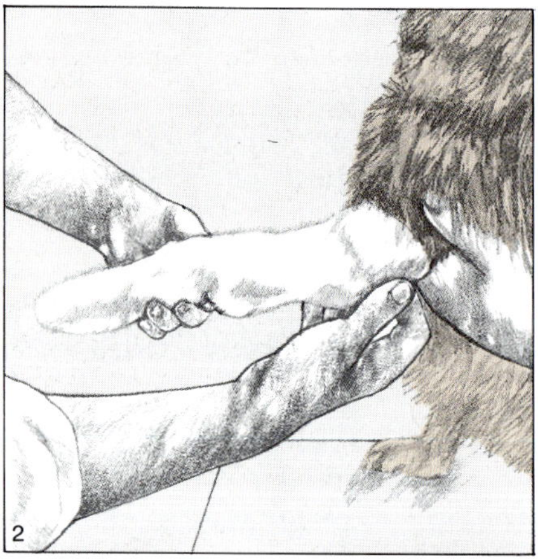

2. Eine Schicht Watte über den Verband wickeln. Für besseren Halt der Watte sorgt eine zweite, darüber angelegte Bandage.

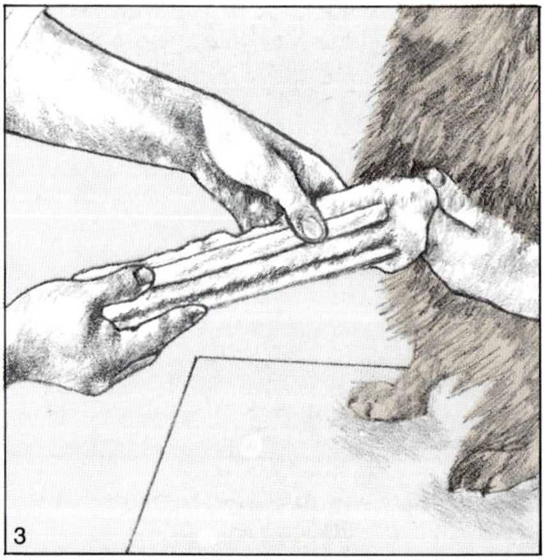

3. Drei genügend lange Schienen anlegen, zwei an den Seiten und eine an der Unterseite der Pfote.

4. Die Schienen mit zwei oder mehr Heftpflaster- oder Klebestreifen festkleben.

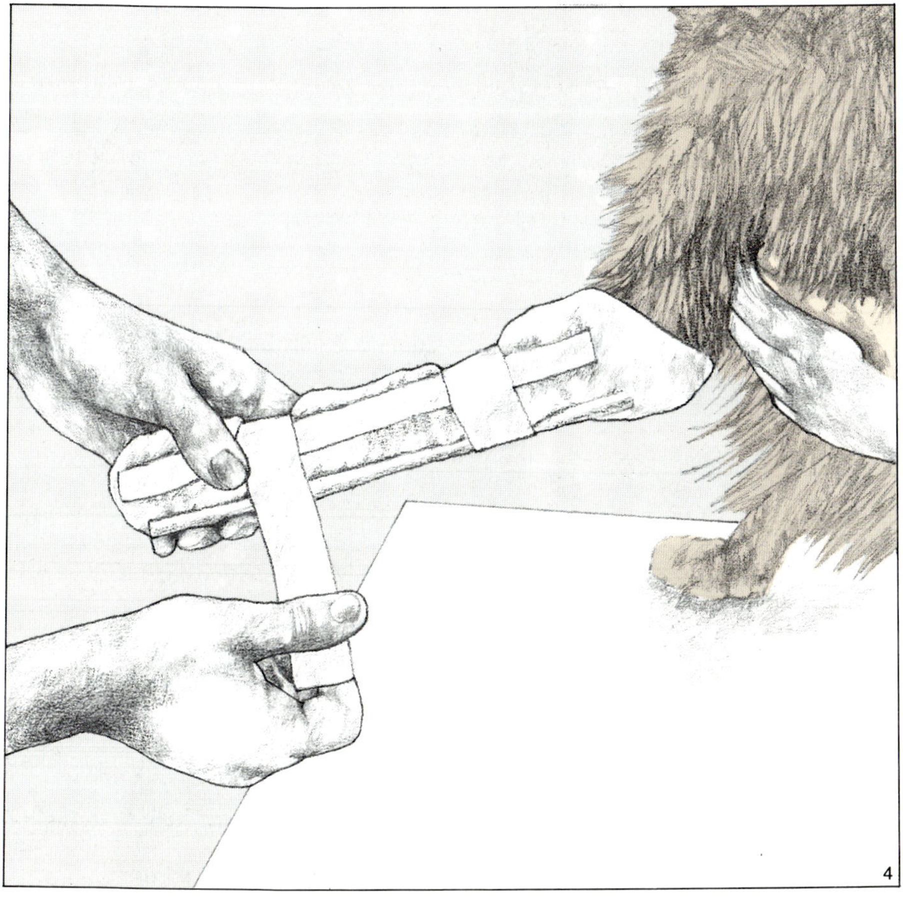

4

Hinterbein: Unterschenkel und Sprunggelenk

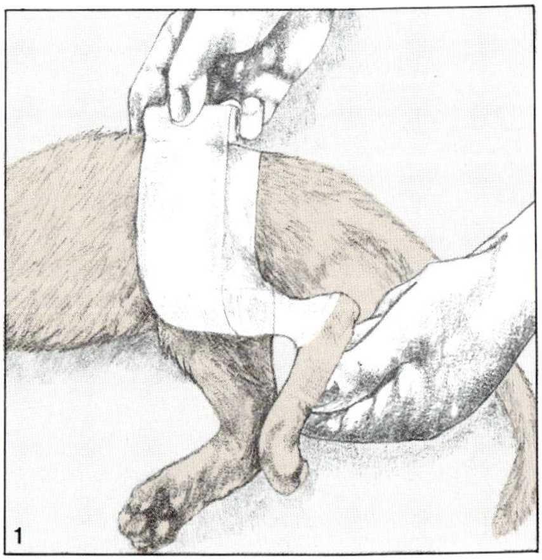

1. Gliedmaße mit Mullbinde oder langen Stoffstreifen bandagieren, Flanken und Bauch mit umwickeln, damit der Verband nicht abrutscht.

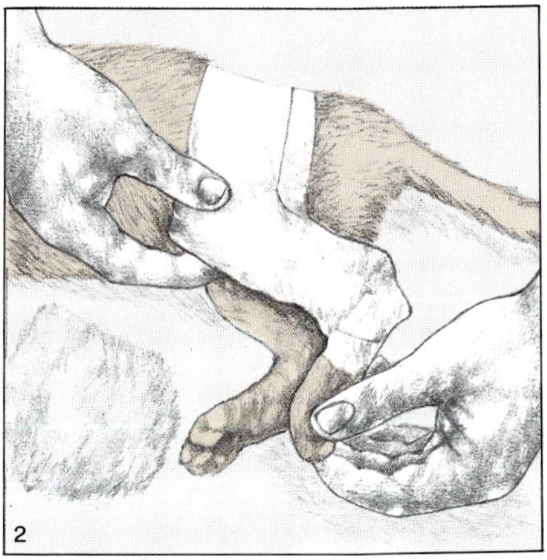

2. Eine Schicht Watte über den Verband wickeln. Eine zweite, über der Watte liegende Bandage sorgt für sicheren Halt.

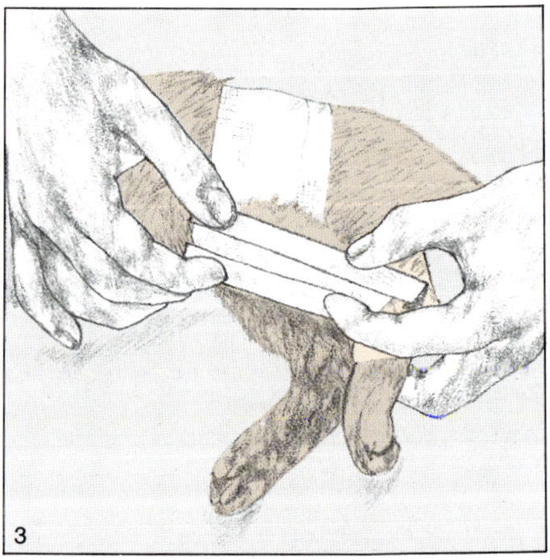

3. Drei genügend lange Schienen anlegen, eine vorn und zwei an den Seiten.

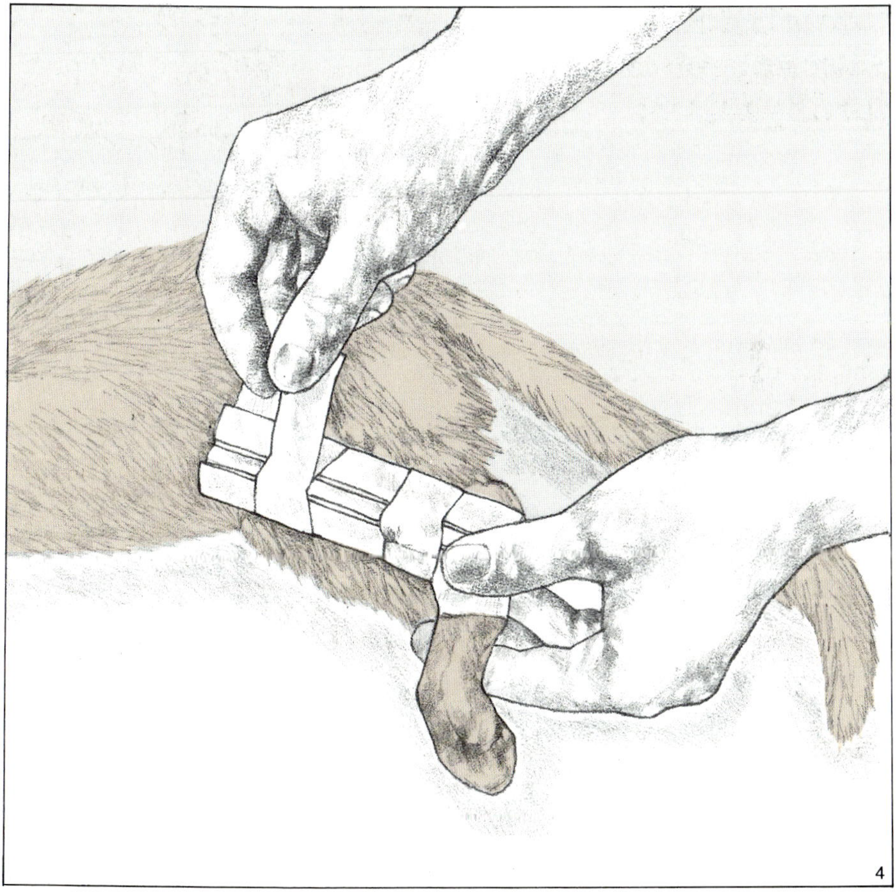

4

4. Die Schienen mit zwei oder mehr Heftpflaster- oder Klebebandstreifen festkleben.

Vorderbein: Ellenbogen, Oberarm und Schulter

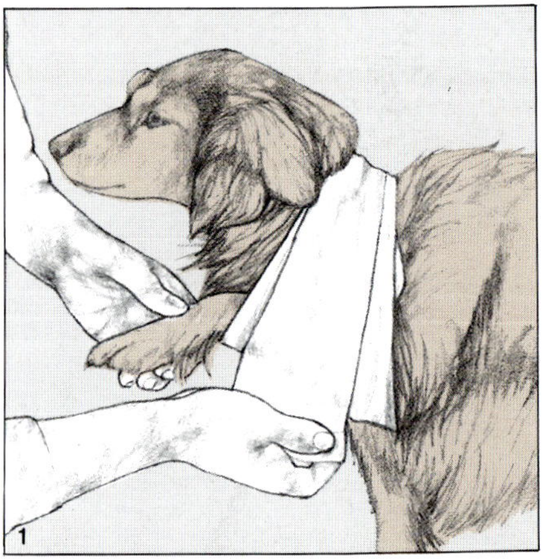
1

Hinterbein: Knie und Oberschenkel

1. Katzen und kleinen Hunden kann man eine Krücke aus dickem Draht konstruieren, der wie abgebildet gebogen und mit Heftpflaster oder Klebeband zusammengeklebt wird; der Teil, auf den sich das Tier stützt, muß mit Watte oder ähnlichem Material abgepolstert sein. Zum Anlegen der Stütze wird das Bein gestreckt und mit Pflaster an der Krücke festgeklebt. Damit die Konstruktion besser hält, wird das Klebeband an der Stelle, an der die Krücke befestigt werden soll, mehrmals um den Draht gewickelt.

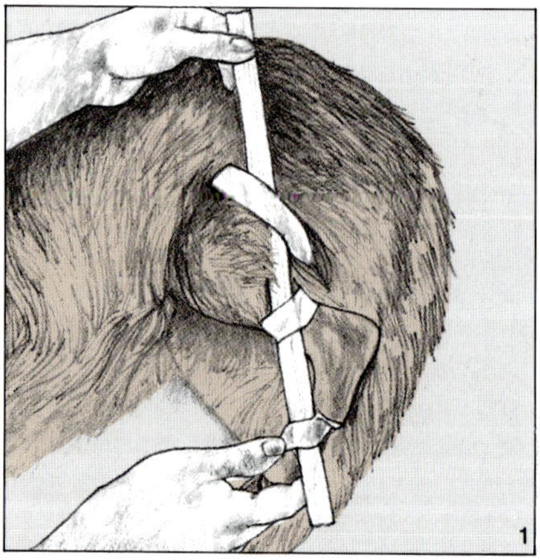
1

2. Bei mittelgroßen und großen Hunden befestigt man eine Schiene mit Klebeband an den in der Abbildung ersichtlichen Punkten; zwischen Gliedmaße und Schiene geschobene Wattebäusche wirken als Polster. Dieses Hilfsmittel stellt Knie und Sprunggelenk effektiv ruhig. Um das Hüftgelenk ruhigzustellen, bedarf es einer Schiene oberhalb des auf Seite 106 erklärten Verbandes.

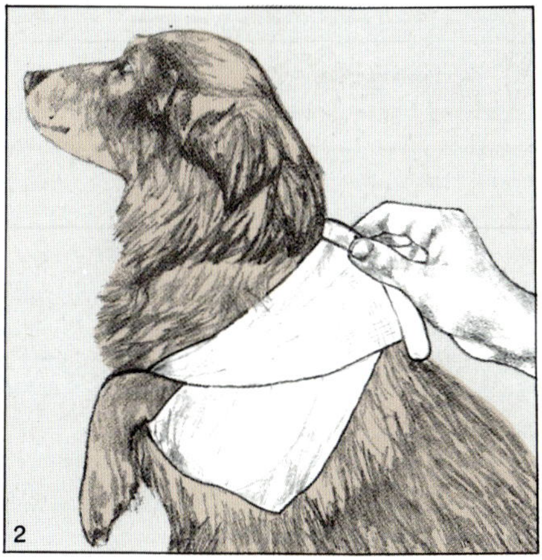
2

1. Zwei Mullbinden oder lange Stoffstreifen von oben nach unten um den Hals und das verletzte Vorderbein wickeln. Das Bein muß abgebeugt und an den Brustkorb herangezogen sein.

2. Damit das Tier das Bein nicht strekken kann, wird die Laufrichtung des Verbandes nach einigen Wicklungen gewechselt und die Binde vor der Pfote entlanggeführt. Befestigt wird der Verband mit Heftpflaster oder Klebeband.

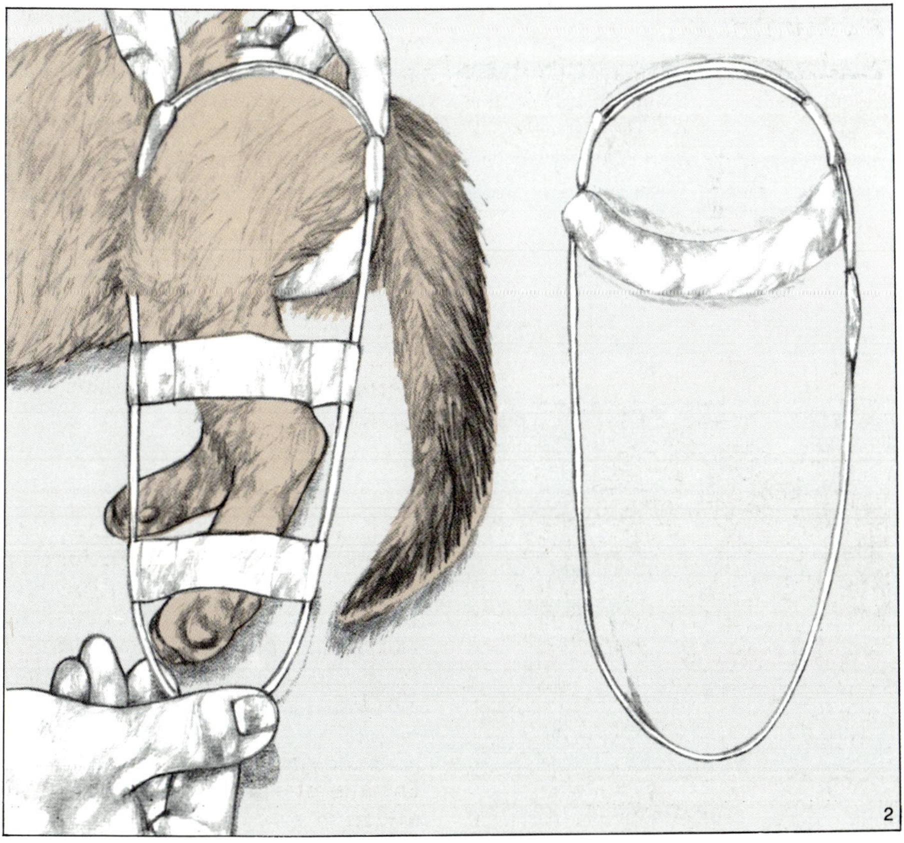
2

Improvisierte Schienen

■ Auch ohne Mullbinden, Heftpflaster, Klebeband und Watte kann man eine verletzte Gliedmaße ruhigstellen. Die hier abgebildeten Schienen bestehen aus Materialien, die sich auch unterwegs finden lassen.

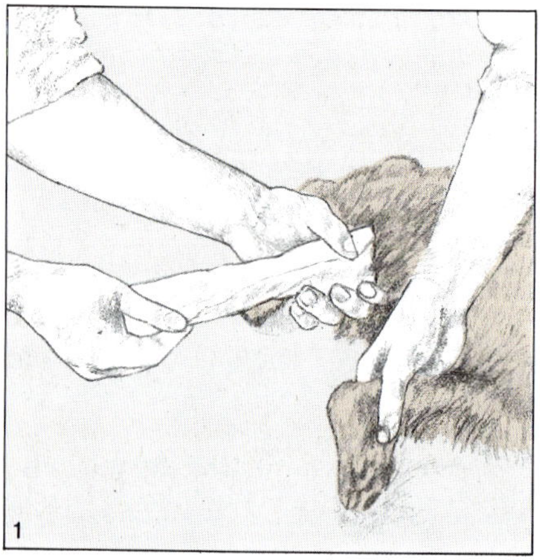

1

1. Gliedmaße mit Taschentuch oder Stoffstück umwickeln.

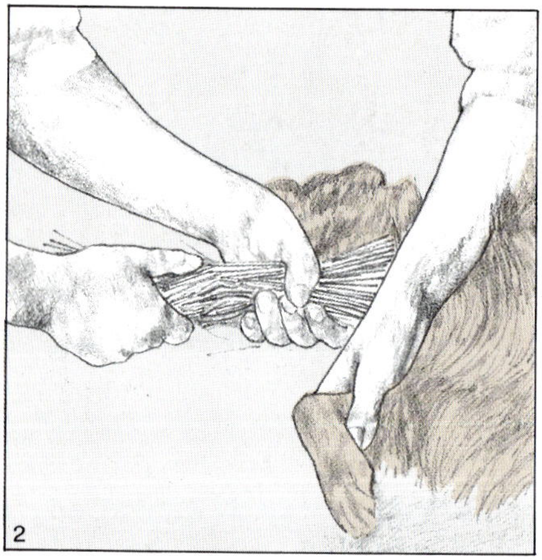

2

2. Büschel Gras oder Heu suchen, das lang und weich genug ist, und um die Gliedmaße herum anordnen.

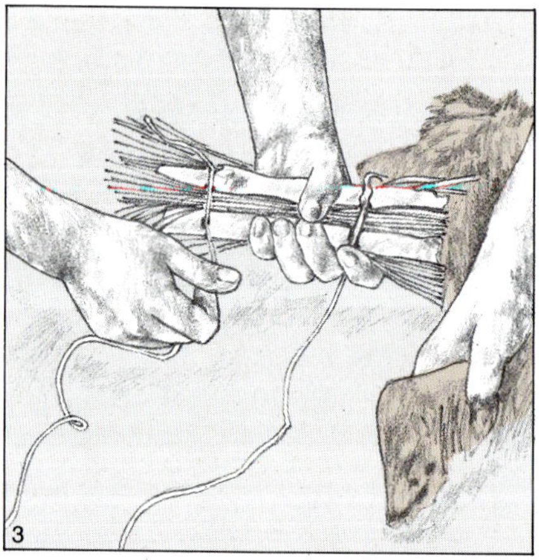

3

3. Als Schienen werden drei der Länge nach gespaltene Aststücke mit der flachen Seite auf die Polsterung gelegt. Mit einem Messer werden oben und unten je zwei Kerben in die Holzstücke geschnitten, damit der Bindfaden, mit dem die Schienen befestigt werden, nicht abrutschen kann.

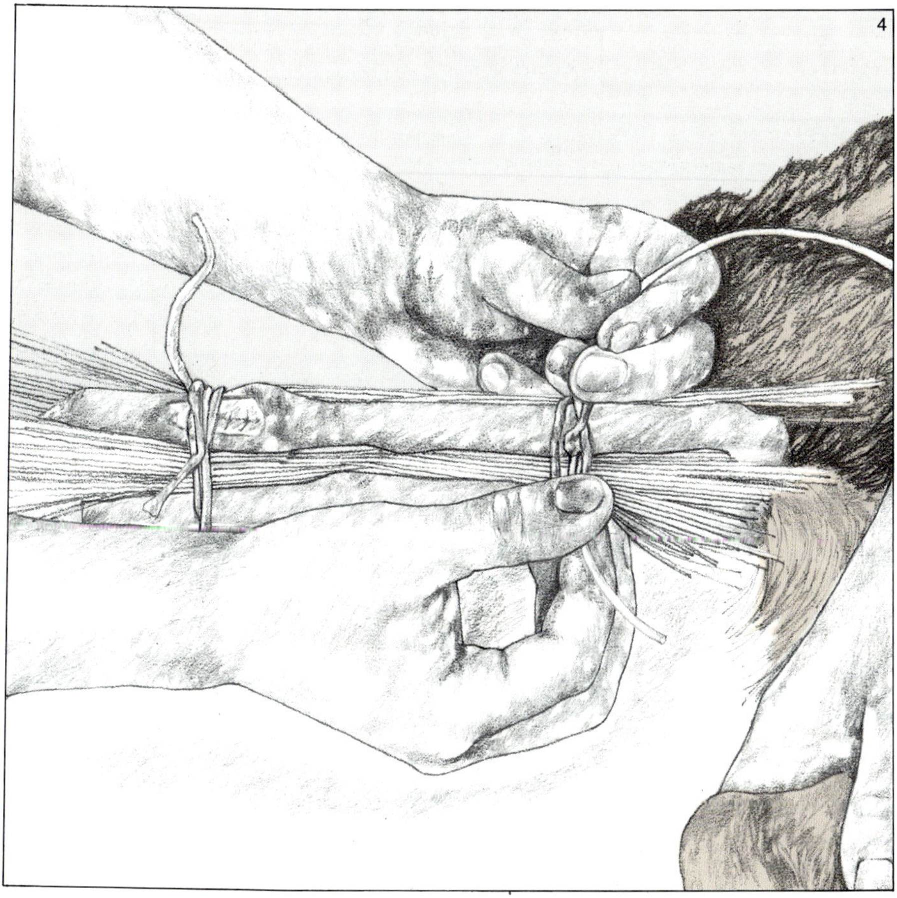

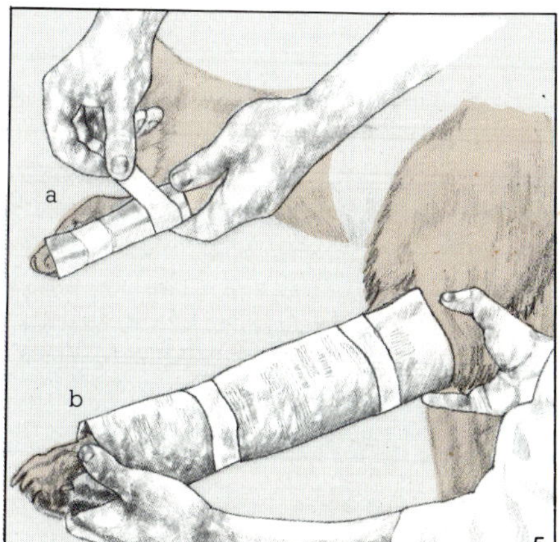

4. Zwei Bindfäden oder Stoffstreifen um die Schienen wickeln und verknoten.

5. Eine andere Möglichkeit ist die Verwendung von der Länge nach zusammengefalteter Wellpappe (a) oder Zeitungspapier, das um die verletzte Gliedmaße gewickelt wird (b).

SCHWERWIEGENDE VERLETZUNGEN

Bei sehr schweren Verletzungen mit Wunden, Knochenbrüchen und schweren Schädigungen von Blutgefäßen und inneren Organen besteht Lebensgefahr. In solchen Fällen ist die Erste Hilfe zwar wichtig, aber noch wichtiger ist es, für einen schnellen Transport zum nächsten Tierarzt zu sorgen.

URSACHEN

⋆ **Verkehrsunfall.** Die Schwere der Verletzungen hängt von verschiedenen Faktoren ab (Größe des Tieres, Art und Geschwindigkeit des Fahrzeugs und davon, von welchem Teil des Fahrzeugs das Tier getroffen wurde).
Die Folgen eines Verkehrsunfalls sind die häufigste Todesursache bei Haustieren. Daher ist es von entscheidender Bedeutung, Hunde gehorsam und leinenführig zu machen. Katzen kann man nur schützen, indem man sie im Haus hält.

⋆ **Stürze aus großer Höhe**. Hauptsächlich Katzen, die von Balkons, Terrassen, Dächern oder Bäumen fallen, aber auch bei Welpen besteht die Gefahr eines Sturzes. Die Schwere der Verletzung ist abhängig vom Gewicht des Tieres und von der Tiefe des Sturzes (bei mehr als 8 bis 10 m, also 2 bis 3 Stockwerken, kommt es fast immer zu schweren Verletzungen).

⋆ **Andere häufige Ursachen.** Kämpfe mit anderen Tieren, starke Schläge, Jagdunfälle oder Unfälle mit gefährlichen Werkzeugen (Motorsägen, Rasenmäher etc.).

BEURTEILUNG

• Ist das Tier noch am Leben?

• Die erste Frage, die sich bei einem schwerverletzten Tier stellt, ist die, ob es noch am Leben ist. Wenn sich das Tier noch bewegt, ist dies eindeutig, wenn es jedoch unbeweglich daliegt, kann es sehr schwierig sein. In einem solchen Fall achtet man auf die folgenden Anzeichen:

Atembewegungen

Die Atmung ist am leichten Heben des Bauches und der unteren Rippen zu erkennen, bei sehr langsamer und flacher Atmung sind diese Bewegungen jedoch nur schwer wahrzunehmen.

Herzschlag

Um den Herzschlag zu fühlen, legt man je nach Größe des Tieres die Hand oder die Fingerspitzen

1. Kontrollieren des Herzschlags

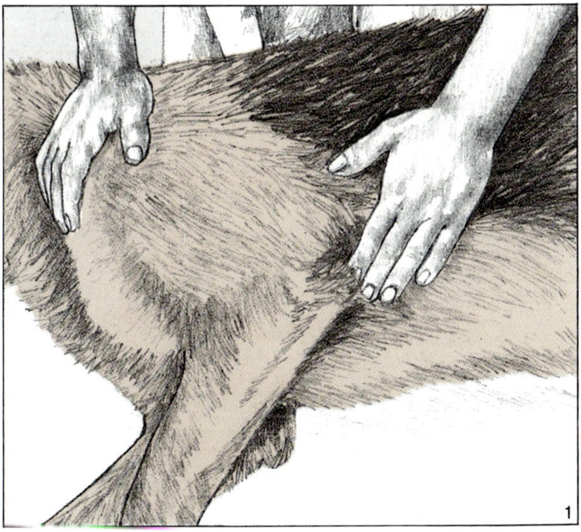

1

auf die linke Seite des Brustraums, wie in Abb. 1 gezeigt.

In diesem Bereich spürt man zwischen den Rippen das rhythmische Pulsieren des sich zusammenziehenden und wieder erweiternden Herzmuskels.

Arterieller Puls

Zeige-, Mittel- und Ringfinger nebeneinander auf die Arterie an der Innenseite des Oberschenkels legen, um dort den Puls zu fühlen (Abb. 2).

2. Pulsfühlen

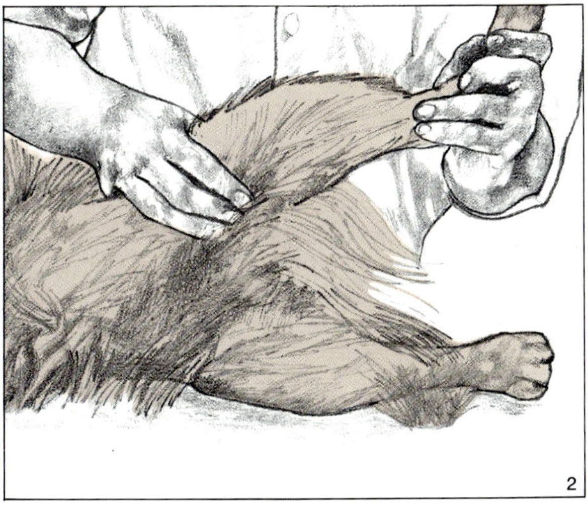

2

Am unteren Ende der Vertiefung zwischen den senkrecht verlaufenden Muskelsträngen kann der Puls mit den Fingerspitzen gefühlt werden.

■ Bewußtsein prüfen

■ Wenn das Tier noch lebt, kann es sich in einem Schockzustand befinden, aber es muß unbedingt festgestellt werden, ob es bei Bewußtsein ist.

Anrufen

Den Namen des Tieres rufen und darauf achten, ob die Augen oder der Kopf sich bewegen, wenn auch nur geringfügig: Hunde wedeln manchmal leicht mit dem Schwanz.

Sehvermögen testen

Mit der Hand etwa 20 cm vor den Augen vorüberfahren und darauf achten, ob die Augen der Bewegung folgen. Wenn nicht, die Hand schnell auf ein Auge zubewegen, den Kopf des Tieres dabei aber nicht berühren. Wenn das Tier bei Bewußtsein ist, wird es reflexartig die Augen schließen (Reaktion auf Bedrohung, Abb. 1).

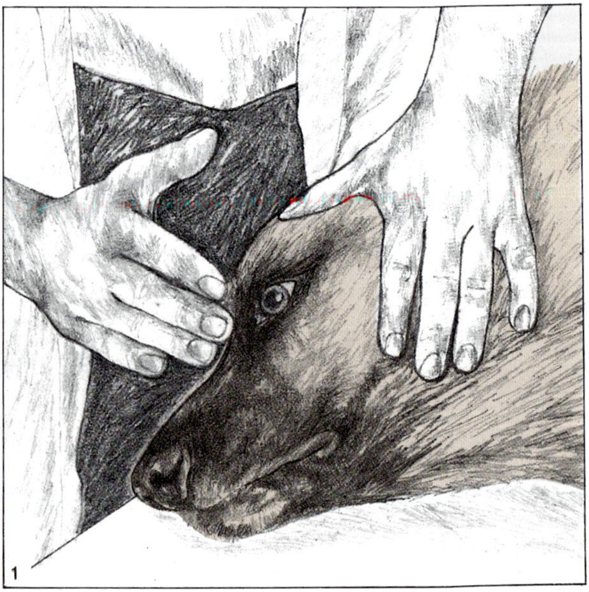

1

■ Koma

■ Wenn das verletzte Tier bewußtlos ist, sollte nach Möglichkeit festgestellt werden, wie tief diese Bewußtlosigkeit ist und vor allem auch, ob es sich um die besonders tiefe, als Koma bezeichnete Bewußtlosigkeit handelt. Dazu müssen die Reflexe der Augen beobachtet weden und auch das Aussehen der Pupillen.

Pupillenreaktion

Die Hornhaut des Auges leicht mit einer Fingerspitze berühren (Abb. 2).
Normalerweise schließen sich die Lider sofort; wenn dies nicht der Fall ist, selbst dann nicht, wenn der Reiz mehrmals hintereinander ausgeübt wird, handelt es sich um eine besonders tiefe Bewußtlosigkeit des Tieres.

Lidschlußreflex

Den eng gebündelten Lichtstrahl einer Taschenlampe auf die Pupille richten. Unter normalen Bedingungen verengt sich daraufhin die Pupille; tut sie es nicht, liegt das Tier im Koma.
Diese Untersuchung ähnelt der vorhergehenden; ihre Beurteilung ist jedoch schwieriger, vor allem in einer hell erleuchteten Umgebung (Abb. 3).

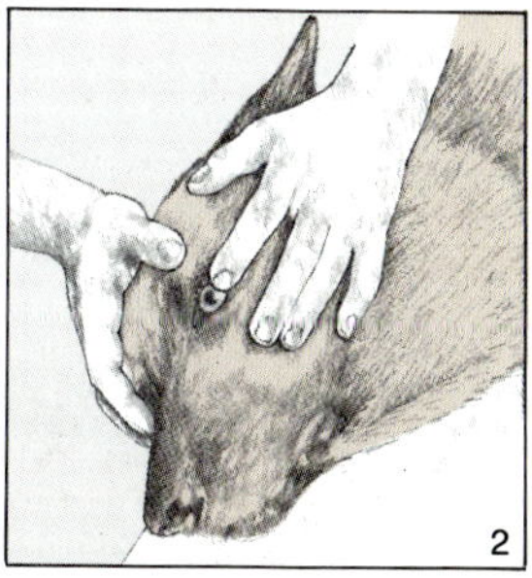
2

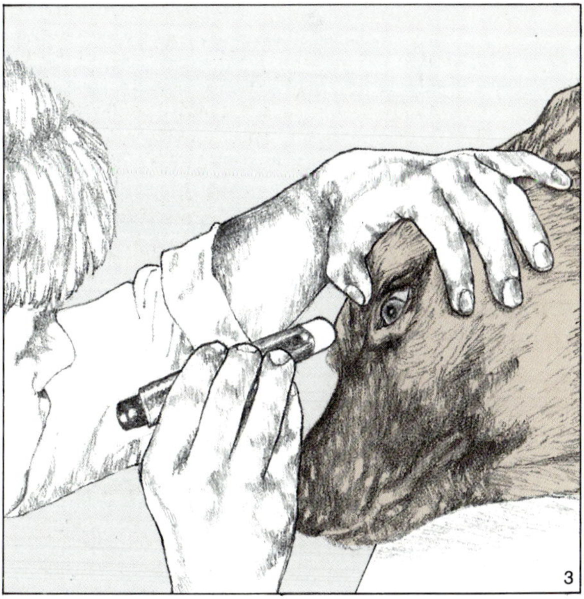
3

1. Reaktion auf Bedrohung
2. Lidschlußreflex
3. Pupillenreaktion

Pupillendurchmesser

Er ist einfacher zu beobachten und hängt von der Lichtmenge ab, die ins Auge einfällt; ein heller Lichtstrahl führt zu einer starken Kontraktion der Pu-

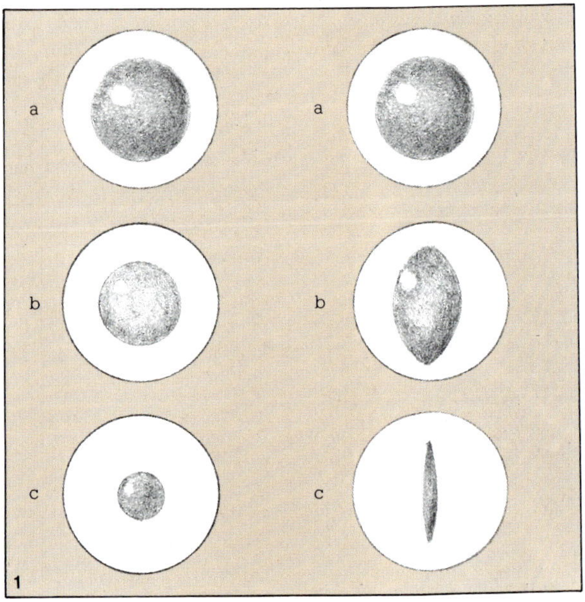

1. Schematische Darstellung der Pupillengröße bei Katzen (rechts) und Hunden (links)
a) Mydriasis (Pupillenerweiterung)
b) normalgroße Pupille
c) Miosis (Pupillenverengung)

pillen, wogegen sie sich bei Dunkelheit weit öffnen. Bei normalem Tageslicht ohne besonders starke Lichtquellen (strahlende Sonne, helle Lampen) ist die Pupillenöffnung mittelgroß. Eine starke Verengung (Miosis) oder Erweiterung (Mydriasis) nach einer Verletzung kann, besonders wenn nur eine Pupille betroffen ist, auf eine Schädigung des Gehirns hindeuten (Abb. 1).

■ Äußerliche Untersuchung

■ Nachdem festgestellt wurde, ob das Tier noch am Leben und bei Bewußtsein ist, wird es so schnell wie möglich auf Wunden und Knochenbrüche hin untersucht.
Unnötige Bewegungen sollten dem verletzten Tier erspart bleiben; ist eine Bewegung nicht zu vermeiden, muß sie sanft ausgeführt werden.
Nicht vergessen, den Bauchraum auf mögliche Verletzungen zu überprüfen. Wenn die Verletzung sehr schwer ist und die Eingeweide hervorgetreten sind, ist dies nicht zu übersehen.

■ Beweglichkeit der Gliedmaßen

■ Bevor das Tier bewegt wird, sollte überprüft werden, ob es in der Lage ist, die Gliedmaßen zu bewegen.

2. Beugereflex
3. Abtasten der Wirbelsäule

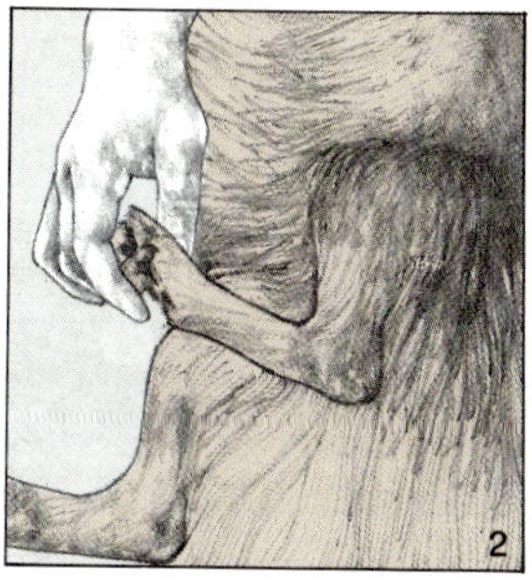

Willkürliche Bewegungen

Wenn das Tier bei Bewußtsein ist, die Beine beobachten und auf willkürliche Bewegungen achten.

Untersuchen und Abtasten der Wirbelsäule

In Zweifelsfällen kann ein einfacher Versuch eine Bewegung auslösen (Abb. 2):
Die Sohle oder die Zehe einer Pfote zusammendrücken oder die Haut auf oder zwischen den Zehen kräftig kneifen; wenn der Reiz stark genug ist, wird das Tier normalerweise die Pfote reflexartig zurückziehen.
Alle vier Beine auf diese Weise überprüfen. Wenn die Hinter- oder die Vorderbeine bewegungsunfähig und unempfindlich sind, besteht Verdacht auf eine Verletzung der Wirbelsäule.

■ Schmerzempfinden testen

■ Eine Wirbelsäulenverletzung läßt sich manchmal schon durch genaues Hinschauen oder vorsichtiges Abtasten der Dornfortsätze entdecken, die als kleine Knochenbuckel entlang der Rückenmitte zu fühlen sind.
Vertiefungen, Stufen oder seitliche Abweichungen sind im allgemeinen ein Zeichen für einen Bruch oder eine schwere Verrenkung der Rückenwirbel (Abb. 3).

BEHANDLUNG

■ Auf gar keinen Fall darf man vergessen, daß sich ein nach einem Unfall schwer verletztes Tier in einem Schockzustand befindet, der ein Abfallen des Blutdrucks bewirkt. Wenn das Tier bei niedrigen Außentemperaturen verunglückt ist, bringt man es an einen gut belüfteten und warmen Ort. Bei hohen Außentemperaturen muß ein kühler Platz gesucht werden.

Wenn das Tier bewußtlos ist oder unter Atemnot leidet, legt man es vorsichtig auf die Seite, streckt den Kopf und öffnet das Maul, um ihm das Atmen zu erleichtern.

Darauf achten, daß die Zunge nicht zu weit hinten im Maul liegt; im Zweifelsfall zieht man sie vorsichtig nach vorn heraus (Abb. 1).

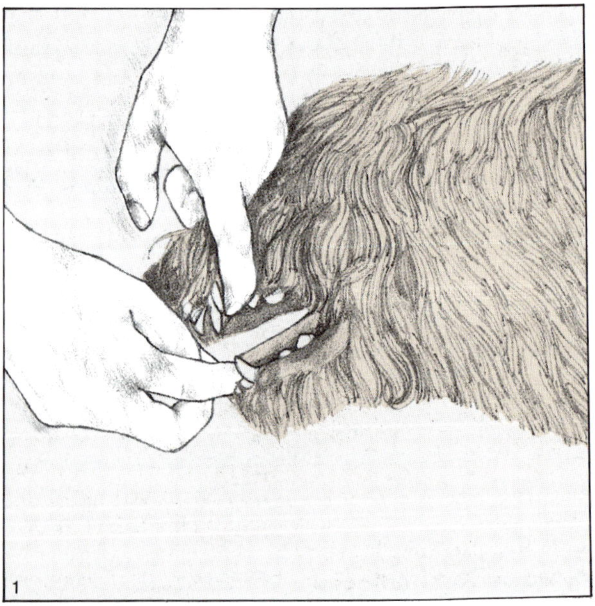

1. Korrekte Lage von Kopf und Zunge bei einem schwer verletzten Tier

■ Bei Wunden und Knochenbrüchen nur in den hier aufgeführten Fällen Erste Hilfe leisten (wie in den Kapiteln Hautverletzungen, Seite 62, und Knochenbrüche, Verrenkungen und Verstauchungen, Seite 84, beschrieben):

– Großflächige und verschmutze Wunden säubern und desinfizieren.

— Starke Blutungen durch Staubinde oder Druckverband stillen.
— Offene Brüche verbinden, um eine Infektion auf dem Transport zu vermeiden. Keine Zeit mit dem Anlegen von Schienen oder einer Behandlung verschwenden, wenn Lebensgefahr besteht.

■ Bei tiefen Wunden in der Bauchdecke mit Austritt von Eingeweiden, Wunde säubern und Eingeweide auf dem Transport so gut wie möglich schützen.
— Zum Säubern werden die Eingeweide (mit einer sterilen Spritze ohne Nadel) mit Wasser beträufelt oder besprengt. Da für umfangreiche Vorbereitungen keine Zeit bleibt, kann bereits einmal abgekochtes, kaltes Wasser aus dem Kessel oder auch sauberes Leitungswasser verwendet werden (Abb. 2).

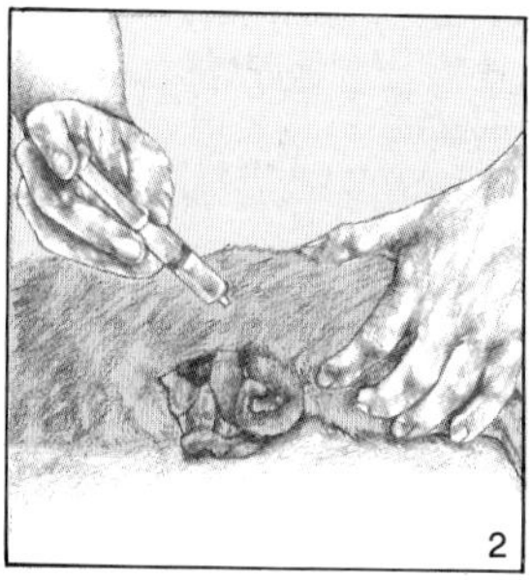
2

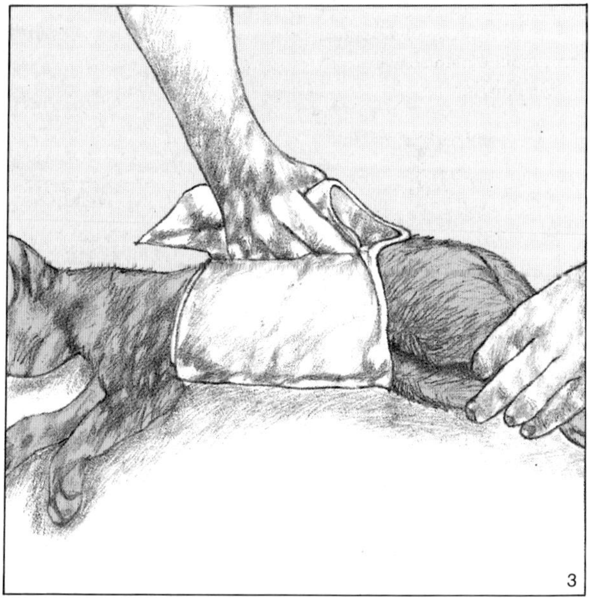
3

2. Säubern vorgefallener Eingeweide
3. Schützen der Eingeweide während des Transportes

— Mit dem übriggebliebenen Wasser ein Tuch befeuchten, das nach Möglichkeit vorher sehr heiß gebügelt worden sein sollte. Das Tuch unter die hervorgetretenen Eingeweide legen und den Bauch des Tieres vorsichtig darin einhüllen (Abb. 3).
Wenn weder abgekochtes Wasser, sauberes Lei-

tungswasser noch ein sauberes Tuch zur Hand sind, muß auf jeden Fall darauf geachtet werden, daß die herausgetretenen Eingeweide feucht und abgedeckt gehalten werden, damit ihre Oberfläche während des Transportes nicht austrocknet oder verschmutzt wird.

■ Wenn die Erste Hilfe geleistet wurde, muß das Tier so schnell wie möglich zum Tierarzt. Es muß vorsichtig transportiert werden, damit Knochenbrüche oder innere Verletzungen sich nicht verschlimmern.

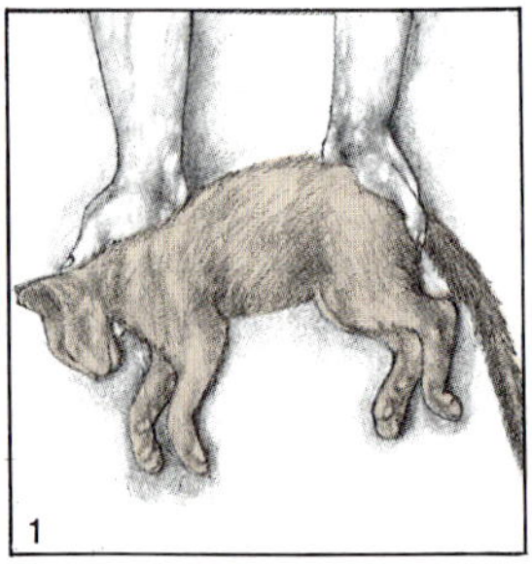

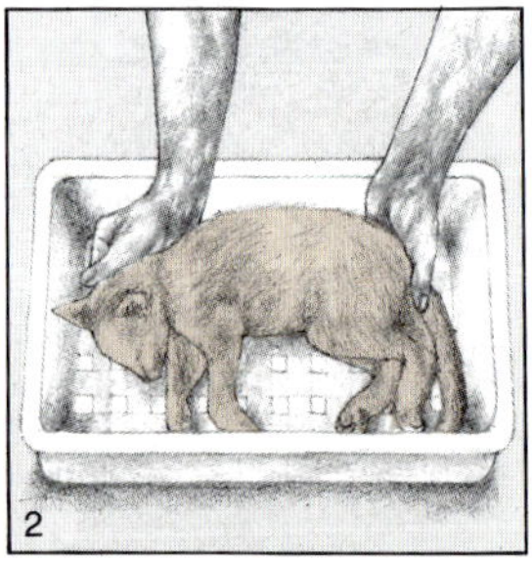

Zwei Stadien beim Transport von kleinen Tieren:
1. Anheben
2. Absetzen in einem Korb

TRANSPORT DES TIERES

Kleine Hunde und Katzen kann man in einem Korb oder Karton mit einem festen Boden und mindestens 15—20 cm hohen Wänden transportieren; sie müssen allerdings so groß sein, daß das verletzte Tier nicht gezwungen ist, eine verkrampfte Haltung einzunehmen. Beim Aufheben des Tieres verfährt man folgendermaßen:
— Eine Hand mit gespreizten Fingern unter Hals und Schultern schieben und mit dem Daumen eine Hautfalte im Nacken fassen, um das Vorderteil des Tieres vor dem Abrutschen zu sichern. Die andere Hand stützt das Körpergewicht im Hüftbereich ab (Abb. 1).
— Das Tier vorsichtig anheben und in den Transportbehälter legen. Stöße oder plötzliche Bewegungen vermeiden (Abb. 2).
Mittelgroße und große Hunde transportiert man in einer Decke oder einem entsprechend großen und stabilen Tuch, am besten mit einem Brett als Trage, wobei man folgendermaßen verfährt:
— Die Decke entlang der Wirbelsäule auslegen, vordere Hälfte unter Hals und Schultern, hintere Hälfte unter Flanken, Bauch und Hinterbeine schieben (Abb. 3).
— Schultern und Brustkorb sanft anheben und Decke vollständig ausbreiten (Abb. 4).
Dann entweder die vier Ecken der Decke zusammenfassen und das Tier in einer Art Hängematte transportieren, oder ein langes und starkes Brett, falls es verfügbar ist, als Stütze unter den Körper des Tieres legen.
Um seitliches Abrutschen zu verhindern, fassen die Helfer das Brett nicht an den Enden an, sondern weiter in der Mitte (Abb. 5).

Anheben und Transportieren eines mittelgroßen Tieres:
3.—4. Ein Tuch unterschieben
5. Transportieren mit Hilfe eines Brettes als Trage

3

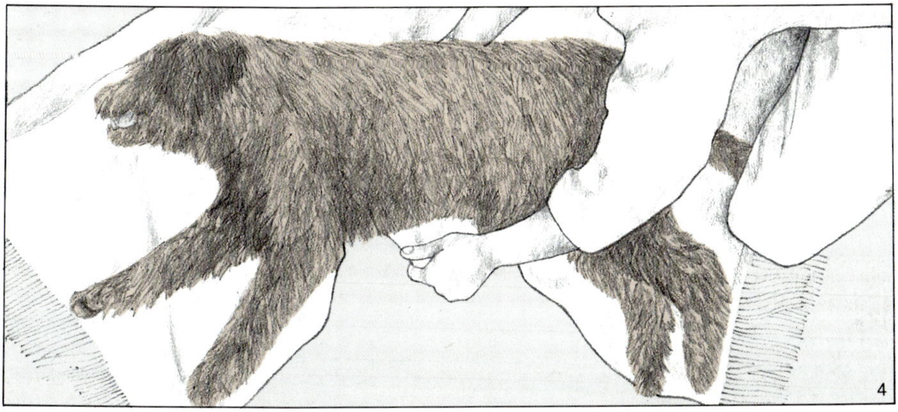

4

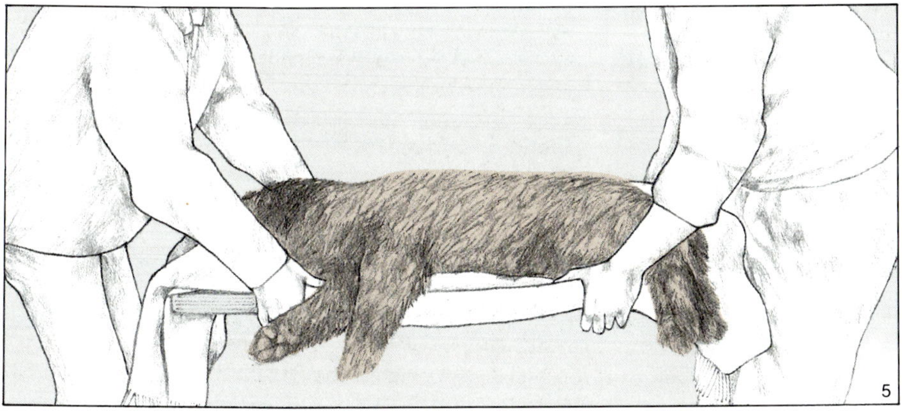

5

AUGENVERLETZUNGEN

Die Augen sind sehr empfindliche Organe. Oft sind die Folgen von Augenverletzungen besonders schwerwiegend, weil nicht sofort Erste Hilfe geleistet wurde.

Verletzungen der Augenlider

Die Lider dienen zum Schutz der Augen vor äußeren Einwirkungen; das hat zur Folge, daß sie relativ häufig verletzt werden.

URSACHEN

- **Bisse oder Kratzer** bei Kämpfen mit anderen Tieren.
- **Schnitte und Risse** durch Dornbüsche oder scharfkantige Gegenstände.
- **Schläge.**

BEURTEILUNG

■ Ober- und Unterlid sorgfältig auf äußere Verletzungen oder Blutungen untersuchen. Auch den sichtbaren Teil des Auges und das dritte Augenlid, das sichtbar wird, wenn sanfter Druck auf das obere

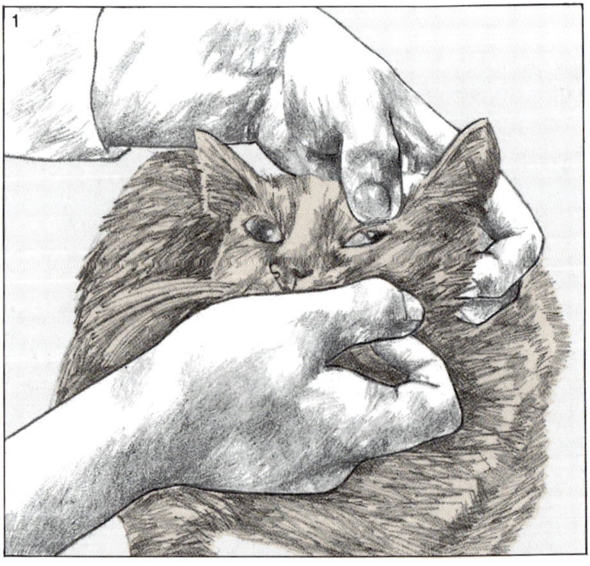

I. So macht man bei Katzen und Hunden das dritte Augenlid sichtbar. Es befindet sich in den inneren Augenwinkeln

Lid ausgeübt wird (Abb. 1), in die Untersuchung einbeziehen.

• **Blutergüsse**

• Da die Lider von vielen Gefäßen durchzogen sind, kommt es leicht zu Blutergüssen (leichter Blutung unter der Haut).

• **Abschürfungen**

• Die Haut des Lides kann leicht angeritzt sein, was an einer gering blutenden, haarlosen Stelle zu erkennen ist.

• **Tiefe Wunden**

• Es kommen aber auch tiefere Verletzungen der Augenlider vor, bei denen die Haut durchgetrennt ist. Tiefe, Größe und auch der Sitz der Verletzung müssen festgestellt werden. Risse im Lidrand sind besonders gefährlich, weil sie das Tier nicht nur entstellen, sondern auch die Funktionsfähigkeit des Lides einschränken

BEHANDLUNG

■ Bei leichter Blutung unter der Haut oder bei blutenden Wunden werden einige Minuten lang kalte Kompressen aufgelegt. Ein mehrfach gefaltetes Stück Gaze oder Stoff wird in kaltes Wasser getaucht (Abb. 2).
Eisbeutel oder Kühlpackungen aus dem Erste-Hilfe-Kasten können auch benutzt werden, dürfen jedoch nicht zu lange liegenbleiben, damit es nicht zu Erfrierungen kommt. Kein Eis direkt auf den Augapfel legen — das führt zu irreparablen Schäden.

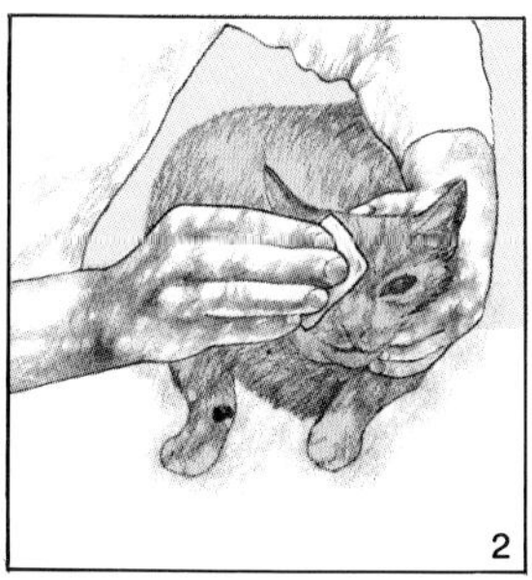

2. Auflegen von kühlenden Kompressen

■ Abschürfungen werden mit Gaze und einem alkoholfreien Desinfektionsmittel gereinigt. Man muß darauf achten, daß das Medikament nicht in die Augen gerät.

■ Verletzungen der Lider, die tief oder großflächig sind oder bei denen der Lidrand in Mitleidenschaft gezogen ist, müssen so bald wie möglich vom Tierarzt genäht werden.
Wenn dies nicht sofort möglich ist, wird die Wunde mit Borwasser oder einem anderen desinfizierenden Augenwasser gereinigt und dann durch einen Verband abgedeckt, wie auf Seite 110—111 gezeigt.

Bandagieren des Auges

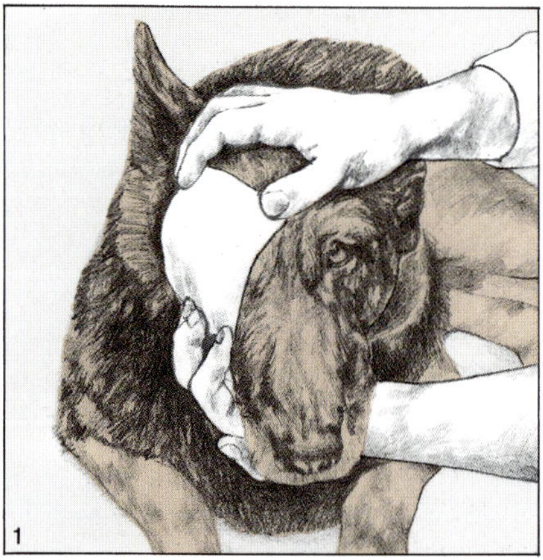

1. Einen Gazetupfer über das Auge legen.

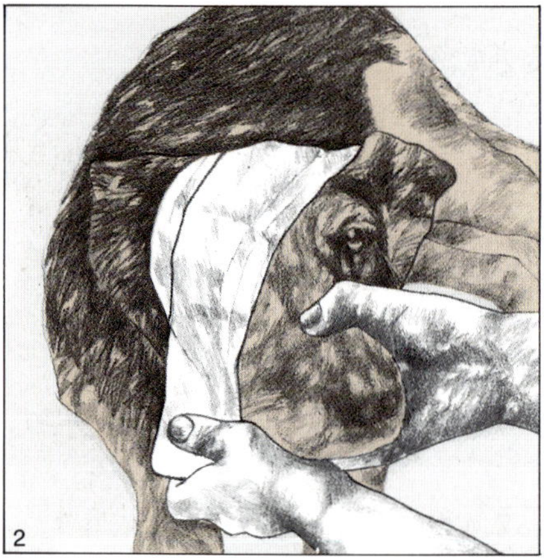

2. Eine Mull- oder Elastikbinde über den Gazetupfer legen und abwechselnd um den Hals und um das gegenüberliegende Ohr wickeln.

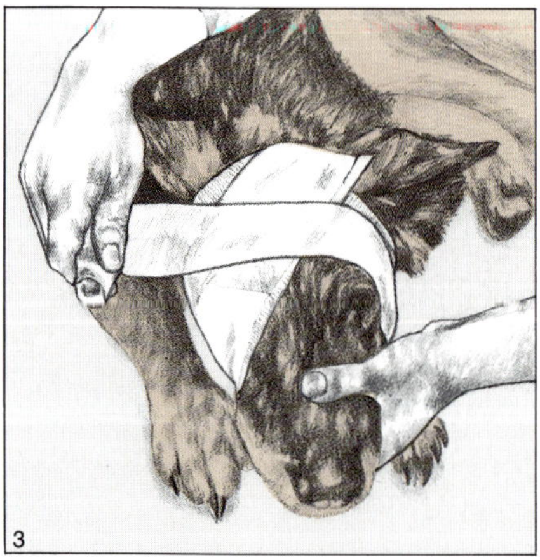

3. Nach ein paar Wicklungen wird der Verband zwischen dem gesunden Auge und dem Ohr herumgeführt und in der neuen Richtung noch zweimal herumgelegt.

4. Den Verband mit Heftpflaster sichern.

4

Hornhautverletzungen

Die Hornhaut ist besonders verletzungsanfällig, weil sie nur durch die Lider geschützt wird. Hornhautverletzungen kommen vor allem bei Hunden und Katzen mit vorstehenden Augen vor (z. B. Pekinesen).

URSACHEN

* **Schnitt- oder Stichwunden** (Glas, spitze Metallgegenstände, Holzsplitter, Dornen usw.)
* **Kratzer** durch Katzen.
* **Verletzungen durch Schläge,** Raufereien, Verkehrsunfälle.

BEURTEILUNG

• Am ungefährlichsten ist eine Abschürfung der Hornhaut (Abb. 1a), weil bei ihr nur die äußere Schicht betroffen ist. Risse (Abb. 1b) gehen tiefer; bei tiefen Verletzungen (Abb. 1c) kann sogar Flüs-

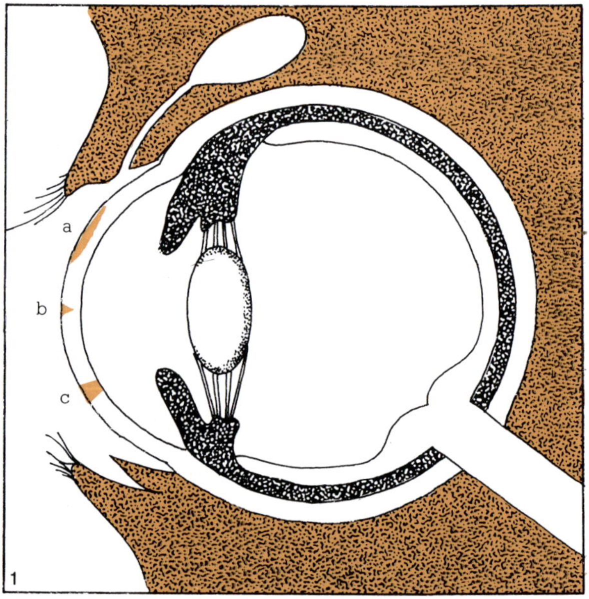

1. Hornhautverletzungen
a) Abschürfung
b) Riß
c) Durchtrennung

sigkeit aus der Vorderen Augenkammer austreten (siehe Anatomie-Tafel, Seite 15) und bei großflächigen Schnitten auch ein Teil der Regenbogenhaut (Iris).

• Hornhautabschürfungen

• Abschürfungen der Hornhaut sind schwer festzustellen, weil die Hornhaut durchsichtig ist.
Gewisse Hinweise gibt jedoch das Verhalten des Tieres; häufiges Blinzeln, gesteigerter Tränenfluß und oft auch eine Rötung des verletzten Auges. Tierärzte benutzen ein spezielles Färbemittel, das es ihnen ermöglicht, ihre Diagnose zu stellen.

• Hornhautrisse

• Schwerwiegendere Hornhautverletzungen sind deutlich als Risse zu erkennen. Solche Verletzungen sind sehr schmerzhaft und führen daher zu Unruhe, krampfhaft geschlossenen Lidern und starkem Tränenfluß.

• Hornhautdurchtrennung

• In ganz schweren Fällen ist die Hornhaut völlig durchtrennt.
In diesem Fall kann das Auge kleiner aussehen als normal. Es muß untersucht werden, ob innere Teile des Auges durch die Wunde hervortreten, wie zum Beispiel die Iris, die leicht zu erkennen ist, weil sie pigmentiert ist.

BEHANDLUNG

■ Beim Verdacht auf eine Abschürfung das Auge nur mit einem Augenwasser reinigen.
Keine Augensalbe ohne Anweisung des Tierarztes anwenden. Viele dieser Salben enthalten Kortison, das in diesem Fall schädlich ist.

■ Tiefe Verletzungen der Hornhaut und vor allem Durchtrennungen müssen sofort vom Tierarzt behandelt werden, damit es nicht zu einer Infektion kommt.
Das verletzte Auge vorsichtig säubern und eventuell durch einen Verband schützen (siehe Seite 110—111).

Fremdkörper im Auge

Sie sitzen gewöhnlich hinter den Lidern im Bindehautsack. Spitze oder scharfkantige Fremdkörper können die Hornhaut durchdringen.

URSACHEN

⋆ **Samen, Pflanzenteile und die Grannen von Gräsern** können hinter die Lider geraten. Grannen sind besonders unangenehm, weil sie das Auge stark reizen und oft tief in die Bindehaut eindringen. Kleinere, glatte Fremdkörper werden oft durch den gesteigerten Tränenfluß wieder aus dem Auge herausgespült.

⋆ **Dornen, sowie Splitter von Holz, Metall und anderen Materialien** können in die Hornhaut eindringen und sich in ihr festsetzen.

BEURTEILUNG

• **Anzeichen**

• Fremdkörper im Auge sind sehr unangenehm: Das Tier verhält sich unruhig, blinzelt häufig, hält ein Auge geschlossen und zeigt häufig starken Tränenfluß; bei geringfügigen Schmerzen wird das Auge wiederholt mit einer der Vorderpfoten gerieben.
Diese Symptome treten überwiegend im Sommer auf, z. B. nach einem Spaziergang im Wald oder über Wiesen, und deuten in der Regel auf einen Fremdkörper im Auge hin.

• **Untersuchung des Auges**

• Das Auge bei gutem Licht genau betrachten (im Licht der Sonne, einer hellen Lampe oder einer Taschenlampe) und das Tier dabei ruhigstellen wie im Kapitel über Zwangsmaßnahmen auf Seite 31 erläutert.
– Die Lider spreizen, damit ein größerer Teil der Hornhaut sichtbar wird.
– Eine kleine Hautfalte in der Nähe der Lider mit zwei Fingern der rechten Hand ergreifen, sie vorsichtig vom Auge abheben (Abb. 2) und die obere und untere Hälfte des Bindehautsacks gründlich untersuchen.
– Obwohl dies etwas schwierig ist, kann man versuchen, das dritte Lid hervortreten zu lassen, in dem man leichten Druck auf das geschlossene obere Lid

ausübt, wie im Kapitel über Verletzungen des Auges auf Seite 108 beschrieben.

• Wenn der Fremdkörper nicht lokalisiert werden kann

• Die Sichtbarkeit eines Fremdkörpers im Auge hängt von seiner Lage ab; wenn er tief im Bindehautsack oder hinter dem dritten Augenlid sitzt, wird er kaum zu sehen sein. In jedem Fall sollte der Fremdkörper nach Möglichkeit von einem Tierarzt entfernt werden.

BEHANDLUNG

■ Da Augen sehr empfindliche Organe sind, darf ein Fremdkörper von einem Laien nur entfernt werden, wenn er leicht zu erreichen ist oder wenn keine Möglichkeit besteht, das Tier zum Tierarzt zu bringen.

– Das Tier gut festhalten, um plötzliche Kopfbewegungen zu verhindern (siehe das Kapitel Zwangsmaßnahmen, Seite 31).
– Den Fremdkörper mit einer Pinzette ergreifen (flache, abgerundete Spitzen); Pinzette nie rechtwinklig auf das Auge richten (Abb. 3).
– Fremdkörper vorsichtig, aber zügig entfernen; der Schmerz kann bewirken, daß das Tier unruhig wird.
– Das Auge mit einem in einer Desinfektionslösung wie zum Beispiel Borwasser getränkten Gazetupfer abwischen.

1. Splitter in der Hornhaut
2. Suche nach einem Fremdkörper
3. Entfernen des Fremdkörpers

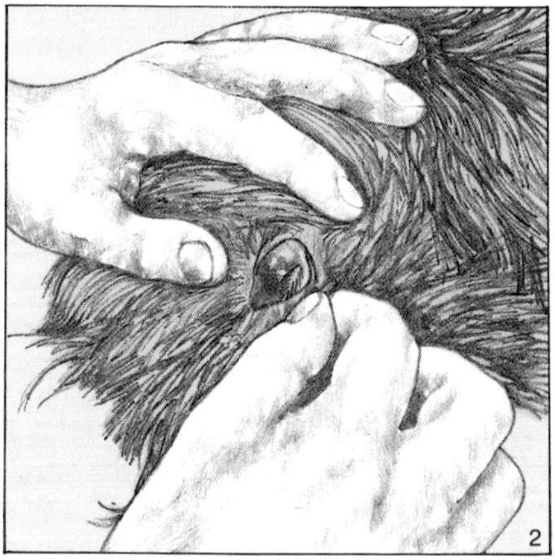

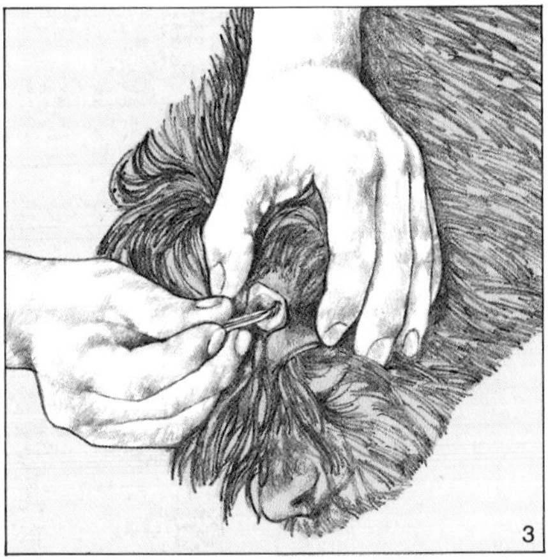

Schwere Augenverletzungen

Schwere Augenverletzungen können unter Umständen irreparabel sein und zur Blindheit führen.

URSACHEN

⋆ **Der Aufschlag** von Steinen, harten Bällen usw.
⋆ **Stürze aus großer Höhe.** Besonders häufig bei Katzen und Welpen, die aus Fenstern fallen, oder in Treppenschächte stürzen.
⋆ **Andere häufige Ursachen** sind heftige Schläge, Kämpfe mit anderen Tieren und Verkehrsunfälle.

BEURTEILUNG

Mögliche Anzeichen einer schweren Augenverletzung:

• **Äußere Blutung**

• Austritt von Blut unter der Bindehaut; oft große Blutflecken rund um die Hornhaut, in dem Bereich des Auges, der eigentlich weiß sein sollte (Abb. 1).

• **Innere Blutung**

• Innere Blutungen im Auge, bei denen sich das Blut meistens in der Vorderen Augenkammer sammelt (siehe Anatomie-Tafel, Seite 15), sind von außen als mehr oder weniger breiter roter Halbmond hinter der Hornhaut zu sehen, der manchmal auch die gesamte Pupille bedeckt (Abb. 2).

• **Ablösung der Linse**

• Durch einen heftigen Schlag kann sich die Linse hinter der Regenbogenhaut (Iris) (siehe Anatomie-Tafel, Seite 15) ablösen und aus ihrer normalen Lage geraten.
Ein Anzeichen dafür ist die Verformung der Pupillenöffnung oder eine Trübung des Auges (Abb. 3).

• **Vorfall des Augapfels**

• In diesem Fall löst sich der Augapfel aus der Augenhöhle. Sehr gefährlich; kommt hauptsächlich bei Hunden mit platter Schnauze und vorstehenden Augen (z. B. Pekinesen) und bei Katzen vor (Abb. 4).

• Verletzung von Hornhaut und Lidern

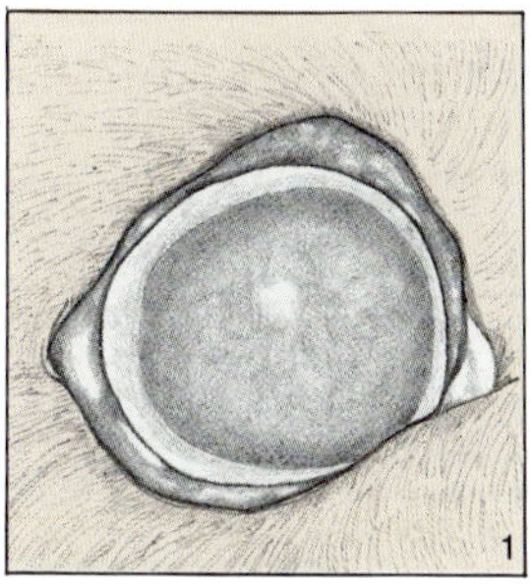

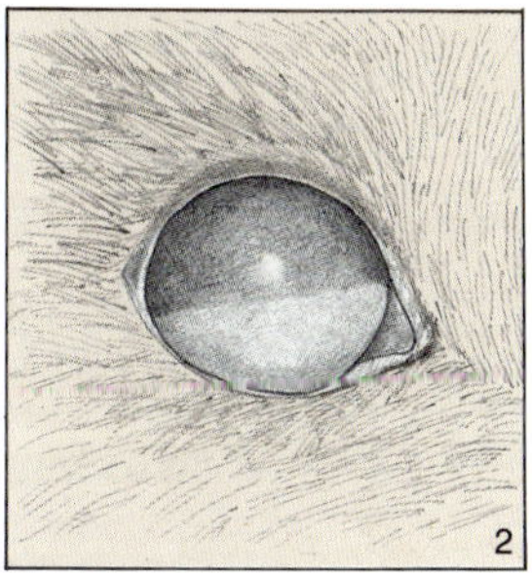

1. Äußere Blutung
2. Innere Blutung
3. Ablösung der Linse
4. Vorfall des Augapfels

• Diese Verletzungen wurden bereits behandelt: Hornhautverletzungen auf Seite 112 und Verletzungen der Lider auf Seite 108. Andere Verletzungen im Augeninnern wie Blutungen oder ein Ablösen der Netzhaut, können nur durch genaue tierärztliche Untersuchungen festgestellt werden. Selbst wenn keine der hier beschriebenen Symptome auftreten, ist es ratsam, nach einem Unfall möglichst bald den Tierarzt zu konsultieren.

BEHANDLUNG

■ Wenn die Blutung im Auge oder an den Lidern nicht von selbst aufhört, sofort kalte Kompressen auflegen. Dazu wird ein mehrfach gefaltetes Stück Gaze in kaltes Wasser getaucht (siehe Seite 109, Abb. 2).

■ Wenn der Augapfel aus der Augenhöhle hervorgetreten ist, muß er durch Beträufeln mit einem Augenwasser (Borwasser, zur Not auch Leitungs- oder Mineralwasser) feucht und sauber gehalten werden. So werden weitere Schäden durch Austrocknung vermieden.

■ Bei schweren Verletzungen der Lider oder der Hornhaut sollte nach Möglichkeit immer ein Verband angelegt werden (siehe Seite 110—111) und das Tier so schnell wie möglich zum Tierarzt gebracht werden.

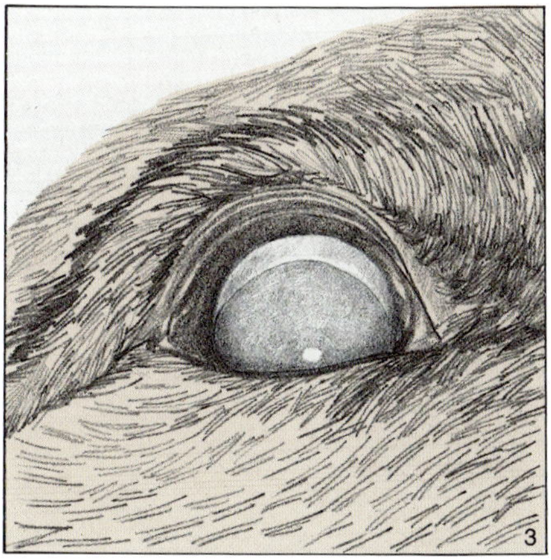

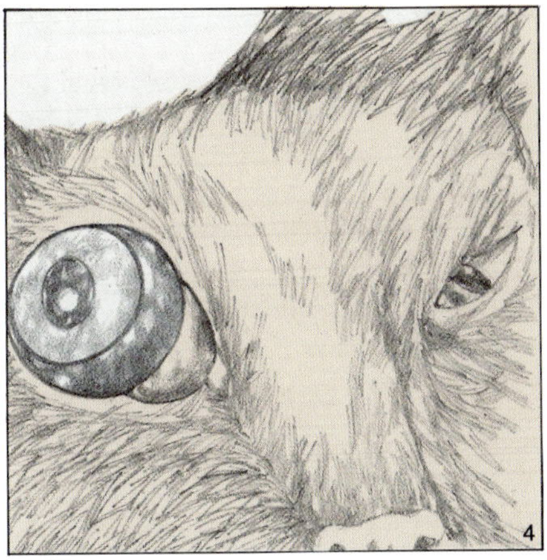

OHRVERLETZUNGEN

Verletzungen der Ohrmuschel

Diese Verletzungen sind häufig bei Hunden und Katzen, die freien Auslauf haben.

URSACHEN

⋆ **Bisse,** die bei Kämpfen zwischen Hunden vorkommen. Bei Katern sind sie vor allem häufig in der Paarungszeit.
⋆ **Verletzungen** durch Dornbüsche, Stacheldraht, Glas usw.
⋆ **Schußverletzungen** kommen gelegentlich bei Jagdhunden vor.

BEURTEILUNG

• **Tiefe der Verletzung**

• Die Verletzung kann oberflächlich sein; in diesem Fall ist nur die Haut oberhalb des Knorpels betroffen;

1. Verletzung der Ohrmuschel eines Hundes

möglich sind aber auch tiefe Risse durch die gesamte Ohrmuschel (Abb. 1).

• **Ausmaß**

• Das Ausmaß der Verletzung liegt zwischen einem Kratzer und einer vollständig abgetrennten Ohrmuschel.
Die Wunden sind nicht sehr gefährlich, bluten aber häufig stark aus den am Ohrrand verlaufenden Gefäßen.
Es ist ratsam, die Wunden behandeln zu lassen, weil sich sonst häßliche Narben bilden können. Darum sollte man das Tier auf dem schnellsten Wege zu einem Tierarzt bringen.

BEHANDLUNG

■ Durch Druck mit Daumen und Zeigefinger auf die Wundränder die Blutung zum Stillstand bringen; auf diese Weise schließen sich die verletzten Gefäße (Abb. 2). Nach einigen Minuten loslassen und prüfen, ob die Blutung aufgehört hat. Wenn nicht, weiter abdrücken und die Verletzung kühlen, wenn ein Eisbeutel zur Hand ist. Selbst starke Blutungen

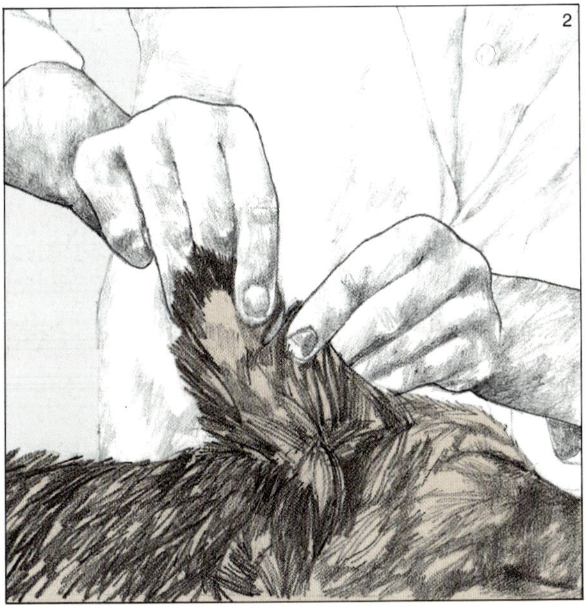

2. Behandlung einer Ohrenverletzung: Blutung stillen

kommem im Regelfall nach einer solchen Behandlung schon bald von selbst zum Stillstand.

■ Die Wunde vorsichtig mit Gaze abtupfen und geronnenes Blut von den Wundrändern sowie Haare und andere Fremdkörper gründlich entfernen (Abb. 1).
Wenn möglich, das Fell rund um die Wunde abschneiden und die Verletzung mit einem in Desinfektionsmittel getränkten Gazetupfer säubern. Nur alkoholfreie Desinfektionsmittel verwenden, die nicht brennen, zum Beispiel Wasserstoffsuperoxyd oder ein Jod- oder Quecksilberpräparat auf Wasserbasis.

Behandlung einer Ohrenverletzung:
1. Reinigen und Desinfizieren;
2. Auflegen eines Gazetupfers;
3. Aufkleben von Heftpflaster

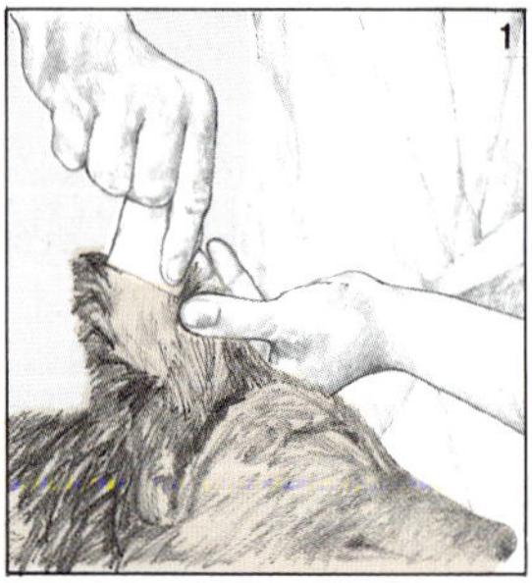

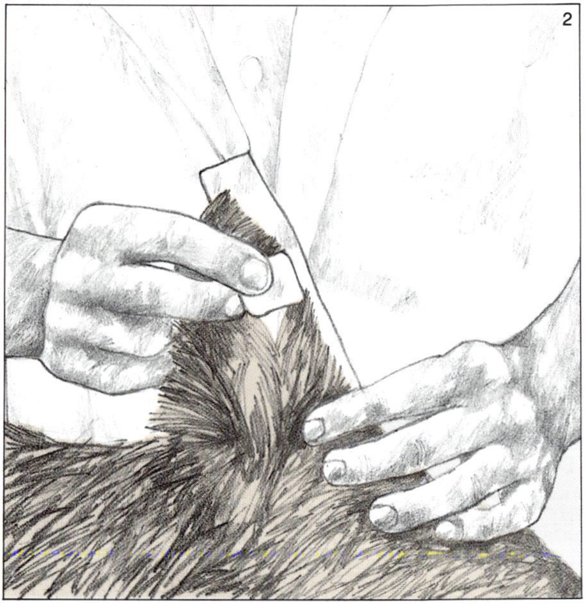

■ Da plötzliche Bewegungen oder heftiges Kopfschütteln die Wunde wieder aufbrechen und bluten lassen können, ist es ratsam, eine Notbehandlung vorzunehmen, indem man das Ohr am Rand wie im folgenden beschrieben mit einem Pflaster „schient“.

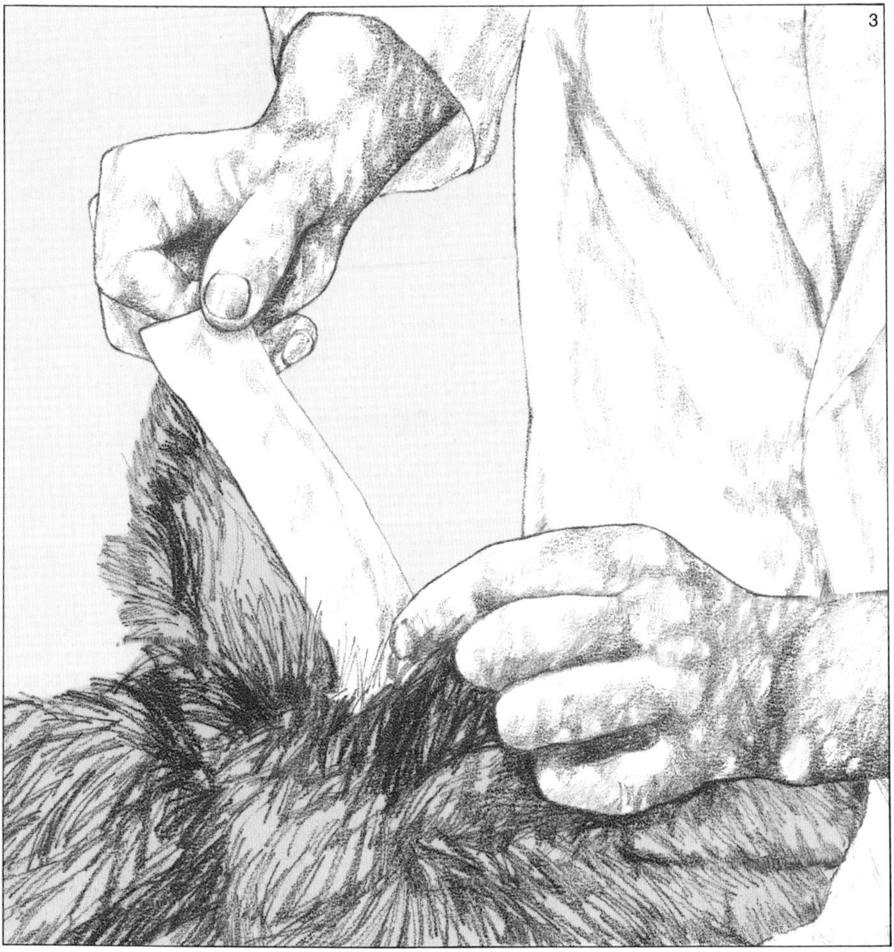

– Einen kleinen Gazetupfer auf die Wunde legen (Abb. 2).
– Einen ziemlich breiten Heftpflasterstreifen abschneiden und von unten nach oben auf die Außenseite der Ohrmuschel kleben und an der Ohrspitze 1–2 cm überstehen lassen.
– Ein weiterer Heftpflasterstreifen von gleicher Länge wird ins Ohrinnere geklebt und über der Ohrspitze mit dem ersten Streifen verklebt (Abb. 3). Das Ohr muß zwischen den beiden Streifen liegen.

Blutblase im Ohr

Hervorgerufen durch verletzte Blutgefäße zwischen Haut und Knorpel des Ohres. Bei Hunden häufiger als bei Katzen, vor allem bei Hunderassen mit aufrechtstehenden Ohren (z. B. Deutsche Schäferhunde).

URSACHEN

⋆ **Bisse,** die bei Kämpfen häufig vorkommen, vor allem bei Katern in der Paarungszeit.
⋆ **Starke Bewegungen des Kopfes,** bei denen das Ohr gegen harte Gegenstände schlägt, zum Beispiel beim Kopfschütteln, für das aber oft auch Entzündungen (häufigste Ursache dafür sind Parasiten) oder eingedrungene Fremdkörper verantwortlich sind.

BEURTEILUNG

• **Anzeichen**

• Eine Blutblase sieht aus wie eine unförmige und weiche Schwellung unter der Ohrmuschelhaut, die gewöhnlich in der Nähe der Ohrspitze (Abb. 1) sitzt.

Oft wird die Schwellung nicht bemerkt, solange sie nicht eine bestimmte Größe hat und das Tier sich offensichtlich unwohl fühlt, ein Ohr hängenläßt oder den Kopf schüttelt.

Solche Blutungen am Ohr kommen nur langsam zum Stillstand; je mehr Blut austritt und sich in der Haut ansammelt, desto stärker löst sich die Haut und die Schwellung wird immer größer.
Außerdem wird das ausgetretene Blut nur ganz allmählich wieder absorbiert. Der Zustand bessert sich nur langsam, häufig bleibt eine entstellende Narbe zurück.
Um dies zu verhindern, muß das Tier so bald wie möglich zum Tierarzt gebracht werden.
Außerdem muß auf andere Wunden (siehe Seite 118—119) und auf möglicherweise ins Ohr eingedrungene Fremdkörper (siehe Seite 126—127) geachtet werden.

1. Eine große Blutblase an der Ohrmuschel

BEHANDLUNG

- Um die Blutung möglichst schnell zum Stillstand zu bringen, muß das Ohr sofort für 10–15 Minuten gekühlt werden (Eisbeutel oder Erste-Hilfe-Kühlpackung).

- Gleichzeitig wird unterhalb der Blutblase mit Daumen und Zeigefinger Druck auf die Ohrmuschel ausgeübt, um den Blutstrom einzudämmen.

- Wenn das Tier nicht sofort zum Tierarzt gebracht werden kann, muß das Ohr mit Heftpflaster „geschient" werden, damit heftiges Kopfschütteln das Problem nicht verschlimmert.

Bandagieren des Ohres

1
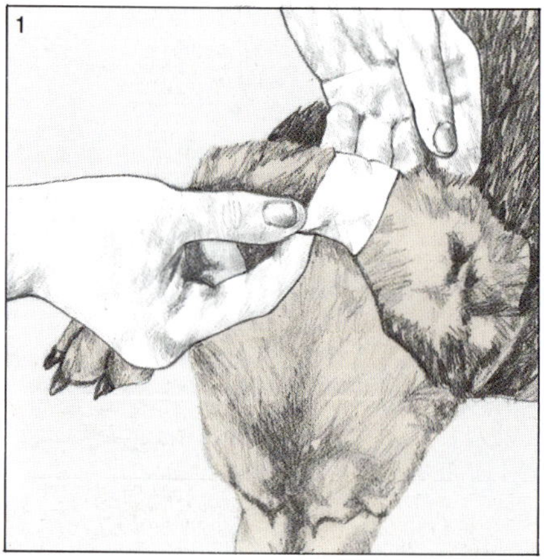

1. Die einfachste Methode ist es, das verletzte Ohr, wenn möglich, über das gesunde zu legen und beide miteinander zu verkleben; das Heftpflaster darf die Blutblase natürlich nicht berühren, sondern muß unterhalb von ihr verlaufen.

2
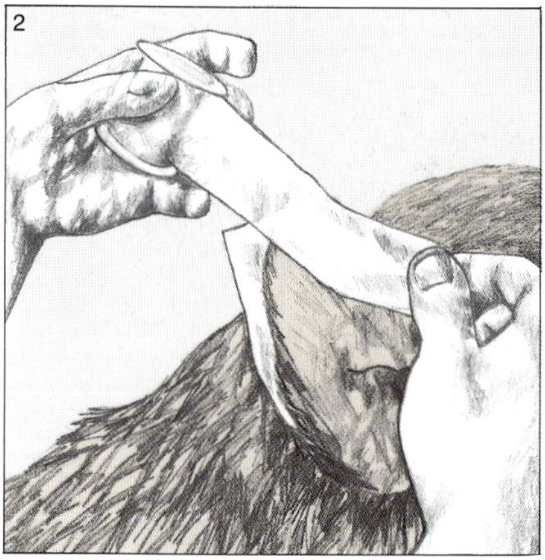

2. Eine andere Methode ist, nur das kranke Ohr ruhigzustellen, indem man innen und außen je einen Heftpflasterstreifen anklebt.

3
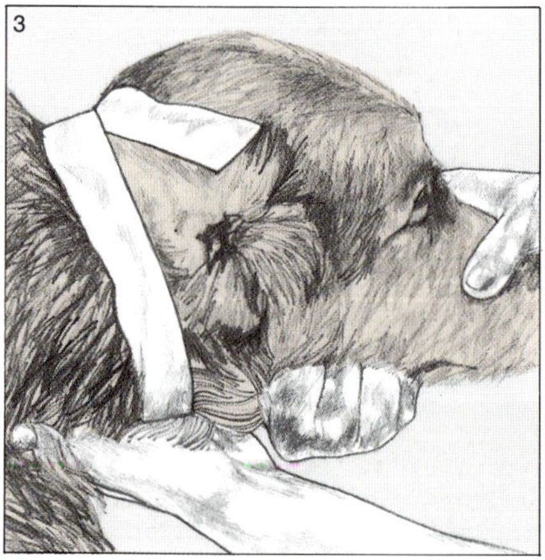

3. Einen Heftpflasterstreifen einmal um den Hals legen und dann mit dem anderen verkleben.

4. Falls kein Heftpflaster zur Hand ist, wird das Ohr flach an den Hinterkopf gelegt und mit einer Mullbinde oder langen Stoffstreifen befestigt, die um Kopf und Hals gewickelt werden. Nicht zu eng bandagieren und darauf achten, daß die Atmung nicht behindert wird.

Fremdkörper im Ohr

Häufig bei Hunden, vor allem solchen mit hängenden Ohren (z. B. Cocker Spaniel); bei Katzen selten.

URSACHEN

⋆ **Grannen,** borstenartige Spitzen an dem blühenden Teil von Gräsern, die nach der Reife von den Grashalmen abfallen. Ihre spitzen Enden und die kleinen Widerhaken, mit denen sie am Fell haften, machen sie besonders gefährlich. Sie fallen nur selten von alleine ab. Häufig dringen sie sehr tief ein und können sogar das Trommelfell verletzen.
⋆ **Holzsplitter** und ähnliches können die Tiere durch heftiges Kopfschütteln in vielen Fällen selbst entfernen.

BEURTEILUNG

• **Anzeichen**

• Wenn das Tier plötzlich unruhig wird, den Kopf schüttelt oder ihn schief hält oder sich wiederholt am

1. Untersuchung des Ohrinnern mit einer Taschenlampe

Ohr kratzt, kann man davon ausgehen, daß ein Fremdkörper in den äußeren Gehörgang eingedrungen ist, vor allem nach einem Spaziergang in hohem Gras.

• Untersuchung des Ohres

• Ohrmuschel innen und außen untersuchen, um Wunden (siehe Seite 118–119), Blutblasen (siehe Seite 122–123), Zecken und ähnliches ausschließen zu können.
Den senkrechten Teil des äußeren Gehörganges genau betrachten, am besten mit Hilfe einer Taschenlampe (Abb. 1).
Wenn der Fremdkörper sehr tief eingedrungen und schwer zu entdecken oder zu erreichen ist, sollte man die Behandlung dem Tierarzt überlassen.

BEHANDLUNG

■ Eine Granne oder ein anderer Fremdkörper im äußeren Gehörgang wird mit einer stumpfen Pinzette entfernt (Abb. 2).
Um Abwehrbewegungen des Tieres zu verhindern, wird es festgehalten, wie im Kapitel „Ruhigstellen" auf Seite 31 gezeigt.

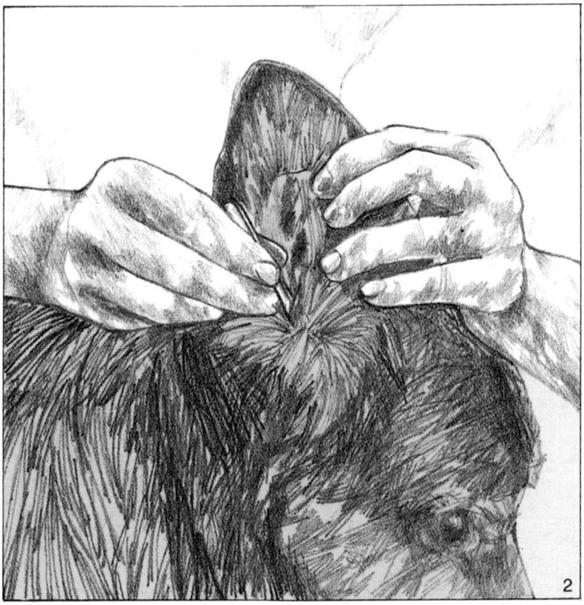

2. Entfernen eines Fremdkörpers mit Hilfe einer Pinzette

VERLETZUNGEN DER SCHNAUZE

Sowohl Katzen als auch viele Hunde haben vorstehende Schnauzen; deshalb kommt es in diesem Bereich recht häufig zu Verletzungen.

URSACHEN

⋆ **Stürze aus beträchtlicher Höhe.** Sie kommen vor allem bei Katzen und Welpen vor, die aus Fenstern, von Balkons, Bäumen oder Dächern fallen.
⋆ **Schnitt- und Rißwunden** von Dornbüschen, Stacheldraht und ähnlichem.
⋆ **Andere häufige Ursachen** sind die Folgen von Schlägen, Kämpfen mit anderen Tieren und Verkehrsunfällen.

BEURTEILUNG

• Äußerliche Untersuchung

• Die Haut auf der Schnauze auf Abschürfungen oder Risse überprüfen.

Abschürfungen oder Risse

Da die Schnauze der meisten Tiere nur dünn behaart ist, sind Abschürfungen und Risse leicht zu erkennen.

Blutergüsse

Stumpfe Verletzungen können zu Blutungen unter der Haut führen.

Knochenschäden

Die darunterliegenden Knochen können mehr oder weniger stark in Mitleidenschaft gezogen sein. In Extremfällen verformt sich die Schnauze, weil der verletzte Teil schnell anschwillt.

• Nasenbluten

• Darauf achten, ob Blut aus den Nüstern (Nasenlöchern) austritt und ob die Atmung durch die Nase beeinträchtigt ist.

BEHANDLUNG

■ Bei blutenden Wunden oder starken Prellungen (mit oder ohne Blutung aus den Nüstern) bringt ein einige Minuten lang an die Schnauze gedrückter Eisbeutel die Blutung zum Stillstand und verhindert eine übermäßige Schwellung.
Wenn das Tier starke Schmerzen hat, wird die Kühl-

packung besonders sanft aufgelegt (Abb. 1) und zu langer, fester Druck auf die schmerzende Stelle vermieden.

■ Die Wunden werden gereinigt und desinfiziert. Blut im Bereich der Nüstern wird mit einem Gazetupfer abgewischt, der mit einem alkoholfreien Desinfektionsmittel (z. B. Wasserstoffsuperoxid) getränkt wurde.

■ Bei tiefen Wunden oder schweren Verletzungen mit starker Blutung muß sofort der Tierarzt aufgesucht werden.

1. Kühlen einer verletzten Schnauze mit einem Eisbeutel

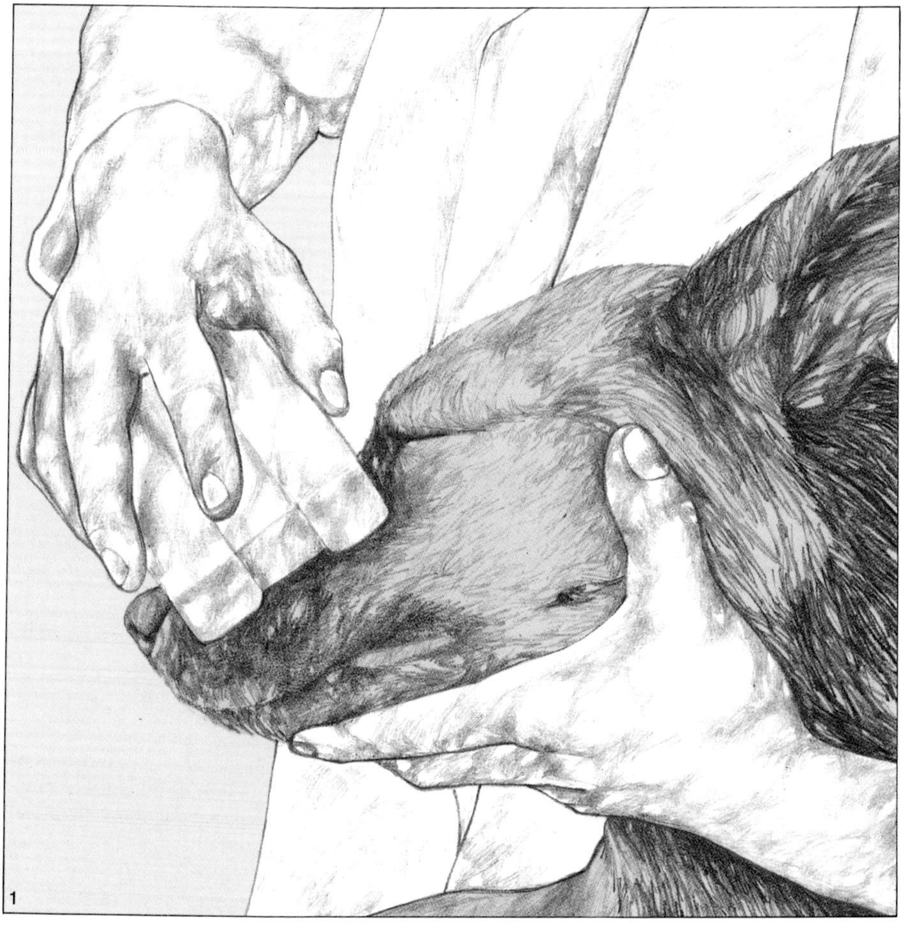
1

Fremdkörper in den Nüstern

Fremdkörper kommen relativ häufig vor, vor allem bei großen Hunden mit entsprechend weiten Nüstern.

URSACHEN

⋆ **Pflanzenteile, Samen und kleine Steine.** Sie werden beim Schnuppern mit eingeatmet. Kleine Fremdkörper ohne Spitzen werden meist durch Niesen und verstärkten Nasenausfluß wieder entfernt.
⋆ **Grannen oder ähnlich geformte Fremdkörper** sind gefährlicher, weil das Tier sie nicht selbst wieder entfernen kann und sie immer tiefer eindringen.

BEURTEILUNG

• Anzeichen

• Fremdkörper in der Nasenhöhle bereiten dem Tier großes Unbehagen, das sich durch wiederholtes Niesen und zum Teil sehr starken Nasenausfluß bemerkbar macht. Wenn diese Symptome auftreten, nur eine Nüster betroffen ist und das Tier vorher durch hohes Gras gelaufen ist, liegt der Verdacht auf einen Fremdkörper nahe.

• Die Suche nach einem Fremdkörper

• Die Nüstern mit Hilfe einer Taschenlampe mit gut gebündeltem Lichtstrahl vorsichtig untersuchen. Den Nasenausfluß abwischen und versuchen, den Fremdkörper zu entdecken.
Wenn er tief eingedrungen ist, wird er nicht zu sehen sein.

1. Entfernen eines Fremdkörpers aus den Nüstern

BEHANDLUNG

■ Wenn der Fremdkörper zu sehen ist, wird er mit einer stumpfen Pinzette entfernt, wobei das Tier gut festgehalten werden muß (Abb. 1). Ist der Fremdkörper nicht zu entdecken, obwohl die Symptome auf sein Vorhandensein hindeuten, muß das Tier zum Tierarzt.

NOTFÄLLE MIT PHYSIKALISCHEN URSACHEN

ERFRIERUNGEN

UNTERKÜHLUNG

HITZSCHLAG

VERBRENNUNGEN

ERFRIERUNGEN

Als Erfrierung bezeichnet man eine Schädigung des Gewebes, die durch starke Kälte hervorgerufen wurde. Besonders gefährdet sind ungeschützte und schlecht durchblutete Körperteile wie Ohren (vor allem aufrechtstehende), Hoden, Zehen und Schwanz.

URSACHEN

⋆ **Längerer Aufenthalt im Freien bei Temperaturen unter dem Gefrierpunkt,** vor allem bei starkem Wind und bei Nacht oder in kaltem Wasser.

⋆ **Bei niedrigen Außentemperaturen** besteht immer die Gefahr von Erfrierungen. Besonders gefährdet sind kurzhaarige Tiere.

BEURTEILUNG

• Äußere Untersuchung

• Die Haut an den Ohrspitzen, den Hoden, der Schwanzspitze und den Pfoten untersuchen; im Falle einer Erfrierung ist die Haut kalt, blaß und unempfindlich.
Nach der Erwärmung, die etwa fünf bis zehn Minuten nach der Behandlung beginnt, rötet sich die Haut, die Sensibilität kehrt zurück und die Schmerzen setzen ein.

• Schwere Erfrierungen

• Bei schweren Gewebeschädigungen löst sich die Haut mehr oder weniger stark ab. In diesem Fall sofort den Tierarzt aufsuchen.

BEHANDLUNG

■ Das Tier in eine Decke einhüllen, die nach Möglichkeit vorgewärmt sein sollte.

■ Die betroffenen Körperteile vorsichtig mit warmem Wasser (nicht über 40°C) erwärmen.
Die Pfoten werden in eine kleine Schale gestellt; Ohren, Hoden und Schwanz werden mindestens zehn Minuten lang mit warmen Umschlägen behandelt (Abb. 1).

■ Wenn der betroffene Körperteil erwärmt ist und sich rötet, wird er vorsichtig, ohne zu reiben, abgetrocknet.

■ Eine dünne Schicht aus tierischem (Lebertran) oder pflanzlichem Fett (Olivenöl, Sonnenblumenöl) auftragen; sie verhindert, daß sich die Oberhaut ablöst, und hält sie geschmeidig (Abb. 2).

1. Aufwärmen der Pfoten mit warmem Wasser

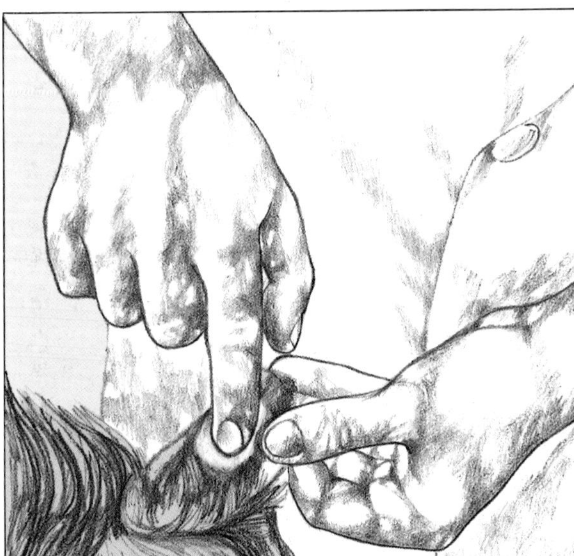

2. Auftragen von Öl zum Weichmachen der Haut

UNTERKÜHLUNG

Der Begriff Unterkühlung bezeichnet ein Auskühlen des ganzen Körpers, das zum Tode des Tieres führen kann, da sich alle Körperfunktionen verlangsamen und schließlich versagen. Dieser schwerwiegende, aber glücklicherweise seltene Zustand kann vor allem bei sehr jungen und alten, geschwächten Tieren auftreten.

URSACHEN

⋆ **Längerer Aufenthalt im Freien bei niedrigen Temperaturen unter erschwerten Bedingungen** (kein Futter und Unterschlupf), zum Beispiel bei entlaufenen Haustieren in abgelegenen Gebieten. Besonders gefährdet sind kurzhaarige und geschorene Tiere.

⋆ **Der Aufenthalt in Wasser** mit einer Temperatur unter 5°C, selbst wenn er nur wenige Minuten dauert.

• Äußere Untersuchung

BEURTEILUNG

• Wenn möglich, Körpertemperatur rektal messen (siehe Seite 54). Feststellen, ob das Herz nicht zu langsam oder unregelmäßig schlägt (siehe Seite 19) und ob das Tier bei Bewußtsein ist (siehe Seite 101). Liegt die Körpertemperatur unter 37°C, ist der Herzschlag zu langsam oder unregelmäßig oder macht das Tier einen benommenen Eindruck, ist sofortige Behandlung durch einen Tierarzt erforderlich.

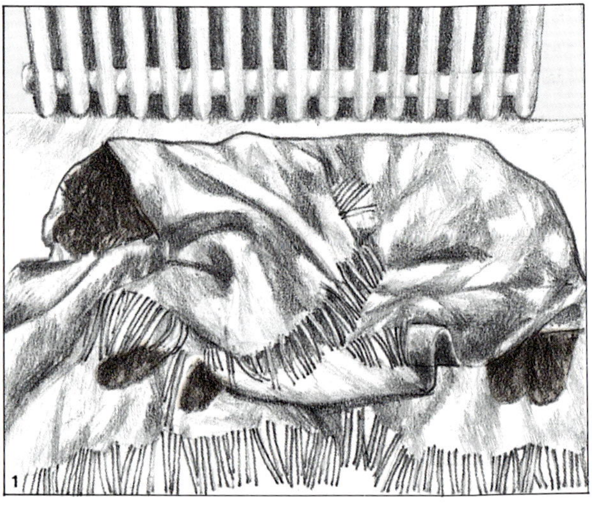

1. Aufwärmen eines unterkühlten Hundes mit Decken

BEHANDLUNG

■ Das Tier sofort an einen warmen und geschützten Ort bringen.

■ Wenn es naß ist, wird es mit Handtüchern getrocknet, die nach Möglichkeit vorher angewärmt wurden. Keinen elektrischen Haartrockner benutzen — er läßt das Wasser zu schnell verdunsten, was zu weiterer Auskühlung führt.

■ Das Tier in warme Wolldecken einhüllen (Abb. 1). Ein unterkühltes Tier nie dicht an eine Heizquelle legen, denn die plötzliche Erweiterung der oberflächlichen Blutgefäße führt zu einer möglicherweise tödlichen Verringerung der Blutmenge in den inneren Organen. Deshalb ist es sehr wichtig, das Tier langsam wieder aufzuwärmen.

■ Bei schwerer Unterkühlung wird das Tier in warmes Wasser (40—50°C) gesetzt und kräftig massiert, um die Blutzirkulation wieder anzuregen.

■ Ein unterkühltes Tier darf niemals starker Hitze ausgesetzt werden, denn ein zu schnelles Ansteigen der Körpertemperatur kann tödlich wirken.
Anzeichen für eine Erholung sind: gesteigertes Interesse an der Umwelt, lebhaftere Kopfbewegungen, Zittern und schnellerer und regelmäßigerer Herzschlag. Nach ungefähr 20 Minuten noch einmal Temperatur messen.

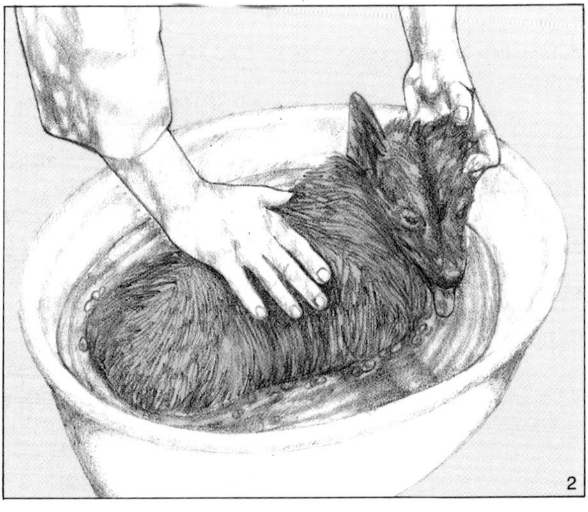

2. Aufwärmen eines unterkühlten Hundes in warmem Wasser

HITZSCHLAG

Im Gegensatz zum Menschen schwitzen Hunde und Katzen nicht, sondern geben übermäßige Körperwärme auf andere Art ab: Hunde atmen bei offenem Maul und heraushängender Zunge schneller und flacher; Katzen putzen sich und werden durch den auf dem Fell verdunsteten Speichel gekühlt. Bei einem starken Anstieg der Körpertemperatur kommt es zum Hitzschlag, was vor allem in sehr heißen und schlecht gelüfteten Räumen passieren kann, in denen der Wärmehaushalt des Körpers durcheinandergerät.

URSACHEN

⋆ **Die häufigste Ursache** ist der Aufenthalt in einem in der prallen Sonne geparkten Auto mit geschlossenen Fenstern.

BEURTEILUNG

• Der Anstieg der Körpertemperatur bewirkt eine beschleunigte Atmung bei gestrecktem Hals und heraushängender Zunge; gelegentlich ist zu beobachten, daß das Tier rastlos nach Öffnungen sucht, durch die Frischluft hereinkommt. Danach verfällt es in Teilnahmslosigkeit und schließlich Bewußtlosigkeit. Wenn ein Thermometer zur Hand ist, die Temperatur messen (siehe Seite 54); sie kann über 40°C betragen. Die Hitze ist jedoch auch zu spüren, wenn man die flache Hand auf den Körper oder den Kopf des Tieres legt.

BEHANDLUNG

■ Das Tier an einen kühlen und gut belüfteten Ort bringen.

■ Das Fell mit kaltem Wasser befeuchten und mit einem Stück Pappe oder ähnlichem kühle Luft zufächeln, damit die Feuchtigkeit im Fell schneller verdunstet und die Verdunstungskälte die Körpertemperatur sinken läßt. Das Einreiben mit Alkohol hat dieselbe Wirkung. Man kann das ganze Tier aber auch – mit Ausnahme des Kopfes – in Wasser tauchen.

■ Wenn es wieder bei Bewußtsein ist, wird der Kopf einige Minuten lang gekühlt (Eisbeutel, Kühlelement oder Erste-Hilfe-Kühlpackung).

■ Will man die Fahrt mit dem Auto fortsetzen, sollte man etwa 30 Minuten abwarten; der Fahrgastraum muß gut belüftet werden; wenn nötig, werden Kopf und Rücken des Tieres weiterhin von Zeit zu Zeit befeuchtet.

VERBRENNUNGEN

Eine Verbrennung ist eine Verletzung der Hautoberfläche, hervorgerufen durch direkten Kontakt mit heißen Gegenständen, Flüssigkeiten oder Gasen. Verbrennungen durch elektrischen Strom und Verätzungen werden in den folgenden Abschnitten behandelt.

URSACHEN

⋆ **Verbrühungen (Wasser, Öl, andere kochende Flüssigkeiten)** beim Herunterstoßen von Töpfen oder Auflecken der Flüssigkeit.
⋆ **Direkter Kontakt mit Feuer.** Dazu kann es bei einem Brand im Haus oder im Freien kommen.
⋆ **Berührung mit heißen Metallgegenständen.** Am häufigsten verbrennen sich die Tiere an Bügeleisen, Kochtöpfen oder Herdplatten.
⋆ **Betreten frisch asphaltierter Straßen,** die noch nicht abgekühlt sind.

BEURTEILUNG

- **Diese Faktoren bestimmen die Schwere der Verbrennung**

- Um festzustellen, wie schwerwiegend eine Verbrennung ist, muß man folgende Faktoren in Betracht ziehen:

Art der Verbrennung

Der Kontakt mit Flüssigkeiten und Feuer verursacht die schlimmsten Verbrennungen. Kochendes Öl ist noch schlimmer als kochendes Wasser, da es wesentlich heißer wird. Heißer Dampf verbrennt hauptsächlich die Augen und die äußeren Atemwege, während die Haut durch das Fell recht gut geschützt ist. Feste Gegenstände (heißes Metall) verursachen schwere, aber meist örtlich begrenzte Verbrennungen.

Dauer des Kontaktes

Je länger das Tier der Hitze ausgesetzt ist, desto schwerer ist der Schaden; sofortiges Eingreifen ist daher lebenswichtig; die Hitzequelle muß unverzüglich entfernt werden.

Größe der Verbrennung

Ist mehr als die Hälfte der Körperoberfläche betroffen, gibt es keine Rettung mehr.

Sitz der Verbrennung

Verbrennungen am Kopf haben schwerwiegende Folgen, vor allem wenn Augen und Maul in Mitleidenschaft gezogen sind. Bei Verbrennungen in der Nähe von Gelenken besteht die Gefahr, daß die entstehenden Narben ihre Beweglichkeit einschränken.

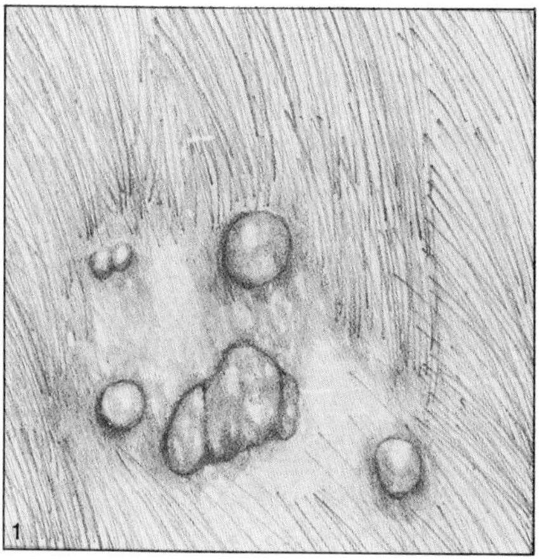

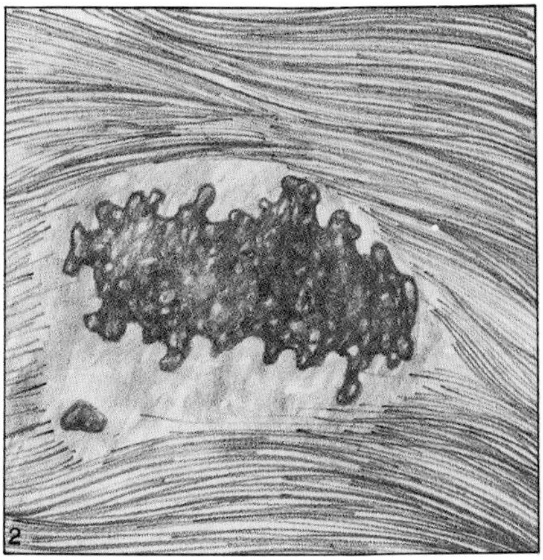

Alter und Gesundheitszustand

Junge, alte oder schwache Tiere verkraften die Begleiterscheinungen einer Verbrennung schlecht.

• **Schwere der Verbrennung**

• Verbrennungen können nach Größe und Tiefe der Wunde in drei Kategorien eingeteilt werden:

Verbrennung ersten Grades

Verbrennungen ersten Grades, bei denen nur starke Hautrötung auftritt, weil sich die Blutgefäße durch die Hitzeeinwirkung ausgedehnt haben. Dies ist die ungefährlichste Form, die im allgemeinen in wenigen Tagen von selbst abheilt.

Verbrennung zweiten Grades

Bei Verbrennungen zweiten Grades bilden sich außerdem Brandblasen, gefüllt mit Blutserum aus den oberen Hautschichten. Die Heilung dauert länger, weil sich neue Hautschichten bilden müssen. Die beschädigte Haut wird nicht abgestoßen, und es kommt zu keiner Narbenbildung (Abb. 1).

Verbrennung dritten Grades

Bei Verbrennungen dritten Grades löst sich die Haut, und die betroffenen Gewebeschichten sterben ab, trocknen ein und bilden den sogenannten Brandschorf. Die Heilung verläuft langsam und hinterläßt deutlich sichtbare Narben (Abb. 2).

Physiologische Begleiterscheinungen

Ob physiologische Begleiterscheinungen eintreten oder nicht, hängt von der Schwere und Ausdehnung der Verbrennungen ab. Da eine Verbrennung sehr schmerzhaft ist, gerät das Tier im allgemeinen nach

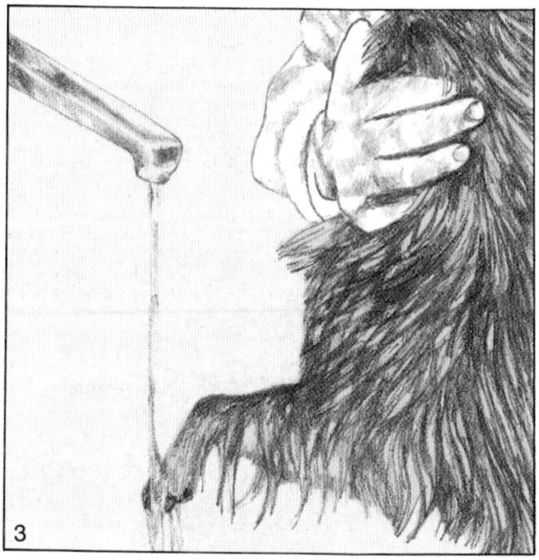
3

4

Schwere der Verbrennung:
1. Verbrennung zweiten Grades (Brandblasen);
2. Verbrennung dritten Grades (Brandschorf)

Kühlen einer Verbrennung:
3. mit fließendem Wasser;
4. mit einem Eisbeutel

wenigen Minuten in einen Schockzustand mit gesunkenem Blutdruck und Apathie, was sich aber nach einigen Stunden wieder gibt. Bei großflächigen Verbrennungen zweiten oder dritten Grades geht in den betroffenen Körperteilen viel Blutserum verloren, und es bilden sich giftige Stoffe, die nach 2–3 Tagen eine Verschlechterung und manchmal den Tod des Tieres bewirken.

BEHANDLUNG

■ Die betroffene Körperstelle sofort einige Minuten lang unter fließendem Wasser kühlen. Pfoten können direkt unter die Wasserleitung gehalten werden; andere Körperteile werden mit der Dusche besprengt. Sofortiges Kühlen ist lebenswichtig.

■ Etwa 10–15 Minuten lang einen Eisbeutel oder ähnliches auflegen (Abb. 4). Gliedmaßen können in ein Becken mit Wasser getaucht werden, in dem Eiswürfel schwimmen.

■ Die Verletzung vorsichtig trockentupfen, nicht reiben.

■ Keine Salben oder Öle auftragen, sondern die Verletzung nur abdecken; tiefe Verbrennungen am besten mit einem sterilen Gazetupfer, einem Stück Stoff oder sauberen Taschentüchern. Keine Watte verwenden. Brandblasen nicht aufstechen.

STROMSCHLÄGE

Obwohl es selten vorkommt, daß Tiere durch Stromschläge verletzt werden, sollte man sich dieser Gefahr doch stets bewußt sein.

URSACHEN

⋆ **Meistens durch Kontakt mit dem Maul:** Lecken oder Beißen an Steckdosen, Steckern oder Kabeln. Welpen und junge Katzen sind besonders gefährdet; sie sind lebhaft und neugierig. Bevor man sich solch ein Tier anschafft, sollten Steckdosen mit Schutzkappen verschlossen und herumliegende oder herabhängende Kabel entfernt oder tiersicher verlegt werden.

BEURTEILUNG

- **Diese Faktoren bestimmen die Schwere des Schlages**

Die Schwere des Schadens hängt ab von der Art des Stroms, der Stromstärke, der Spannung und der Dauer des Kontaktes.

Stromart

Wechselstrom ist gefährlicher als Gleichstrom. Hausstrom ist Wechselstrom.

Stromstärke und Spannung

Je höher Stromstärke und Spannung, desto stärker ist der Schock.

Dauer des Kontaktes

Selbst bei Starkstrom mit hoher Spannung muß ein nur kurzer Kontakt nicht unbedingt tödlich sein (man denke an die Behandlung mit Elektroschocks).
Durch den Schockzustand hervorgerufene Muskelkrämpfe können es jedoch unmöglich machen, den Kontakt mit der Stromquelle schnell wieder zu unterbrechen.

- **Verletzungen**

Verletzungen durch Strom sehen aus wie örtlich begrenzte Verbrennungen, die oft sehr tief sind. Manchmal zeigen sich auch Brandwunden an der Austrittstelle des Stromes, zum Beispiel an einer Pfote.

- **Physiologische Begleiterscheinungen**

Die Schmerzen können zu einem Schockzustand führen, bei dem der Blutdruck sinkt und das Tier in Apathie oder Bewußtlosigkeit verfällt.

Die größte Gefahr bei Unfällen dieser Art ist ein durch einen Krampf der Brustmuskeln hervorgerufener Atemstillstand und eine Veränderung oder Unterbrechung der Herzmuskel-Kontraktionen. Herzschlag und Atmung deshalb sofort überprüfen (siehe Seite 98). Bei schweren Verbrennungen oder Herz- bzw. Atemstillstand muß der Tierarzt sofort eingreifen. Wenn das Tier nicht atmet, mit künstlicher Beatmung beginnen (siehe Seite 142).

BEHANDLUNG

- Sicherstellen, daß der Kontakt zur Stromquelle unterbrochen ist. Ist dies nicht der Fall, das Tier nicht berühren, sondern Hauptsicherung ausschalten oder den Kontakt mit einem Stück Holz oder Plastik unterbrechen (Abb. 1).

1. Unterbrechen des Kontaktes mit einem Holzstab

1

Künstliche Beatmung:
1. Korrekte Haltung zur Beatmung durch das Maul

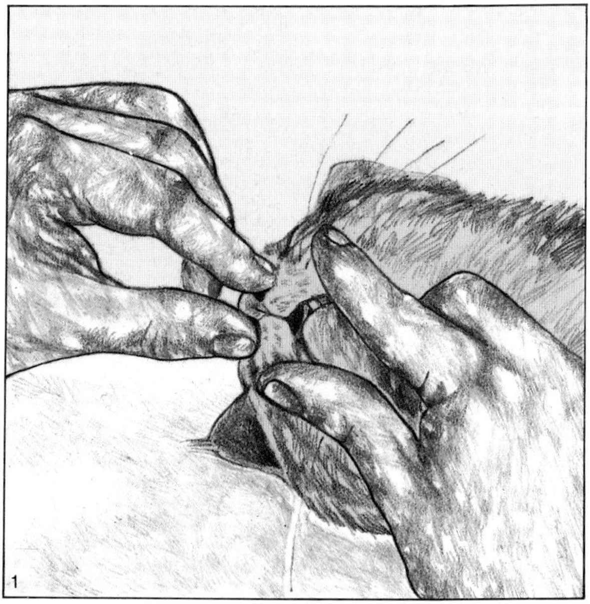

■ Herzschlag, Atmung und Bewußtseinszustand überprüfen. Wenn alles normal erscheint, den betroffenen Körperteil auf Verbrennungen untersuchen.
Verbrennungen behandeln wie auf Seite 139 beschrieben, lange und ausgiebig mit Wasser kühlen und dann mindestens zehn Minuten lang mit einem Eisbeutel oder ähnlichem abdecken. Bei Verbrennungen der Zunge, die nur schlecht gekühlt werden kann, muß sorgfältig auf Erstickungsanzeichen infolge einer Schwellung der Zungenwurzel geachtet werden.

■ Wenn das Herz regelmäßig schlägt, aber der Atem offensichtlich zum Stillstand gekommen ist, muß sofort mit der künstlichen Beatmung begonnen werden.

Künstliche Beatmung

– Das Tier mit gestrecktem Hals auf die Seite legen, Kopf und Schnauze etwas anheben.
– Die Luft wird entweder durch die Nüstern geblasen, wobei eine Hand das Maul verschließt, oder durch das Maul, während Daumen und Zeigefinger die Nüstern zuhalten.
Im letzteren Fall bläst man die Luft von vorn in das

Künstliche Beatmung:
2. Druck auf den Brustkorb, damit die Luft ausströmt

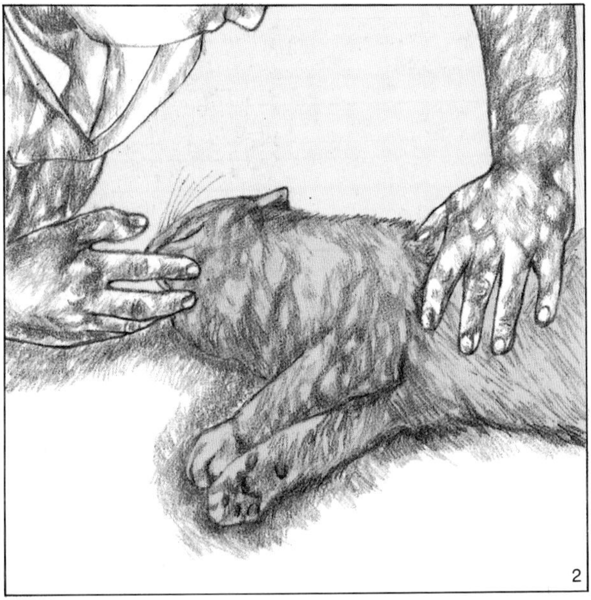

Maul und drückt mit der freien Hand die Lippen an der Seite zusammen, damit die Luft nicht wieder entweichen kann (Abb. 1).
Die benötigte Luftmenge hängt von der Größe des Tieres ab. Es muß kräftig und schnell (etwa 2–3 Sekunden) beatmet werden, bis sich der Brustkorb genügend hebt.
– Dann läßt man die Schnauze los und drückt auf den Brustkorb, damit die Luft wieder ausströmt (Abb. 2). Die künstliche Beatmung soll etwa sieben bis zehn mal pro Minute wiederholt werden, bis das Tier wieder von selbst atmet.

Herzmassage

– Wenn der Stromschlag zum Herzstillstand geführt hat, muß sofort mit der Herzmassage begonnen werden.
– Dazu das Tier auf die Seite legen; Hals und Kopf müssen gestreckt sein, um die Atmung zu erleichtern.
– Eine Hand unter den Brustkorb schieben und die andere auf die entsprechende Stelle auf der Oberseite legen (siehe Abb. 1 auf Seite 144).
Bei Katzen und kleinen Hunden genügen zwei oder drei Finger anstelle der ganzen Hand (siehe Abb. 2, Seite 144).

– Den Brustkorb rhythmisch 60–100 mal in der Minute zusammendrücken, bis das Herz wieder schlägt.
– Noch einige Minuten lang den Herzschlag überwachen.

1

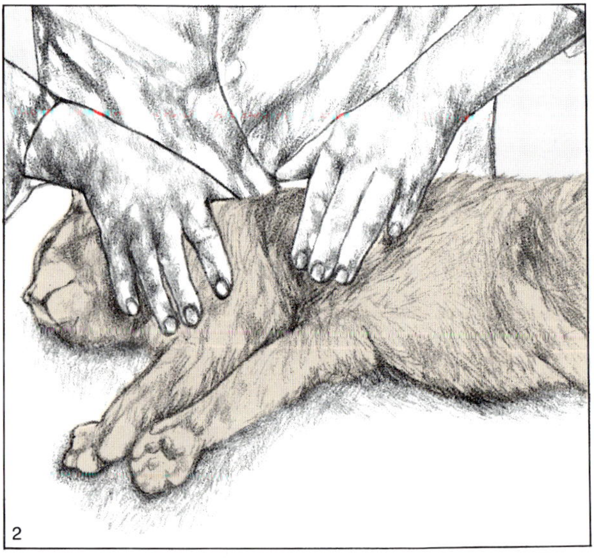
2

Herzmassage:
1. Bei einem Hund;
2. Bei einer Katze oder einem kleinen Hund

DURCH CHEMIKALIEN VERURSACHTE NOTFÄLLE

VERGIFTUNGEN

SCHLANGENBISSE

INSEKTENSTICHE UND SPINNENBISSE

VERGIFTUNGEN

Wenn toxische Substanzen oder Gifte in den Körper gelangen oder auch nur mit ihm in Berührung kommen, bleiben Reaktionen nicht aus, deren Schwere von Art und Menge des Giftes abhängen. In Extremfällen kommt es sogar zum Tod des Tieres.

URSACHEN

Es gibt verschiedene Möglichkeiten, wie Tiere sich vergiften können. Die wichtigsten sind:

- **Schlucken von Gift.** Welpen und junge Katzen belecken und fressen alles mögliche; aber auch erwachsene Hunde vergiften sich im allgemeinen auf diese Weise.
Das Gift wird entweder direkt oder indirekt aufgenommen (z. B. in Form von Pflanzen, die mit Insektiziden behandelt wurden, vergifteten Mäusen, Maulwürfen und anderen Tieren).
Manchmal kommt es auch zur versehentlichen Aufnahme von Giften, zum Beispiel wenn Pflanzenschutzmittel auf dem Boden versprüht wurden, das Tier durch die Pflanzen läuft und später seine Pfoten ableckt.
- **Einatmen von Gift.** Giftige Gase wie Kohlenmonoxid im Auspuffgas der Autos oder Sprays, die zur Insektenbekämpfung eingesetzt werden, können eingeatmet werden.
- **Direkter Kontakt mit der Haut.** Dazu gehören zum Beispiel Verätzungen.

Wo setzt die Wirkung ein?

Beim Kontakt mit ätzenden oder stark reizenden Stoffen kommt es zu örtlich begrenzten Reaktionen an den Körperstellen, die mit dem Gift in Berührung kamen; die Einnahme von Giften löst Reaktionen aus, die den ganzen Körper ebenso in Mitleidenschaft ziehen können wie einzelne Organe.

Vorbeugung

Die Vielzahl von Giften, die in Haushalt, Industrie und Landwirtschaft verwendet werden, stellt eine große Gefahr für Haustiere dar, vor allem wenn sie frei herumlaufen dürfen. Als Tierhalter sollte man versuchen, diese Gefahren sowohl in Haus und Garten, als auch auf den vom Tier benutzten Wegen so weit wie möglich auszuschließen.
Giftige Stoffe dürfen nie an Orten verwendet oder gelagert werden, an denen sie Haustiere in Gefahr bringen könnten.

Die hier aufgeführten allgemeinen gebräuchlichen Produkte enthalten giftige Substanzen und sind deshalb gefährlich. Man sollte darauf achten, daß gefährliche Artikel wie diese tiersicher aufbewahrt werden und die Tiere nicht mit ihnen in Berührung kommen.
Auf den Tabellen der folgenden Seiten sind die häufigsten und gefährlichsten Giftpflanzen und giftigen Substanzen aufgeführt, ihr Vorkommen sowie die Symptome einer Vergiftung.

Eine Liste von Haushaltsartikeln, die bei Einnahme giftig wirken

Abbeizmittel
Benzin
Bleichmittel
Buntstifte
Deodorants
Desinfektionsmittel
Feuerlösch-Schaum
Fleckentferner
Frostschutzmittel
Haarfärbemittel
Haarspray
Holzschutzmittel
Insektenvertilgungsmittel
Kühlflüssigkeit
Lacke und Farben
medizinisches Shampoo
Metallputzmittel
Mottenpulver
Nagellack
Paraffin
Parfums
Pastellkreiden
Rattengift
Rostlöser
Schneckengift
Schuhcreme
Seife
Sonnenschutzmittel
Streichhölzer
Teer
Tinte
Trockenreiniger
Unkrautvernichtungsmittel
Wachs und andere Poliermittel
Wasch- und Spülmittel

GIFTPFLANZEN

PFLANZE		GIFTIGER TEIL	GIFTIGKEIT	SYMPTOME
	*Aconitum napellus* EISENHUT	Blätter, Samen, Wurzeln	••	Erbrechen, Durchfall, Krämpfe, Tod durch Herzversagen
	*Aquilegia vulgaris* AKELEI	ganze Pflanze	••	Erbrechen, Durchfall, Krämpfe, Tod durch Herzversagen
	*Buxus sempervirens* BUCHSBAUM	Blätter	••	Magen- und Darmreizungen
	*Clematis* WALDREBE*	ganze Pflanze	••	Magen- und Darmreizungen
	*Colchicum autumnalis* HERBSTZEITLOSE	ganze Pflanze	•••	Magen- und Darmreizungen, Muskellähmungen, Atemstillstand
	*Conium maculatum* FLECKENSCHIERLING	ganze Pflanze	•••	Zittern, Krämpfe, fortschreitende Lähmung, verlangsamte Herz- und Atemfrequenz, Tod

GIFTIGKEIT:
- • gering
- •• mittel, in großen Mengen tödlich
- ••• stark, häufig tödlich
- * alle Arten

GIFTPFLANZEN

PFLANZE	GIFTIGER TEIL	GIFTIGKEIT	SYMPTOME
 *Convallaria majalis* MAIGLÖCKCHEN	ganze Pflanze	••	Magen- und Darmreizungen, verlangsamte Herzfrequenz
 *Crocus* KROKUS*	Zwiebel	•	Magen- und Darmreizungen
 *Delphinium* RITTERSPORN*	Blätter, Samen	••	Erbrechen; Lähmung der Gliedmaßen, verlangsamte Herz- und Atemfrequenz
 *Dieffenbachia* DIEFFENBACHIE*	Triebspitzen	••	Starke Reizung von Maul, Schlund, Magen und Därmen
 *Euphorbia* WOLFSMILCH*	ganze Pflanze	•	Magen- und Darmreizungen
 *Euphorbia pulcherrima* WEIHNACHTSSTERN	Blätter, Blüten	••	Magen- und Darmreizungen
 *Galanthus nivalis* SCHNEEGLÖCKCHEN	Zwiebel	•	Magen- und Darmreizungen, Speicheln

GIFTPFLANZEN

PFLANZE	GIFTIGER TEIL	GIFTIGKEIT	SYMPTOME
 *Gladiolus* GLADIOLE*	Zwiebel	•	Magen- und Darmreizungen, starker Durchfall
 *Hedera helix* EFEU	Samen, Blätter, Stengel	••	Magen- und Darmreizungen; bei großen Mengen nervöse Depressionen und Verlangsamung der Herzfrequenz
 *Helleborus niger* CHRISTROSE	ganze Pflanze	••	starke Magen- und Darmreizung, verlangsamte Herz- und Atemfrequenz
 *Hyacinthus* HYAZINTHE*	Zwiebel	•	Magen- und Darmreizungen
 *Hydrangea macrophylla* HORTENSIE	Blätter, Blüten	••	Magenschmerzen, Erbrechen, Durchfall
 *Ilex aquifolium* STECHPALME	Früchte	••	Erbrechen und starker Durchfall
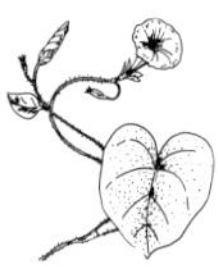 *Ipomoea purpurea* PRUNKWINDE	Samen	••	halluzinogene Reaktion

GIFTPFLANZEN

PFLANZE	GIFTIGER TEIL	GIFTIG-KEIT	SYMPTOME
 *Iris* IRIS*	Zwiebel	•	Darmreizungen, starker Durchfall
 *Lathyrus odoratus* WICKE	Samen, Früchte	••	nervöse Symptome (Lähmungen, Krämpfe)
 *Lupinus* LUPINE*	ganze Pflanze	••	Leberschäden, verlangsamte Herz- und Atemfrequenz
 Narcissus NARZISSE*	Zwiebel	•	Magen- und Darmreizungen, Speicheln
 *Narcissus pseudonarcissus* OSTERGLOCKE	Zwiebel	•	Magen- und Darmreizungen, Speicheln
 *Nerium oleander* OLEANDER	ganze Pflanze	•••	Magen- und Darmreizungen, nervöse Symptome und verlangsamte Herzfrequenz (Tod durch Herzversagen)
 *Parthenocissus quinquefolia* JUNGFERNREBE	Früchte	•	Magen- und Darmreizungen

GIFTPFLANZEN

PFLANZE		GIFTIGER TEIL	GIFTIGKEIT	SYMPTOME
	*Philodendron* PHILODENDRON*	Blätter, Stengel	•	Magen- und Darmreizungen, bei Katzen Nierenschäden
	*Ranunculus acris* BUTTERBLUME	Stengel, Saft	••	starke Reizung von Maul, Schlund, Magen und Därmen
	*Rhododendron* RHODODENDRON*	Blätter, Blüten	••	Erbrechen, nervöse Symptome
	*Taxus baccata* EIBE	Blätter, Samen	•••	Magen- und Darmreizungen, Zittern, Krämpfe, Herz- und Kreislaufkollaps, Tod
	*Tulipa* TULPE*	Zwiebel	•	Magen- und Darmreizungen
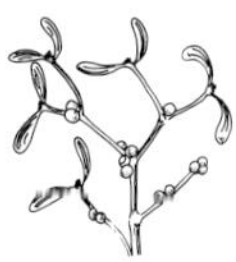	*Viscum album* MISTEL	Früchte	••	Magen- und Darmreizungen, nervöse Symptome (unkoordinierte Bewegungen), Speicheln
	*Wisteria* GLYZINE*	Samen, Früchte	•	Magen- und Darmreizungen

DIE AM HÄUFIGSTEN VORKOMMENDEN GIFTE

GIFT	VORKOMMEN	SYMPTOME
ALPHA-CHLORALOSE	Rattengift	Schwäche, Gefühllosigkeit, absinkende Körpertemperatur
ANILIN (anilinhaltige Farben)	Buntstifte, Pastellkreide, Farben	Erbrechen, Atemnot, Krämpfe
ANTU (Naphthylthioharnstoff)	Rattengift	Erbrechen, schweres Lungenödem, Atemnot
ARSEN	Rattengift, Unkrautvernichter, Farben, Holzschutzmittel	Erbrechen, Durchfall, Magenschmerzen, Zittern, Bläulichfärbung von Haut und Schleimhaut, Herz- und Kreislaufkollaps
ÄTHYLENGLYKOL	Frostschutzmittel	Magen- und Darmreizungen; Krämpfe, Nierenversagen
AZETON	Lösungsmittel für Lacke und Farben	beim Einatmen: Reizung von Bronchien und Lunge beim Einnehmen: Erbrechen, Durchfall, verminderte Atem- und Herzfrequenz
BARBITURATE	Schlafmittel	Bewußtseinstrübung, Koma, verminderte Atemfrequenz
BENZOL	Treibstoffe, Lösungs- und Reinigungsmittel	Erbrechen, Krämpfe, Kollaps
BENZIN	Treibstoffe	beim Einatmen: Husten, Atemnot, Apathie beim Einnehmen: Erbrechen, Durchfall, nervöse Störungen
BLEI	Treibstoffe	akute Vergiftung: schwere Magen- und Darmreizung; nervöse Symptome: Erregung, fortschreitende Lähmung

DIE AM HÄUFIGSTEN VORKOMMENDEN GIFTE

GIFT	VORKOMMEN	SYMPTOME
BLUTGERINNUNGS-HEMMENDE SCHÄDLINGS-BEKÄMPFUNGSMITTEL	Rattengift, Maulwurfgift	spontan auftretende Blutungen, Blut in Kot und Urin, Depressionen
CARBAMAT	Insekten- und Schädlings-bekämpfungsmittel	Zittern, unkoordinierte Bewegungen, Muskelkrämpfe, Erbrechen
CYANIDE	Rattengift, Unkrautvernichter	Ersticken, Koma, schneller Tod
FLUORAZETATE	Rattengift	Nervöse Erregung, Muskelkrämpfe, Zuckungen, Herz- und Kreislaufkollaps
FORMALIN	Haus- und Industrie-desinfektion	Schwere Magen- und Darmreizungen, Herz- und Kreislaufkollaps
HEXACHLORAPHREN	Seifen und Desinfektionsmittel	Erbrechen, Durchfall, Magen-schmerzen, Leberschäden und nervöse Beschwerden
KAMPFER	Mottengift, Medikamente	Magen- und Darmreizung, nervöse Erregung
KOHLENMONOXID	Verbrennung von organischen Stoffen in geschlossenen Räumen	unkoordinierte Bewegungen, Schwäche, Atemnot
MEERZWIEBEL	Rattengift	Erbrechen, Durchfall, Schwäche, Veränderung der Herzfrequenz
METALDEHYD	Schneckengift	Nervöse Symptome: Krämpfe, Zittern, unkoordinierte Bewegungen
METHYLALKOHOL	Lösungsmittel, Treibstoffe	Erbrechen und schwere Magen-schmerzen, nervöse Erregung, Krämpfe

DIE AM HÄUFIGSTEN VORKOMMENDEN GIFTE

GIFT	VORKOMMEN	SYMPTOME
NAPHTHALIN	Mottenpulver	Magen- und Darmreizung., Anämie, Gelbsucht
NATRIUM-HYPOCHLORIT	Bleich- und Desinfektionsmittel	Reizung und Verätzung von Haut und Schleimhäuten
NATRIUMPERBORAT	Bleichmittel	Reizung und Verätzung von Haut und Schleimhäuten
NITRATE UND NITRIDE VON NATRIUM UND KALIUM	Dünger, Fleischkonservierungsmittel	Erbrechen und Durchfall, Gleichgewichtsstörungen, Zittern, Atemnot
NITROBENZOL	Schuhcreme, Färbemittel	Erbrechen, unkoordinierte Bewegungen, Krämpfe, Atemnot
ORGANISCHE CHLORVERBINDUNGEN (DDT, CHLORDAN)	Insekten- und Schädlingsbekämpfungsmittel	Erbrechen, Durchfall, Pupillenverengung, Speicheln, Zittern, Krämpfe, Zuckungen
OXALSÄURE	Bleichmittel, Fleckentferner, Waschmittel	Reizung der Maulschleimhaut, starker Durchfall, Erbrechen
QUARTÄRE AMMONIUM-VERBINDUNGEN	Reinigungs- und Desinfektionsmittel	Erbrechen und Magenschmerzen, Herz- und Kreislaufkollaps
QUECKSILBER	Pilz-, Unkraut- und Insektenvernichtungsmittel, Desinfektionsmittel	in schweren Fällen: starke Magen- und Darmreizungen, Entzündungen der Maulschleimhaut, Krämpfe, Koma
ROTENON	Insekten- und Schädlingsbekämpfungsmittel	Magen- und Darmreizungen
SEIFEN	Wasch-, Reinigungs- und Geschirrspülmittel	Magen- und Darmreizungen
STARKE LAUGEN (ÄTZKALI, ÄTZKALK, ÄTZNATRON)	Putzmittel für Metalle, Steingut und Glas	Schwere Verätzungen bei Kontakt oder Einnahme

DIE AM HÄUFIGSTEN VORKOMMENDEN GIFTE

GIFT	VORKOMMEN	SYMPTOME
STARKE SÄUREN (SCHWEFEL-, SALPETER- ODER SALZSÄURE)	Reinigungsmittel, Metallputzmittel, Entlaubungsmittel	Schwere Verätzungen bei Kontakt oder Einnahme
STRYCHNIN	Rattengift	nervöse Erregung, starke Muskelkrämpfe
TEER UND TEERDERIVATE	Straßen, Dächer, Balkons, Holzschutzmittel	Magen- und Darmstörungen, Leberschäden
TERPENTIN	Lösungsmittel für Lacke und Farben	Magen- und Darmreizung, Nierenschäden, blutiger Urin, Atemnot
TETRACHLOR-KOHLENSTOFF	Feuerlösch-Schaum, Trockenreiniger	Schwere Leber- und Nierenschäden
THALLIUM	Rattengift	akute Vergiftung: schwere Magen- und Darmreizungen, Bindehautentzündung, nervöse Symptome
TRIÄTHYLEN	Fleckentferner	nervöse Depressionen, Herz- und Kreislaufkollaps, Leber- und Nierenschäden
WEISSER PHOSPHOR, ZINK- UND ALUMINIUMPHOSPHAT	Ratten- und Maulwurfgift	Schwere Magen- und Darmreizungen, Gelbsucht, blutiger Urin, Krämpfe

BEURTEILUNG

Eine Vergiftung zu diagnostizieren, ist nicht leicht – man überläßt dies am besten dem Tierarzt. Wenn man eine Vergiftung befürchten muß oder das Tier Anzeichen einer Vergiftung zeigt, sollte man folgendes tun:

- **Was wurde geschluckt oder eingeatmet?**

• Überprüfen, ob im Haus, auf dem Balkon, auf der Terrasse oder im Garten giftige Pflanzen stehen und welche Gifte für das Tier leicht erreichbar sind (Mottenpulver im Schrank, Haushaltsreiniger o.ä.).
– Herausfinden, ob in der Nachbarschaft Schädlingsbekämpfungsmittel auf Pflanzen, den Boden oder auf Abfallhaufen ausgebracht wurden.
– In Kellern, Höfen, Gärten und auf Böden nach Ködern oder Streugift gegen Mäuse und Maulwürfe suchen (auch Gärtner, Hausmeister und Nachbarn befragen).

Wenn etwas entdeckt wurde, woran das Tier sich vergiftet haben könnte, muß ermittelt werden, um welche Art Gift es sich handelt.

- **Welche Mengen?**

• Das kann manchmal ermittelt werden, indem man feststellt, welche Teile einer Pflanze gefressen wurden, wieviel von einer giftigen Substanz fehlt oder wieviel Gift in einem bestimmten Produkt enthalten ist.

- **Wie lange ist es her?**

• Oft schwer zu bestimmen, es sei denn, man überrascht das Tier bei der Aufnahme von Gift. Zumindest einen ungefähren Zeitpunkt sollte man jedoch bestimmen können.

Je akkurater diese Fragen beantwortet werden können, desto einfacher ist die Aufgabe des Tierarztes, und er kann zielstrebig und effektiv arbeiten.

BEHANDLUNG

■ Beim Auftreten von Vergiftungssymptomen sofort den Tierarzt aufsuchen.
Wenn das nicht möglich ist und das Gift gerade erst aufgenommen wurde, muß der Tierhalter selbst Maßnahmen einleiten.

■ Das Tier vom Gift trennen

■ Wenn das Gift gefressen wurde, sicherstellen, daß nicht noch mehr aufgenommen werden kann. Das Maul mit Wasser ausspülen, damit in der Maulhöhle verbliebene Reste nicht geschluckt werden.
— Wenn das Tier giftige Gase oder Dämpfe eingeatmet hat, muß es sofort an die frische Luft gebracht werden.
— Körperteile, die mit ätzenden Substanzen in Berührung gekommen sind, sofort mit viel Wasser gründlich abspülen.

■ Erbrechen auslösen

■ Das Tier muß erbrechen:
— Wenn das Gift gefressen wurde.
— Wenn weniger als 30 Minuten seit der Aufnahme des Giftes verstrichen sind.
— Wenn die giftige Substanz weder reizend noch ätzend wirkt.
Geeignete Brechmittel sind konzentriertes, lauwarmes Seifen- oder Salzwasser; die Menge hängt ab von der Größe des Tieres. Das Erbrochene vom Tierarzt analysieren lassen.

■ Gegengifte

■ Bei ihnen handelt es sich um Medikamente mit spezifischer Wirkung, die nur vom Tierarzt oder auf seine Anweisung hin verabreicht werden dürfen.
Bei äußerlichen Verätzungen oder der Aufnahme von ätzenden Stoffen werden die betroffenen Körperteile oder die Maulhöhle zuerst gründlich mit Wasser gespült und dann das Gegenmittel in Form von Umschlägen oder als Lösung zum Eingeben verabreicht.
— Wasser und Essig oder Wasser mit Zitronensaft neutralisiert die Wirkung von Laugen (kohlensaures Natrium, Ätzkali, Ätzkalk u.ä.)
— Wasser mit Natriumbikarbonat oder Seifenlauge (nur äußerlich anwenden) neutralisieren die Wirkung von Säuren (Schwefelsäure, Salzsäure etc.).
— Falls nichts dergleichen vorhanden ist, Wasser ohne Zusätze verwenden. Milch eignet sich nur als Gegenmittel bei Schwermetallvergiftungen (Blei, Quecksilber etc.). Außerdem beschleunigen die in der Milch enthaltenen Fette die Absorption von Giften, die zum Beispiel in Schädlings-, Unkraut- und Pilzbekämpfungsmitteln enthalten sind, da diese und andere Gifte fettlöslich sind. Milch sollte also nur in eindeutigen Fällen verabreicht werden, weil sie andernfalls die Situation nur verschlimmern könnte.

GIFTSCHLANGENBISSE

In Amerika und Asien gibt es viele giftige Schlangen, aber die einzige in Europa heimische Giftschlange ist die Kreuzotter.

URSACHEN

⋆ **Biß einer Kreuzotter.** Gebissen werden vor allem Hunde, die im Sommer in abgelegenen Gegenden ausgeführt werden.

BEURTEILUNG

Zuerst muß sichergestellt werden, daß das Tier wirklich von einer Kreuzotter gebissen wurde. Wenn man den Angriff beobachten konnte, gibt es in dieser Hinsicht keine Probleme.
Häufig passieren solche Unfälle jedoch, wenn das Tier allein umhergestreift ist und niemand gesehen hat, ob und von welchem Tier es gebissen worden ist. Dann muß man auf bestimmte Symptome achten.

• Anzeichen für einen Schlangenbiß

• Die Tiere sind meistens unruhig, zittern und belecken den betroffenen Körperteil; Hunde heulen vor Schmerz und Schreck.
Die vermutlich betroffene Körperstelle untersuchen und auf die Zahnspuren achten, die etwa 1 cm auseinanderstehen und von einem violetten Rand umgeben sind (Abb. 1 auf der folgenden Seite). Die Wunde schwillt schnell an, oft sogar sehr stark.

• Vergiftungserscheinungen

• Die allgemeinen Symptome einer Vergiftung sind fortschreitende Müdigkeit, manchmal Erbrechen und starker Durst; in den letzten Stadien versagen Herz und Lunge.
Wie schnell diese Anzeichen auftreten (zwischen wenigen Minuten und einigen Stunden), und wie schwerwiegend sie sind, hängt davon ab, wieviel Gift in den Körper gelangt ist und an welcher Stelle (dichte Versorgung mit Blutgefäßen ist sehr ungünstig), aber auch davon, wie schnell Hilfe geleistet wird.

BEHANDLUNG

■ Die Wunde suchen und sofort zum Bluten bringen, damit möglichst viel von dem Gift herausgespült wird. Wenn auf den Druck der Finger rund um die Bißstelle nicht genug Blut ausfließt, wird mit der Spitze eines scharfen Messers an jeder Zahnspur die Haut durchtrennt (Abb. 2). Das Blut aus der Wunde nicht aussaugen.

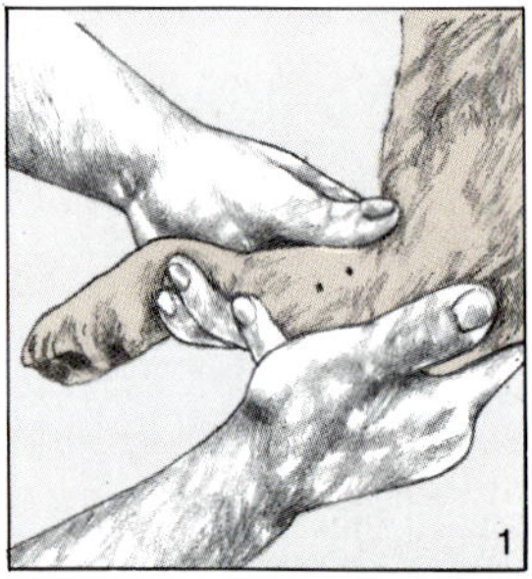

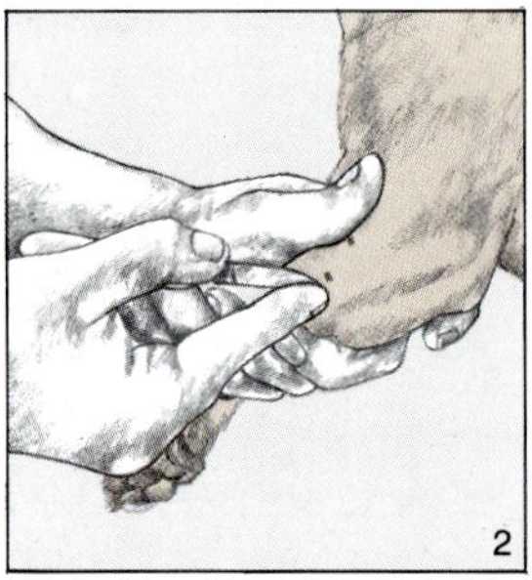

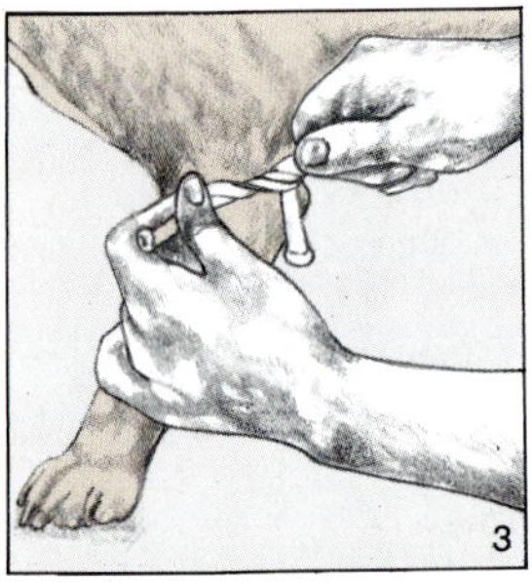

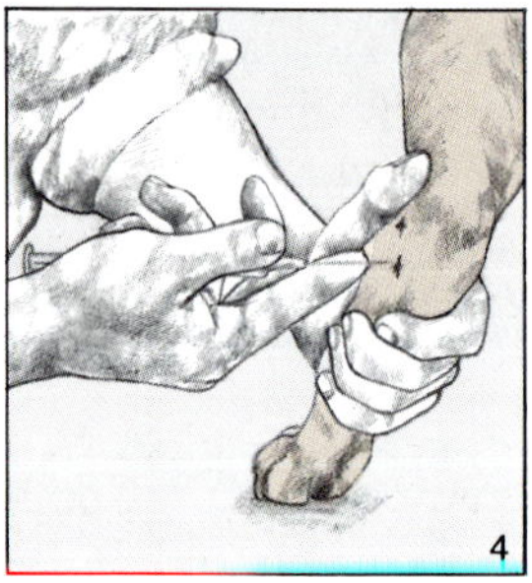

Behandlung eines Schlangenbisses:
1. Aussehen der Wunde;
2. Blutung anregen;
3. Anlegen einer Staubinde;
4. Injektion des Gegengiftes

■ Bei einem Biß ins Bein (Abb. 3) wird oberhalb der Bißwunde eine Staubinde angelegt, damit sich das Gift nicht weiter im Körper ausbreitet; sie darf jedoch nicht so eng geknotet sein, daß die Wunde nicht mehr blutet.

■ Die Wunde zum Bluten zu bringen und dann eine Staubinde anzulegen ist zwar sehr wichtig, aber von entscheidender Bedeutung ist die Verabreichung eines Gegengiftes.
Viele Tierärzte haben diese Mittel vorrätig, vor allem in Gebieten, in denen Schlangen relativ häufig vorkommen. Es ist aber auch in Apotheken erhältlich. Da das Serum kalt gehalten werden muß, sollte man eine kleine Kühlbox dabei haben.
Das Gegengift wird gewöhnlich zur Hälfte um die Bißwunde und zur Hälfte intramuskulär gespritzt (Abb. 4).

■ Nachdem die hier beschriebenen Maßnahmen ergriffen wurden, muß das Tier so schnell wie möglich zum Tierarzt gebracht werden.
Während des Transportes darf es sich nach Möglichkeit nicht bewegen und wird mit Decken warmgehalten.

Verbreitung und Aussehen der Kreuzottern

Diese Karte zeigt die Verbreitung der häufigsten in Europa vorkommenden Schlangen:

Vipera ammodytes
(Sandotter)
Vipera aspis
(Juraviper)
Vipera berus
(Kreuzotter)
Vipera latastei
(Stülpnasenotter)
Vipera berus seoanei
(Unterart der Kreuzotter)
Vipera ursinii
(Wiesenotter)

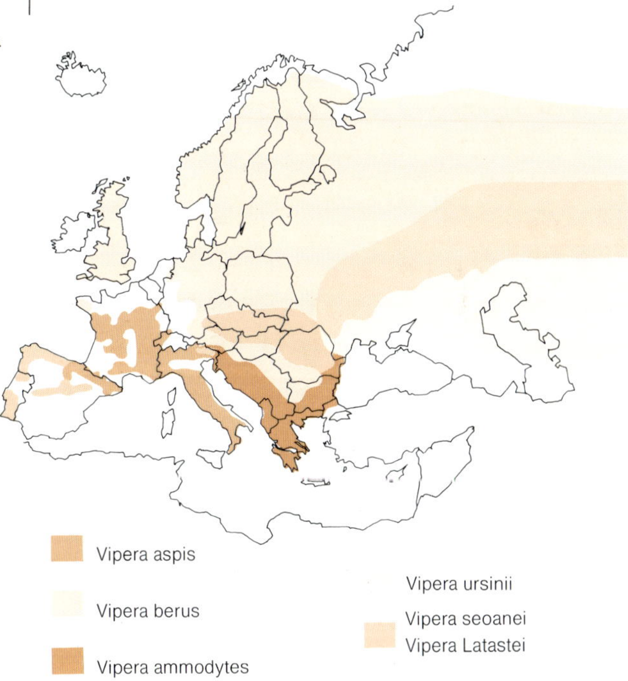

Die Abbildungen zeigen:
a) eine Juraviper;
b) ihren Kopf

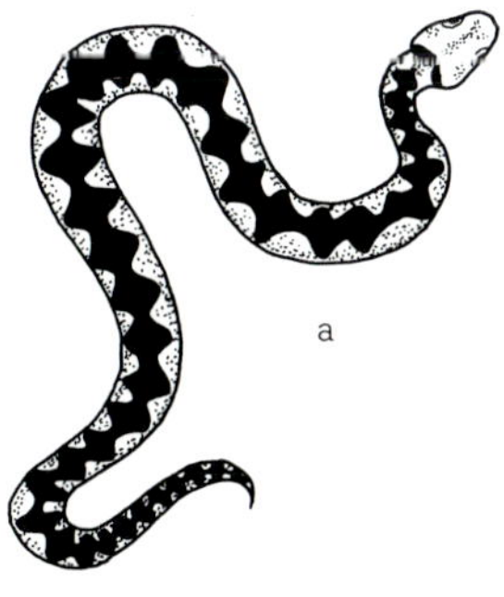
a

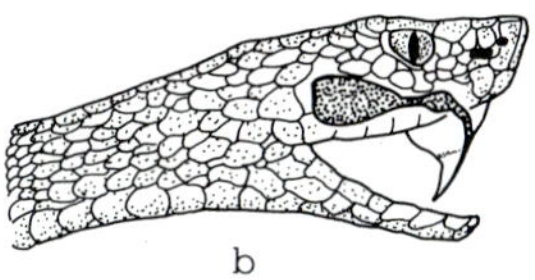
b

Kreuzottern sind 40—80 cm lang, haben einen kräftigen Körper und einen kurzen Schwanzteil; der Kopf ist deutlich breiter als der Hals. Die Oberseite des Kopfes ist von unterschiedlich geformten Schuppen verschiedener Größen bedeckt; die Augen sind mittelgroß, die Pupille steht senkrecht. Abhängig vom Lebensraum kommen verschiedene Farbvariationen vor.
Der Rückenstreifen ist immer deutlich zu sehen und verläuft bei den verschiedenen Arten und Unterarten stets anders.
Die Giftzähne werden von zwei beiderseits von ihnen sitzenden Drüsen gespeist, und sie stehen am vorderen Rand des Unterkiefers. Bei geschlossenem Maul sind sie zurückgeklappt und richten sich erst beim Aufsperren des Mauls auf.

INSEKTENSTICHE UND SPINNENBISSE

Insekten (Bienen, Wespen, Hornissen, Raupen), Spinnen und Skorpione bringen durch ihre Stiche Gift in den Körper, was zu örtlichen Reaktionen führt und unter Umständen sogar den ganzen Körper in Mitleidenschaft zieht.

• **Anzeichen**

URSACHEN

* **Bienen, Wespen und Hornissen.** Stiche kommen im Sommer und in der Nähe von Nestern häufig vor.
* **Spinnen und Skorpione.** Ihre Bisse können in tropischen Ländern eine ernsthafte Gefahr darstellen.
* **Raupen.** Selten, nur in den Tropen.

BEURTEILUNG

• Nach einem Stich oder Biß wird das Tier sofort unruhig und beleckt die verletzte Stelle, die schon bald deutlich anschwillt. Um die Verletzung bei langhaarigen Tieren zu finden, streicht man vorsichtig das Fell zur Seite.
In folgenden Fällen muß der Tierarzt sofort eingreifen:
— Bei einem Stich durch einen Skorpion oder einer größeren Zahl von Bienen-, Wespen- oder Hornissenstichen.
— Bei starker Schwellung mit Fieber und Niedergeschlagenheit.
— Bei Verletzungen an empfindlichen Körperteilen, zum Beispiel in Augennähe oder im Maul- und Rachenraum, weil Schwellungen hier die Atmung beeinträchtigen können.

BEHANDLUNG

■ Es kann helfen, wenn man, sofort nachdem das Tier gestochen wurde, einen Wattebausch auf die Verletzung legt, der mit verdünntem Ammoniak getränkt wurde (1 Eßlöffel auf 175 ml warmes Wasser). Im Bereich der Augen, der Nase und des Maules darf diese Behandlung jedoch nicht angewendet werden; außerdem muß auf mögliche Hautreizungen geachtet werden.
Kalte Kompressen haben nicht viel Sinn, besser sind lindernde Cremes oder Salben.

Auf der folgenden Seite sind die Tiere kurz beschrieben, deren Stiche oder Bisse besonders unangenehm sind.

Bienen, Wespen und Hornissen

Unter den Insekten, deren Stiche sehr schmerzhaft sind, sind Bienen, Wespen und Hornissen am weitesten verbreitet. In den Drüsen am Stachel dieser Tiere wird Gift produziert (besonders große Mengen bei Hornissen), das verschiedene toxische Substanzen enthält. Gefahr besteht in der Regel nur, wenn ein Tier mehrmals gestochen wurde (einige Hundertmal von Bienen oder Wespen; einige Dutzendmal von Hornissen). Das kann passieren, wenn das Tier von einem ganzen Schwarm angegriffen wird. Gefährlich sind aber auch Stiche ins Maul, denn eine stark angeschwollene Zunge kann die Luftröhre blockieren, und es kommt zu einer Überempfindlichkeitsreaktion und zum Kreislaufkollaps.

Hornisse

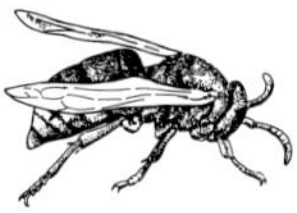

Biene

Wespe

Raupen

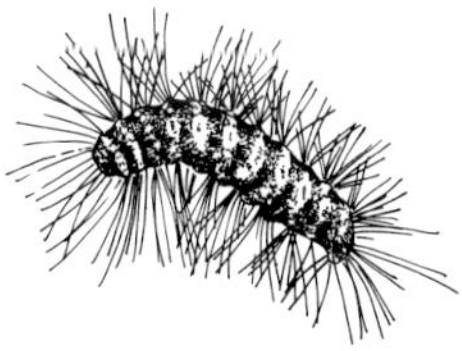

Es gibt eine Reihe von Insektenlarven mit ziemlich langen und spitzen Haaren auf der Körperoberfläche, die Entzündungen hervorrufen können, bei denen es zu Juckreiz, Hautrötungen und manchmal auch zu Blasenbildung oder Schwellung kommt. Die Reizung wird hervorgerufen durch winzige Stiche, durch die das Gift in die Haut gelangt.

Spinnen

Manche Spinnen beißen zu, wenn sie sich bedroht fühlen. Der Speichel vieler Arten wirkt so stark reizend, daß es zu harten und schmerzhaften Schwellungen kommt. Bei harmloseren Arten bilden sich nur juckende Stellen. Einige wenige Arten erzeugen starke Gifte, die nicht nur örtlich wirken, sondern den ganzen Körper in Mitleidenschaft ziehen, mit zum Teil tödlichen Konsequenzen, z. B. die Schwarze Witwe *(Latrodectes tredecimguttatus)* und die Tarantel *(Lycosa tarantula).*

Skorpione

Sie injizieren ihr Gift mit Hilfe des Stachels am Schwanzende. Die gefährlichsten Arten leben in den Tropen, aber auch einige Skorpione der gemäßigten Zonen sind nicht ungefährlich, wenn ihr Stich auch nur selten tödlich ist. Der Stich führt zu örtlichen Schwellungen, in schweren Fällen zu Fieber, Muskelkrämpfen, Atmungs- und Kreislaufbeschwerden.

VERDAUUNGS-NOTFÄLLE

MAULVERLETZUNGEN

FREMDKÖRPER

LEIBSCHMERZEN

MAGENÜBERLADUNG UND -VERDREHUNG

MAULVERLETZUNGEN

Verletzungen des Maules kommen bei Katzen und Hunden relativ häufig vor.

URSACHEN

⋆ **Schwere Verletzungen.** Verkehrsunfälle, Stürze aus großer Höhe (besonders Katzen).
⋆ **Vergiftungen** durch Einatmen, Einnehmen oder Berühren von giftigen Substanzen oder nach Schlangen- und Spinnenbissen oder Stichen eines Skorpions.
⋆ **Stromschläge.**
⋆ **Andere häufige Ursachen.** Kämpfe mit anderen Tieren und Schläge.

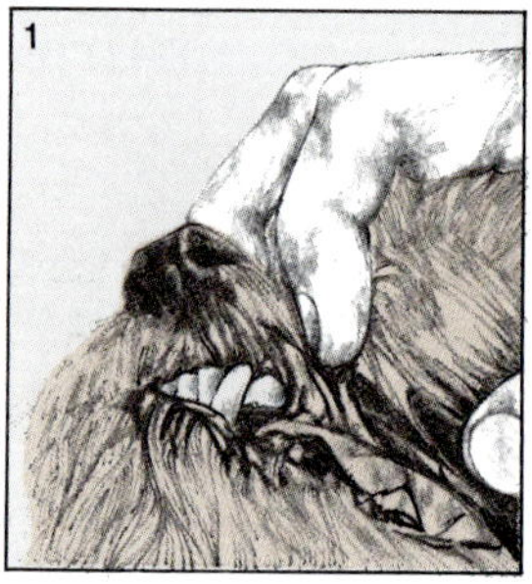

1. Ein abgebrochener Eckzahn

BEURTEILUNG

• Zuerst die Lippen untersuchen; auf Prellungen oder tiefe Wunden achten, die im allgemeinen stark bluten.
Die Lippen vorsichtig anheben und oberen und unteren Zahnbogen kontrollieren; abgebrochene Zähne (Abb. 1) sind nicht zu übersehen und kommen bei Hunden häufig vor. Auch darauf achten, daß die Zahnstellung unverändert ist, denn auch wenn kein Zahnbruch vorliegt, können sich die Zähne verschoben haben.
Das Maul langsam öffnen; auf Schmerzäußerungen achten. Wenn das Tier Schmerzen zeigt, sind Kiefer oder Kiefergelenk verletzt.
Den Gaumen untersuchen; bei schweren Verletzungen kann er in der Mitte gespalten sein (vor allem bei Katzen) und auch auf Verletzungen der Zunge achten.

BEHANDLUNG

■ Verletzungen der Lippen mit einem alkoholfreien Desinfektionsmittel behandeln und die Blutung durch einige Minuten dauernden Druck mit einem Gazetupfer zum Stillstand bringen. Kieferbrüche und -verrenkungen sowie Verletzungen der Lippen und der Zunge, die genäht werden müssen, sind Sache des Tierarztes.

FREMDKÖRPER

Hunde und Katzen schlucken häufig Fremdkörper, besonders Welpen, die instinktiv alles belecken und wahllos herunterschlucken, sei es aus Gier oder Verspieltheit. Der Fremdkörper kann den ganzen Verdauungskanal durchwandern und auf natürlichem Weg wieder zum Vorschein kommen, er kann aber auch an verschiedenen Stellen zwischen dem Maul und dem After steckenbleiben.

URSACHEN

⋆ **Relativ große Fremdkörper.** Steine, Gummibälle, Schraubenmuttern, Obstkerne, Korken usw. können im Verdauungskanal steckenbleiben.

⋆ **Spitze oder scharfkantige Fremdkörper.** Nägel, Nadeln, Angelhaken, Holzsplitter, Knochensplitter, Glas, Hartplastik usw. können die Schleimhaut des Verdauungskanals durchdringen und sogar seine Wände durchtrennen oder zumindest verletzen.

⋆ **Schwämme, Stoffstücke, Bindfaden, Garn und Angelschnüre mit oder ohne Haken** können zu einer Verstopfung des Verdauungstraktes führen.

BEURTEILUNG

Die Symptome sind abhängig davon, in welchem Teil des Verdauungstraktes der Fremdkörper steckt (Abb. 1).

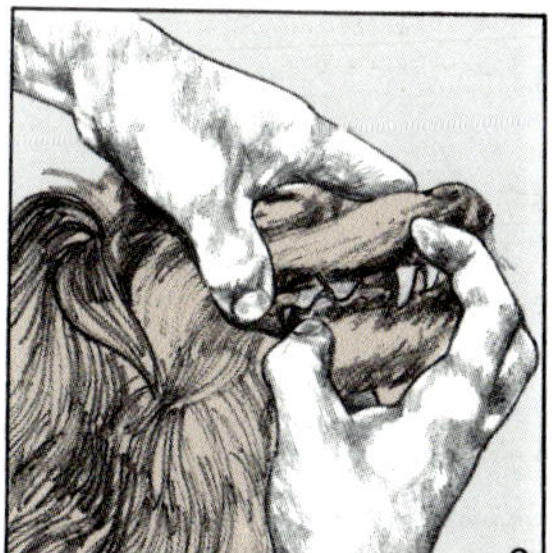

2

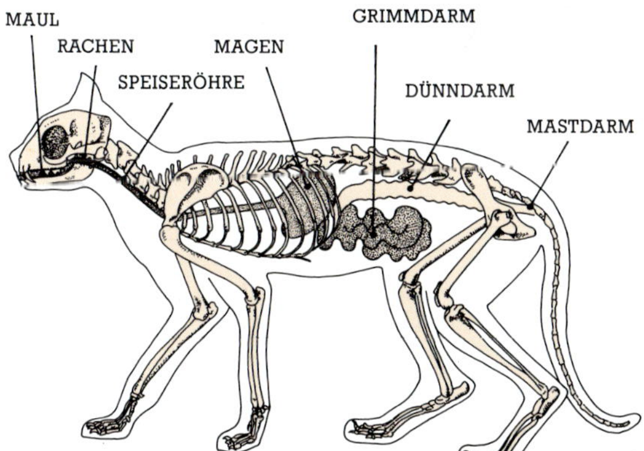

3

• **Maul**

• Wenn sich der Fremdkörper im Maul befindet, ist das Tier unruhig, reibt seine Schnauze an den Pfoten oder auf dem Boden, schluckt wiederholt und speichelt stark.

Die Lippen auseinanderziehen und überprüfen, ob sich Holzstückchen, Knochensplitter oder anderes zwischen die Zähne geklemmt haben (Abb. 2).

2. Untersuchung auf Fremdkörper im Maul
3. Lage von Fremdkörpern im Verdauungstrakt

Danach die Zunge untersuchen (vorher sanft das Maul öffnen). Die Zunge mit einem Finger zur Seite schieben, um festzustellen, ob sich ein Fremdkörper (Bindfaden, Draht usw.) um sie gewickelt hat (Abb. 1) oder ob ein Fremdkörper in der Zunge steckt. Mit Hilfe einer Taschenlampe den Rest der Maulhöhle untersuchen.

• **Rachen-Schlund**

• Ein größerer Fremdkörper in der Speiseröhre kann die Atmung ernsthaft behindern (siehe Seite 175). Ein Fremdkörper, der in die Wand der Speiseröhre eindringt oder auch nur im Schlund steckenbleibt, ist sehr unangenehm und verursacht im allgemeinen auch Schmerzen, was zu häufigem Schlucken und starkem Speicheln führt, dem Blut beigemischt sein kann, wenn die Schlundwände verletzt sind. Wenn das Tier versucht, Wasser oder Futter aufzunehmen, erbricht es sie wieder.
Die Rückseite des weit aufgesperrten Maules mit einer Taschenlampe untersuchen (siehe Abb. 1 auf Seite 176). Ein Fremdkörper im Rachen ist auf diese Weise unter Umständen zu entdecken; entfernt werden muß er jedoch im Regelfall vom Tierarzt, insbesondere, wenn der Fremdkörper tief im Hals steckt.

• **Magen**

• Das Hauptsymptom für einen Fremdkörper im Magen ist Erbrechen. In welchen Zeitabständen das Erbrechen auftritt, hängt von der Art des Fremdkörpers ab und davon, wie stark er den Magen reizt. Spitze und scharfkantige Gegenstände wie Glassplitter sind besonders gefährlich; glatte Fremdkörper rufen anfangs keinerlei Beschwerden hervor. Darauf achten, ob das Erbrochene Spuren von Blut enthält.

• **Dünndarm**

• Eine Verletzung des Dünndarms durch einen Fremdkörper führt zu häufigem Erbrechen, anfangs auch oft zu Durchfall. Wegen der Schmerzen ist die Bauchdecke hart gespannt, häufig kommt es auch zu Fieber.

• **Grimmdarm und Mastdarm**

• Verstopfungen an dieser Stelle werden hauptsächlich durch Holz- oder Knochenstücke und manchmal auch durch Plastik- oder Stoffetzen verursacht, die sich mit dem Kot zu großen und harten Klumpen zusammenballen. Das Tier versucht immer wieder Kot abzusetzen, oft unter Schmerzen, es wird jedoch nur Schleim hervorgepreßt, der manchmal mit Blut vermischt ist.

BEHANDLUNG

■ Wenn der Fremdkörper in der Maulhöhle sitzt, kann man versuchen, ihn mit einer Pinzette herauszuziehen, wenn dies nicht zu schwierig oder gefährlich ist.
Andernfalls sollte bei den hier beschriebenen Symptomen unverzüglich der Tierarzt aufgesucht werden.

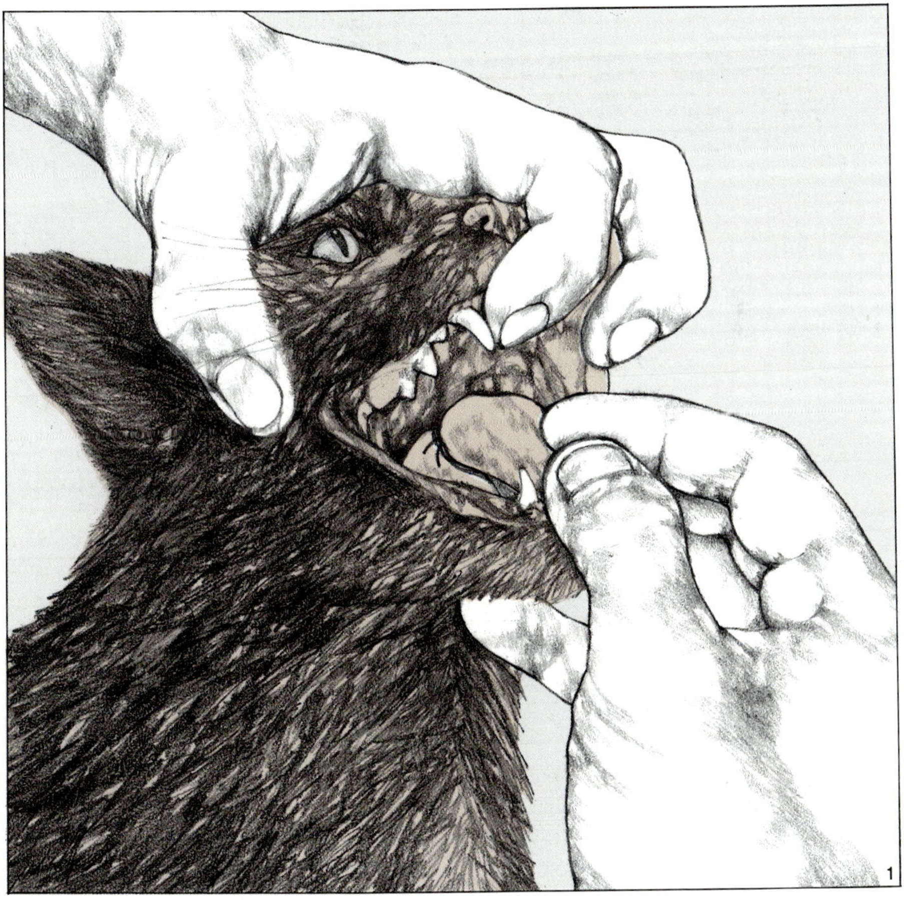

1. Faden, der sich um eine Katzenzunge gewickelt hat.

LEIBSCHMERZEN

Gelegentlich kommt es bei Katzen und Hunden zu plötzlich einsetzenden starken Schmerzen in der Bauchregion.

URSACHEN

⋆ **Darmkrämpfe.** Meistens verursacht durch Fremdkörper im Darm (siehe Seite 167).
⋆ **Verletzungen** innerer Organe.
⋆ **Vergiftungen.** Besonders bei stark magen- und darmreizenden Stoffen (siehe Tabelle der häufigsten Gifte, Seite 153).
⋆ **Akute Entzündungen,** vor allem des Bauchfells und der Bauchspeicheldrüse.
⋆ **Andere Ursachen** sind Erkrankungen von Organen, die nur indirekt mit der Verdauung zusammenhängen (z. B. Nieren, Harnblase u.a.).

BEURTEILUNG

• **Anzeichen**

• Die Tiere sind niedergeschlagen und machen einen leidenden Eindruck, rollen sich zusammen und sind oft nicht in der Lage, sich auf die Hinterbeine zu erheben. Erbrechen oder Durchfall können auftreten, die Atmung ist häufig schnell und flach.
Die Bauchregion vorsichtig abtasten (hart angespannt) und darauf achten, ob dies dem Tier Schmerzen bereitet.
Körpertemperatur wie auf Seite 54 beschrieben messen.
Herauszufinden versuchen, ob das Tier einen Fremdkörper oder Gift aufgenommen haben könnte, und feststellen, welches Futter das Tier in welchen Mengen bei den letzten Fütterungen bekommen hat.

BEHANDLUNG

■ Sofort zum Tierarzt, der die Ursache feststellen und eine geeignete Behandlung einleiten wird.
In der Zwischenzeit wird das Tier an einem geschützten Ort untergebracht und bei kühlem Wetter mit einer Wolldecke gewärmt. Vorsichtig transportieren; Bewegungen vermeiden, die Schmerzen verursachen könnten.

MAGENÜBERLADUNG UND -VERDREHUNG

Bei großen Hunden kommt es von Zeit zu Zeit zu einer starken Aufblähung des Magens durch Gase. Sehr gefährlich ist es, wenn sich der auf diese Weise überladene Magen um seine eigene Achse dreht und so die beiden Zugänge verschließt (Schlund und Zwölffingerdarm), so daß kein Gas mehr entweichen kann.

URSACHEN

⋆ **Übermäßige Aufnahme von Luft, Futter oder Wasser.** Zu einer Magenüberladung kommt es, wenn sich unverdauliche oder gärende Futtermittel (Knochen, Brot, Getreide usw.) im Magen erhitzen. Die daraus folgende Überproduktion von Gasen hat dieselbe Wirkung wie das Schlucken von viel Luft oder Wasser beim hastigen Kauen oder Trinken.

⋆ **Bewegungen wie Springen und Wälzen oder Stürze** können zu einer plötzlichen Verlagerung der inneren Organe führen und auch eine Verdrehung des Magens hervorrufen.

BEURTEILUNG

• **Anzeichen**

• Ein Tier mit einem überladenen Magen macht einen ängstlichen und leidenden Eindruck, versucht zu erbrechen, was bei einer Magenverdrehung allerdings nicht möglich ist, speichelt und atmet schnell und flach. Der aufgetriebene Magen ist nicht zu übersehen. Leichtes Anstoßen der linken Bauchseite mit einer Fingerspitze verursacht durch die im Magen befindliche Luft ein hohles Geräusch. Ob eine Magenverdrehung vorliegt, ist für den Laien schwer zu beurteilen; allerdings befindet sich das Tier in diesem Fall in einem Schockzustand und wirkt apathisch.

BEHANDLUNG

■ Vor allem bei großen Hunden ist eine Magenüberladung ein dringender Fall für den Tierarzt.
Das Tier vorsichtig transportieren, plötzliche Bewegungen vermeiden. Wenn das Tier sehr apathisch ist, transportiert man es wie auf Seite 106 gezeigt.

ATMUNGS-NOTFÄLLE

ERTRINKEN

ATEMNOT DURCH FREMDKÖRPER

ERTRINKEN

Daß Hunde und Katzen ertrinken, kommt selten vor, denn sie sind gute Schwimmer. Gefährdet sind jedoch Welpen, alte und kranke Tiere, und Tiere, die sich beim Schwimmen oder beim Sturz ins Wasser verletzt haben.

URSACHEN

* **Am Meer** durch Stürze von Gangways oder Booten, vor allem bei rauher See.
* **In Seen, Teichen, Flüssen oder Sturzbächen,** vor allem bei Strudeln oder starker Strömung.
* **Schwimmbecken** bedeuten hauptsächlich für Welpen eine Gefahr; wenn sie einmal hineingefallen sind, kommen sie ohne Hilfe nicht wieder heraus.

BEURTEILUNG

• **Anzeichen**

• Wenn ein Tier, das aus dem Wasser gezogen wurde, sich nicht bewegt, wird anhand von Herzschlag (siehe Seite 98) und Atmung überprüft, ob es noch am Leben ist; wenn es noch atmet, wird es unter Umständen stark husten und hörbare Atembeschwerden haben.

BEHANDLUNG

■ Das Wasser muß so schnell wie möglich aus der Lunge entfernt werden.
Am besten hält man das Tier kopfunter an den Hinterbeinen, damit das Wasser herauslaufen kann. Große Hunde, die zum Heben zu schwer sind, legt man auf die Seite und sorgt dafür, daß der Kopf tiefer gelagert ist als der Brustkorb, zum Beispiel, indem man sie so auf eine Treppe oder einen Tisch legt, daß der Kopf herunterhängt (Abb. 1).
Falls keine normalen Atembewegungen festzustellen sind, wird der Brustkorb mit den Händen von beiden Seiten gleichzeitig jeweils für mehrere Sekunden zusammengedrückt, um das Lungenvolumen zu verringern und das Wasser aus dem Hals hinausfließen zu lassen.
Wenn das Tier immer noch nicht atmet, obwohl der größte Teil des Wassers aus der Lunge entfernt wurde, muß — wie auf Seite 142 erläutert — mit der künstlichen Beatmung begonnen werden.

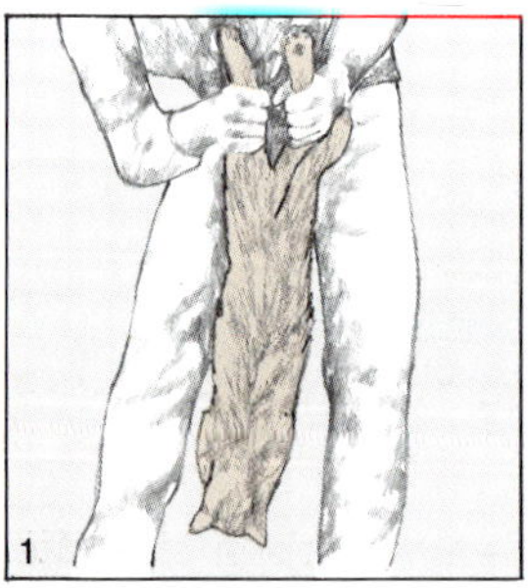

1. So hält man eine Katze, um das Wasser aus ihrer Lunge zu entfernen.

ATEMNOT DURCH FREMDKÖRPER

Die Hauptursache für Erstickungsanfälle bei Katzen und Hunden sind in die Atemwege eingedrungene Fremdkörper. Fremdkörper können verschieden tief eindringen (Abb. 2). Gegenstände, die zum Schlucken zu groß sind, bleiben häufig im Rachen stecken, kleinere können in den Kehlkopf und sogar in die Luftröhre und die Bronchien gelangen.

URSACHEN

⋆ **Steine, Bälle, Korken** und andere große rundliche Gegenstände führen zur vollständigen Blokkierung der Atemwege.

⋆ **Getreideähren** und seltener auch Holz- und Knochenstücke, die in Kehlkopf, Luftröhre oder Bronchien geraten sind, bewirken Atemnot.

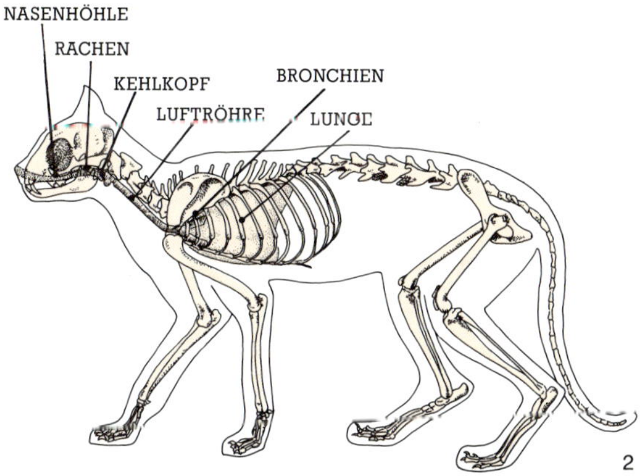

2

2. Lage von Fremdkörpern in den Atemwegen

BEURTEILUNG

• **Anzeichen**

• Fremdkörper, die Rachen oder Kehlkopf fast völlig blockieren, rufen starke Atemnot hervor. Die Tiere ringen mit ausgestrecktem Hals und offenem Maul nach Luft.

In besonders schweren Fällen verfärben sich die Schleimhäute bläulich und das Tier verliert das Bewußtsein.

Fremdkörper in der Luftröhre oder den Bronchien führen zu wiederholten Hustenanfällen mit gleichzeitiger Atemnot.

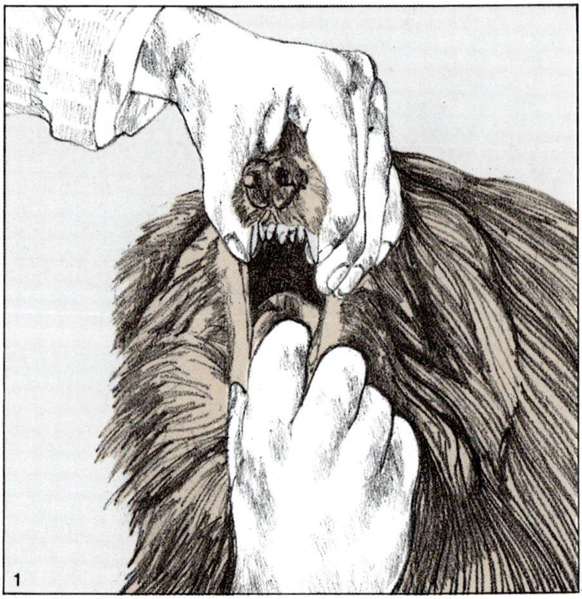

1. So lokalisiert man einen Fremdkörper im Rachen

• Untersuchung der Maulhöhle

• Fremdkörper im Rachen sind zu sehen, wenn das Maul des Tieres weit geöffnet und die Zunge wie auf Abb. 1 gezeigt herausgezogen wird. Dazu braucht man gutes Licht oder eine Taschenlampe, mit der man in de Mundhöhle leuchten kann.

BEHANDLUNG

■ Wenn das Tier deutlich sichtbar unter starker Atemnot leidet, hustet und würgt, muß sofort eingegriffen werden.
Wenn der Fremdkörper im Rachen zu sehen ist, kann man versuchen, ihn mit den Fingern zu greifen und herauszuziehen.
Wenn dies nicht funktioniert oder der Fremdkörper nicht zu sehen ist, sucht man sich einen Helfer, der das Tier bei den Hinterbeinen so hält, daß es kopfunter hängt, und schlägt dann mit der Hand auf den Brustkorb (Abb. 2). Auf diese Weise gelingt es häufig, einen Fremdkörper aus dem Rachen zu entfernen.
Wenn dies Vorgehen nicht zum Erfolg führt und der Fremdkörper nicht zum Vorschein kommt, muß man

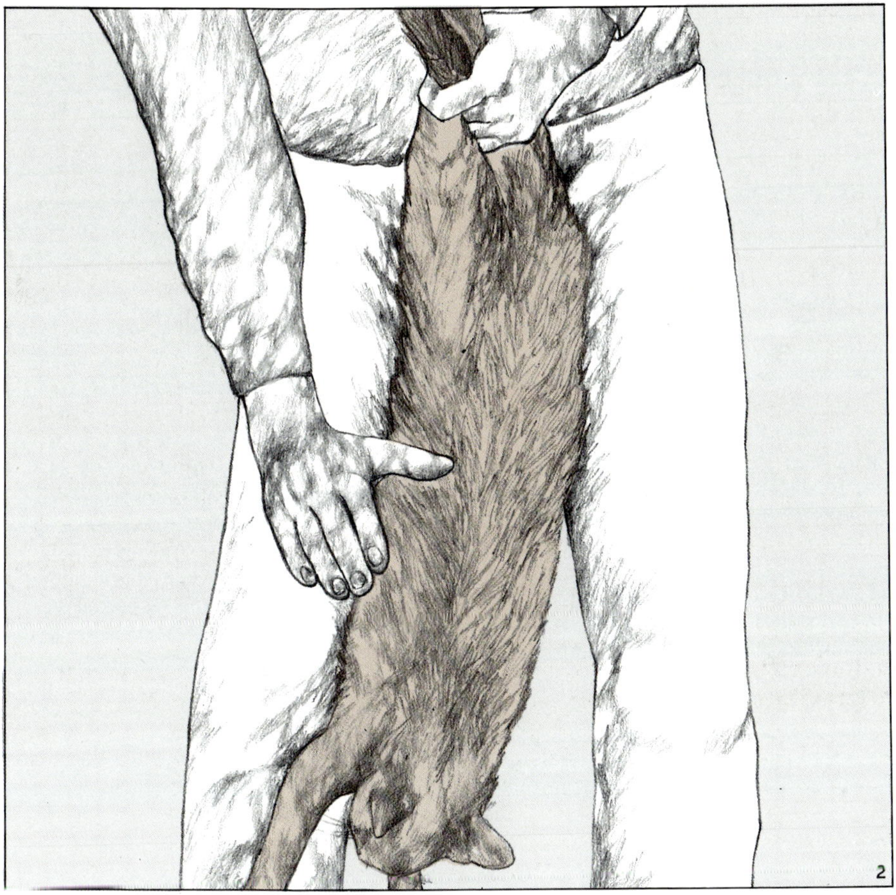

2. So entfernt man einen Fremdkörper aus den Atemwegen

es wiederholen und unter Umständen auch den Brustkorb mit den Händen von beiden Seiten in schneller Folge zusammendrücken.
In jedem Fall sollte man das Tier so schnell wie möglich zum Tierarzt bringen.

NERVLICHE NOTFÄLLE

LÄHMUNGEN

MUSKELKRÄMPFE

LÄHMUNGEN

Ein Verlust der Bewegungsfähigkeit tritt auf, wenn die zu den Muskeln führenden Nerven verletzt wurden. Die Bewegungsunfähigkeit kann ein einzelnes Gelenk, die Hinterbeine, alle vier Beine oder die Beine einer Körperseite betreffen. Um einen Notfall handelt es sich jedoch nur, wenn die Lähmung plötzlich auftritt.

URSACHEN

⋆ **Schwere Verletzungen** (siehe Seite 98), bei denen Schädel, Wirbelsäule, Becken oder Gelenke so beschädigt wurden, daß die in ihnen verlaufenden Nerven und Nervenzentren nicht mehr funktionieren.

⋆ **Vorfall der Bandscheiben,** die die Rückenwirbel verbinden und voneinander abgrenzen. Eine Bandscheibe kann herausrutschen, auf das Rückenmark drücken und so die Funktion der Nerven und Nervenzentren beeinträchtigen.

Plötzlich auftretende Lähmungen der Hinterbeine kommen vor allem bei Bassetts, Dackeln, Pekinesen, Beagles, Cocker Spaniels und allen Mischlingshunden mit kurzen Beinen und langen Körpern vor.

BEURTEILUNG

Eine äußerliche Untersuchung kann ausreichen, um festzustellen, an welcher Stelle die Lähmung aufgetreten ist und wie schwer sie ist. Eine Röntgenaufnahme wird die Diagnose bestätigen.

- **Lage**

- Die Lähmung einer einzelnen Gliedmaße wird im allgemeinen durch eine Verletzung der in ihr verlaufenden peripheren Nerven verursacht, eine Lähmung beider Hinterbeine durch eine Schädigung des Rückenmarks im Bereich der Brust- oder der Lendenwirbel (siehe Anatomische Tafel, Seite 10) und eine Lähmung aller Gliedmaßen durch eine Hals- oder Schädelverletzung.

- **Stärke**

- Um zu beurteilen, wie schwer die Verletzung ist, müssen Beweglichkeit, Muskeltonus und die Empfindlichkeit der Gliedmaßen überprüft und auch die Wirbelsäule kurz untersucht werden.

- **Beweglichkeit**

- Überprüfen, ob ein Teil der Funktionsfähigkeit erhalten geblieben ist. In weniger schweren Fällen können die Tiere die Beine noch etwas bewegen, allerdings handelt es sich meist um unkoordinierte

Bewegungen. In schweren Fällen sind die Gliedmaßen völlig bewegungsunfähig.

• **Muskeltonus**

• Lähmungen aufgrund von Gliedmaßenverletzungen und Verletzungen des unteren Teiles der Wirbelsäule (Lähmung der Hinterbeine) lassen den Muskeltonus absinken (die Muskeln wirken schlaff). Bei Schäden an der Wirbelsäule im Bereich der Brust- oder der oberen Lendenwirbel erhöht sich der Muskeltonus der Hinterbeine und sie sind starr ausgestreckt (spastische Paralyse).

• **Empfindlichkeit**

• Die Haut der betroffenen Gliedmaße wird an mehreren Stellen gekniffen oder mit einer Nadel gestochen, um eine Schmerzreaktion hervorzurufen; das Tier wird sich abwenden, winseln oder miauen oder versuchen, zu fliehen. Das Berühren der Pfotenballen kann zum Zusammenziehen der Pfote führen (Beugereflex, siehe Seite 103), was jedoch nicht bedeutet, daß das Tier noch die volle Beherrschung über diese Pfote hat, sondern nur, daß die unwillkürlichen Bewegungsmechanismen, die von den Nervenzentren des Rückenmarks ausgehen, noch intakt sind.
Das Fehlen willkürlicher Empfindungen in den gelähmten Körperteilen ist ein schlechtes Zeichen.

• **Untersuchung der Wirbelsäule**

Mit Hilfe einer sanft vorgenommenen Untersuchung der Wirbelsäule lassen sich verdächtige Veränderungen und schmerzhafte Bereiche lokalisieren (siehe Seite 103). Im Zweifelsfall nie zögern, den Tierarzt hinzuzuziehen.

BEHANDLUNG

■ Entscheidend ist das sofortige Eingreifen des Tierarztes. Die für den Transport des Tieres am besten geeignete Methode ist auf Seite 106 beschrieben.

MUSKELKRÄMPFE

Plötzlich auftretende kurze Kontraktionen der Muskeln, die oft schnell wieder vorübergehen, nach kurzer Zeit aber wieder auftreten; häufig verliert das Tier dabei das Bewußtsein. Man spricht auch von epileptischen Anfällen, obwohl diese Bezeichnung eigentlich nur für bestimmte Gehirnerkrankungen zutrifft (Echte Epilepsie).

URSACHEN

Es gibt vielemögliche Ursachen, die zu einem Anfall von Muskelkrämpfen führen. Einige der häufigsten sind:

⋆ **Hypoglykämie,** ein Absinken des Blutzuckers auf einen ungewöhnlich niedrigen Gehalt. Es kann die Folge einer schweren Stoffwechselstörung sein, aber bei Jagd- oder Schäferhunden auch während der Arbeit auftreten.
⋆ **Kalziummangel,** kommt bei Hündinnen während der Geburt und der frühen Stillphase vor (siehe Seite 190).
⋆ **Hitzschlag** kann zu Bewußtlosigkeit und Krämpfen führen (siehe Seite 136).
⋆ **Gehirnverletzungen** können Herz und Lunge in Mitleidenschaft ziehen und zu einer zeitweiligen Unterversorgung des Gehirns mit Blut und Sauerstoff führen, was Bewußtlosigkeit und manchmal auch Krämpfe zur Folge hat.
⋆ **Vergiftungen** (siehe Tabelle der häufigsten Gifte, Seite 153).
⋆ **Schädelverletzungen.** Für diese Fälle siehe Seite 100.
⋆ **Nieren- oder Lebererkrankungen.** ⋆ **Entzündungen des Gehirns,** vor allem durch Viren (Staupe).
⋆ **Gehirntumore.**
⋆ **Echte Epilepsie** ist zu erkennen an Krampfanfällen, die ohne besonderen Auslöser auftreten; hauptsächlich kommt sie bei Hunden wie bei Pudeln, Cocker Spaniels, Irish Setters und Bernhardinern, aber auch bei anderen Hunderassen und Mischlingen vor.

BEURTEILUNG

• **Anzeichen**

• Krampfanfälle treten im allgemeinen unvermittelt auf; vor echten epileptischen Anfällen sind die Tiere manchmal ängstlich und machen einen verwirrten Eindruck.
Tiere mit Krampfanfällen sind häufig bewußtlos und

liegen auf der Seite. Zuerst sind die Gliedmaßen gewöhnlich einige Sekunden lang starr ausgestreckt, dann setzen rhythmische und unkoordinierte Zuckungen ein. Die Tiere speicheln oft stark und setzen unwillkürlich Kot und Urin ab.

Dauer des Anfalls

• Nach dem Anfall (nach einigen Minuten) wird das Bewußtsein wiedererlangt, aber die Tiere sind noch einige Minuten, manchmal sogar mehrere Stunden verwirrt und desorientiert.
Genau beobachten, wie der Anfall abläuft, seine Dauer notieren und dem Tierarzt Bericht erstatten. Krampfanfälle, die in kurzen Abständen immer wieder auftreten oder die nicht von selbst aufhören und länger als 15 Minuten dauern, bedeuten eine Gefahr für das Leben des Tieres und müssen unverzüglich vom Tierarzt behandelt werden.

• Andere wichtige Informationen

• Es empfiehlt sich auch, dem Tierarzt zu berichten, was das Tier vor dem Anfall getan hat, welche Mengen von welchem Futter es bekommen hat, außerdem sollte man ihn über mögliche Verletzungen oder Unfälle oder über akute oder gerade überwundene Krankheiten des Tieres informieren.

BEHANDLUNG

■ Einem Tier mit einem Krampfanfall kann nur geholfen werden, wenn dieser durch einen Hitzschlag hervorgerufen wurde (siehe Seite 136)

■ Einige Maßnahmen sollten jedoch in jedem Fall ergriffen werden:
– Das Tier während des Anfalls nicht bewegen, es sei denn, es liegt an einem gefährlichen Ort.
– Nicht versuchen, das Maul zu öffnen oder die Bewegungen der Beine zu stoppen.
– Alle Gegenstände entfernen, an denen sich das Tier verletzen oder die es zerbrechen könnte.
– Grelles Licht dämpfen und Lärmquellen wie Radios, Fernseher, Plattenspieler und Elektrogeräte abschalten.

ENTBINDUNGS-NOTFÄLLE

DIE GEBURT

NACH DER GEBURT

DIE GEBURT

Fortpflanzungsprobleme treten vor allem während des Geburtsvorganges und direkt danach auf.

Es empfiehlt sich, sich über die verschiedenen Stadien der Fortpflanzung von der Paarung bis zum Säugen zu informieren, um mögliche Probleme schon frühzeitig erkennen zu können. Nur dann ist man in der Lage zu beurteilen, wie schwerwiegend ein Problem ist und dem Tierarzt genaue Angaben zu machen. Geschlechtszyklus, Trächtigkeit und Geburt werden in dem Kapitel über die Fortpflanzung auf Seite 208 eingehend beschrieben.

GEBURTSSCHWIERIGKEITEN

Manchmal treten bei der Geburt Probleme auf, die ein sofortiges Eingreifen des Tierarztes erforderlich machen.

• Überschreiten der Tragzeit

• Wenn die Trächtigkeit länger dauert als normal, muß man davon ausgehen, daß die Feten tot sind. In diesem Fall muß man besonders auf möglichen Scheidenausfluß achten (dunkel, übelriechend) und den Allgemeinzustand des Tieres prüfen; Lebhaftigkeit und Appetit werden durch die giftigen Absonderungen der in der Gebärmutter verwesenden Feten stets beeinträchtigt.

• Mangelnde Wehentätigkeit

• Keine oder nur schwache Kontraktionen der Gebärmutter; entweder von Anfang an oder nachdem schon einige Feten ausgetrieben wurden.
Es ist kein deutliches Pressen sichtbar. Wenn überhaupt Wehen einsetzen, sind sie sehr schwach. Unter Umständen kommt es zur Austreibung eines Fetus, sie geht jedoch sehr langsam vor sich.

• Vergebliches Pressen

• Wenn nach zwei Stunden noch kein Fetus ausgestoßen wurde, kann man davon ausgehen, daß die Geburtswege blockiert sind (verdrehte Gebärmutter, Mißbildungen der Gebärmutter oder des Geburtskanals usw. oder ein zu großer Fetus, eine ungünstige Lage oder Präsentation von zwei Feten auf einmal).
In solchen Fällen werden die Kontraktionen nach einiger Zeit schwächer.

• Zu lange Intervalle

• Wenn die Jungtiere in zu großen Zeitabständen zur Welt kommen, ist die Ursache entweder Ermüdung der Gebärmutter oder ein Anzeichen für eine bevorstehende schwere Geburt. Dann muß versucht werden, festzustellen, ob alle Feten ausgestoßen wurden, oder ob sich noch welche im Mutterleib befinden.

• Falsche Lage eines Fetus

• Wenn der Fetus falsch liegt, kann er nicht ausgestoßen werden. Folgende Möglichkeiten müssen in Betracht gezogen werden:

– Eine Vorderpfote ausgestreckt, anderes Vorderbein und Kopf zurückgebogen.
– Schwanz ausgestreckt, Hinterbeine flach am Körper anliegend.
– Zur Seite gebogener Hals mit an der Schulter liegender Schnauze.

• Hilfsmaßnahmen

• In solchen Fällen muß sofort der Tierarzt eingreifen.

Ein Eingreifen des Tierhalters ist nur angebracht, wenn es dem Muttertier nicht gelingt, einen Fetus in normaler Lage (Kopf, Hals und beide Vorderbeine oder Schwanz und Hinterbeine sind bereits zu sehen) vollständig auszutreiben.
In einem solchen Fall kann man dem Tier durch sanften Zug helfen, der zur gleichen Zeit erfolgen muß wie die Wehen. Den Fetus je nach Lage am Kopfansatz, an den Hüftknochen oder der Schwanzwurzel mit Daumen und Zeigefinger ergreifen. Nach Möglichkeit nie ein einzelnes Bein packen.
Um die Gleitfähigkeit zu erhöhen, kann der Fetus in der Nähe der Scheide mit etwas Pflanzenöl oder Vaseline eingerieben werden. Um einen sicheren Griff zu haben, faßt man den Fetus mit einem sauberen Handtuch an.
Wenn ein bereits ausgetriebener Fetus noch über die Nabelschnur mit der Nachgeburt in der Gebärmutter verbunden und die Mutter zu erschöpft ist, diese auszutreiben, kann man ihr helfen, indem man die Nabelschnur etwa 5 cm vom Bauch entfernt abreißt (nicht abschneiden).

NACH DER GEBURT

Nach der Geburt können Notfälle im Zusammenhang mit der Gesundheit der Jungtiere, der Milchproduktion und der Rückbildung der Gebärmutter auftreten.

DIE JUNGTIERE

Neugeborene Katzen und Hunde werden in jeder Hinsicht von ihrer Mutter versorgt. Sie leckt sie trocken und entfernt so auch möglicherweise in Maul und Nase eingedrungenes Fruchtwasser. Sie reißt die Eihüllen auf und frißt sie und trennt auch die Nabelschnur ab. Die Mutter sorgt dafür, daß die Jungen immer in ihrer Nähe sind, es warm haben und zu saugen beginnen.

- **Schlechte Versorgung der Jungen**

- Manchmal kommt es vor, daß besonders nervöse und unerfahrene Tiermütter ihre Jungen vernachlässigen und sie erst akzeptieren, wenn das letzte Jungtier geboren ist. In diesem Fall muß der Mensch helfend eingreifen.

– Die Eihüllen von den Neugeborenen entfernen, jedoch nicht mit einer Schere oder einem Messer, sondern mit den sorgfältig gewaschenen Händen.

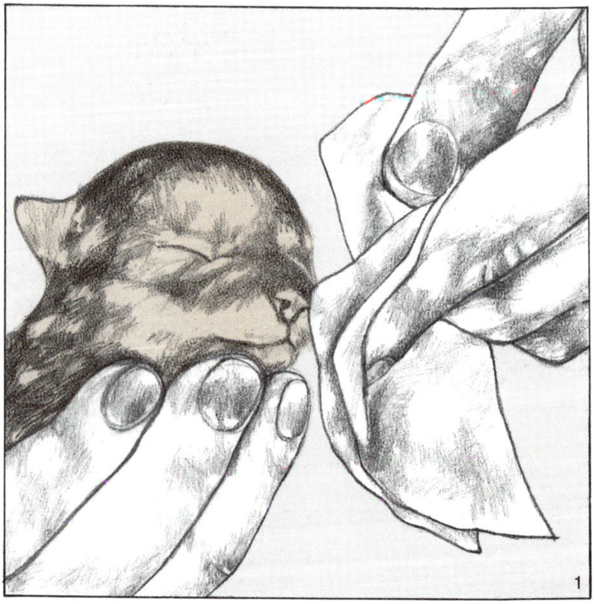

1. Die Neugeborenen mit einem Tuch abtrocknen.

– Die Jungen mit einem sauberen Tuch (möglichst vorgewärmt) abtrocknen, vor allem Maul und Nase (Abb. 1).
– Die Nabelschnur mit einer sauberen und desinfizierten Schere (Abb. 2) 5 cm über dem Bauch des Jungtieres durchtrennen. Sie kann aber auch durchgerissen werden; dazu ergreift man sie fest zwischen Daumen und Zeigefinger beider Hände. Bei dieser Methode kommt es kaum zu Blutungen, sie verlangt allerdings ein gewisses Maß an Erfahrung.
– Dann versucht man, die Jungtiere in die Nähe der Mutter zu legen. Wenn sie sich abweisend oder gleichgültig verhält, werden die Jungen bis zum Ende der Geburt an einem warmen und sauberen Ort untergebracht. Die günstigste Temperatur liegt zwischen 25–30°C, am besten ist die Nähe einer Heizquelle.

• **Zustand der Jungtiere**

• Überprüfen, ob die Jungen lebendig sind. Wenn sie sich nicht bewegen, auf Atmung und Herzschlag achten (siehe Seite 98 und 99). Tote Jungtiere sofort entfernen.
Schwächliche Junge müssen warmgehalten, sanft

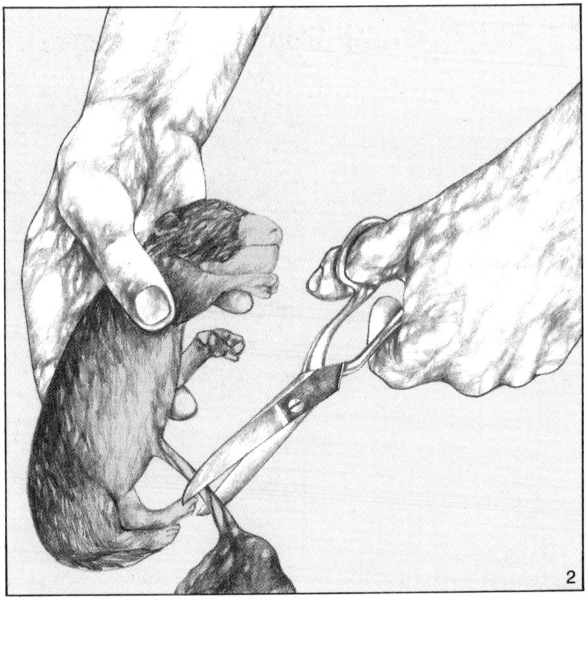

2. Durchtrennen der Nabelschnur

massiert und möglichst bald vom Tierarzt untersucht werden.

• Wachstumskontrolle

• Zu Todesfällen kommt es bei Neugeborenen am häufigsten in den ersten 10–15 Tagen. Es ist daher von entscheidender Wichtigkeit, Wachstum und Gesundheitszustand der Jungtiere in den ersten zwei Wochen regelmäßig zu kontrollieren.
Der Tierarzt sollte Mutter und Jungtiere gleich nach der Geburt und dann in regelmäßigen Zeitabständen untersuchen, und die Jungtiere sollten jeden zweiten Tag auf einer Küchenwaage gewogen werden; das jeweilige Gewicht notieren. Ein stetiges Wachstum ist das beste Zeichen für ein gesundes Jungtier; sein Gewicht sollte sich im Verlauf von 7–10 Tagen verdoppeln.
Wenn eines der Tiere nicht wächst oder an Gewicht verliert, muß der Tierarzt gerufen werden, vor allem, wenn das Tier einen geschwächten Eindruck macht.

MILCHPRODUKTION

Sowohl Katzen als auch Hunde geben mindestens 6–8 Wochen lang Milch, bis die Jungen entwöhnt werden können. Die Milchmenge vergrößert sich allmählich proportional zum Wachstum der Jungen; ab der vierten oder fünften Woche verringert sich die Produktion wieder.
Die häufigsten Probleme sind:

• Geburtstetanie

• Eine schwerwiegende Erkrankung, die bei Hündinnen von den letzten Tagen der Trächtigkeit bis zum Entwöhnen der Jungen (meistens 3–6 Wochen nach der Geburt) und seltener bei Katzen 2–4 Wochen nach der Geburt auftreten kann.
Symptome: Nervosität, gefolgt von Muskelzuckungen, die immer stärker werden und in langanhaltende Krämpfe übergehen.
Ursache: Durch die Milchproduktion wird dem Körper Kalzium entzogen, und wenn der Kalziumspiegel im Blut unter einen bestimmten Wert sinkt, treten diese Symptome auf.
Tierärztliche Hilfe ist unbedingt notig, denn diese Krankheit kann tödlich sein.

• Keine oder zu wenig Milch

• Wenn die Jungtiere nach dem Saugen unruhig sind, muß man davon ausgehen, daß die Mutter keine Milch hat. Sofort den Tierarzt einschalten, der Ernährungsratschläge für die Jungen geben und, wenn dies möglich ist, auch die Mutter behandeln wird. Ob die Mutter nicht genug Milch gibt, ist schwerer zu beurteilen; man kann jedoch davon ausgehen, wenn die Jungen langsam wachsen, aber sonst lebhaft und gesund wirken.

RÜCKBILDUNG DER GEBÄRMUTTER

Nach der Geburt bildet sich die Gebärmutter allmählich wieder zu ihrer früheren Form zurück.
In den ersten 3—4 Wochen kann ein starker dunkelroter Scheidenausfluß auftreten, der jedoch allmählich nachläßt und nach der dritten oder vierten Woche verschwunden sein sollte.
Die wichtigsten Gebärmutterleiden nach der Geburt, die sofort vom Tierarzt behandelt werden müssen, sind Blutungen, Infektionen und der Vorfall dieses Organs

- **Blutungen der Gebärmutter**

Hauptsächlich in den ersten Tagen nach der Geburt, wahrscheinlich hervorgerufen durch kleinere Verletzungen beim Austreiben der Feten oder durch die Rückbildung der Gebärmutter.

- **Infektionen**

Wenn die Nachgeburt oder abgestorbenen Feten in der Gebärmutter zurückbleiben oder sich Krankheitserreger in kleinen Verletzungen der Schleimhaut ansiedeln, kann es zu einer akuten Infektion mit Fieber, Niedergeschlagenheit und einem blutigeitrigen, oft übelriechenden Scheidenausfluß kommen. Wenn eine solche Infektion nicht sofort behandelt wird, kann sie zum Tod des Tieres führen.

- **Gebärmuttervorfall**

Während oder nach der Geburt kann es vorkommen, daß die Gebärmutter durch das Pressen und die mechanischen Reize beim Austreiben der Feten und Nachgeburten vorfällt; das heißt, ihr Inneres wendet sich nach außen und das Organ ist ganz oder teilweise außerhalb der Scheidenöffnung zu sehen. Es handelt sich dabei um eine dunkelrote Masse, von der oft Blut tropft und die aus der Scheide heraushängt. Auf dem Weg zum Tierarzt muß das Organ mit einem feuchten Tuch saubergehalten und geschützt werden, wie auf Seite 105 im Zusammenhang mit aus Bauchwunden vorgefallenen Eingeweiden beschrieben.

ERSTE HILFE BEI KLEINSÄUGERN UND VÖGELN

NOTFÄLLE BEI KLEINSÄUGERN

Die am häufigsten als Haustiere gehaltenen Kleinsäuger sind Kaninchen, Hamster, Meerschweinchen, Wüstenrennmäuse und Mäuse.

Obwohl Katzen und Hunde die beliebtesten und verbreitetsten Haustiere sind, gibt es auch viele Kleinsäuger, die jungen und alten Tierfreunden viel Freude bereiten.
Sie lassen sich leichter halten als die traditionellen Haustiere, stellen geringere Ansprüche an Futter und Unterbringung und sind sehr dankbare Pfleglinge.
Gut gehaltene Kaninchen, Hamster und Meerschweinchen sind angenehme Hausgenossen, die Zuwendung und Fürsorge zu schätzen wissen. Aber auch ihr Gesundheitszustand muß überwacht werden, und im Krankheitsfall müssen sie ihrer Größe und ihrem Temperament entsprechend behandelt werden.
Vor allem darf man nicht vergessen, daß Kleinsäuger im allgemeinen keine sehr hohe Lebenserwartung haben: Goldhamster 2 bis 3 Jahre; Mäuse 1 bis 2 Jahre; Meerschweinchen 5 bis 6 Jahre. Wer Kindern solch ein Tier schenken will, sollte daran denken.
Notfälle treten häufig ein, wenn diese Tiere, vielleicht sogar in bester Absicht, falsch behandelt werden. Man sollte sich also vor der Anschaffung gründlich über die Bedürfnisse des gewählten Tieres informieren, insbesondere, wenn es sich um ein relativ selten gehaltenes Tier handelt.

Verletzungen

Bei Katzen und Hunden kommt es wesentlich häufiger zu Verletzungen als bei Kleinsäugern, weil diese gewöhnlich in Käfigen gehalten werden und kaum die Möglichkeit haben, sich frei zu bewegen. Außerdem sind ihre Knochen elastischer.
Es gibt jedoch einige typische Fälle, in denen es auch bei Heimtieren zu Verletzungen kommt, und sie werden meist durch die Unachtsamkeit des Betreuers verursacht.

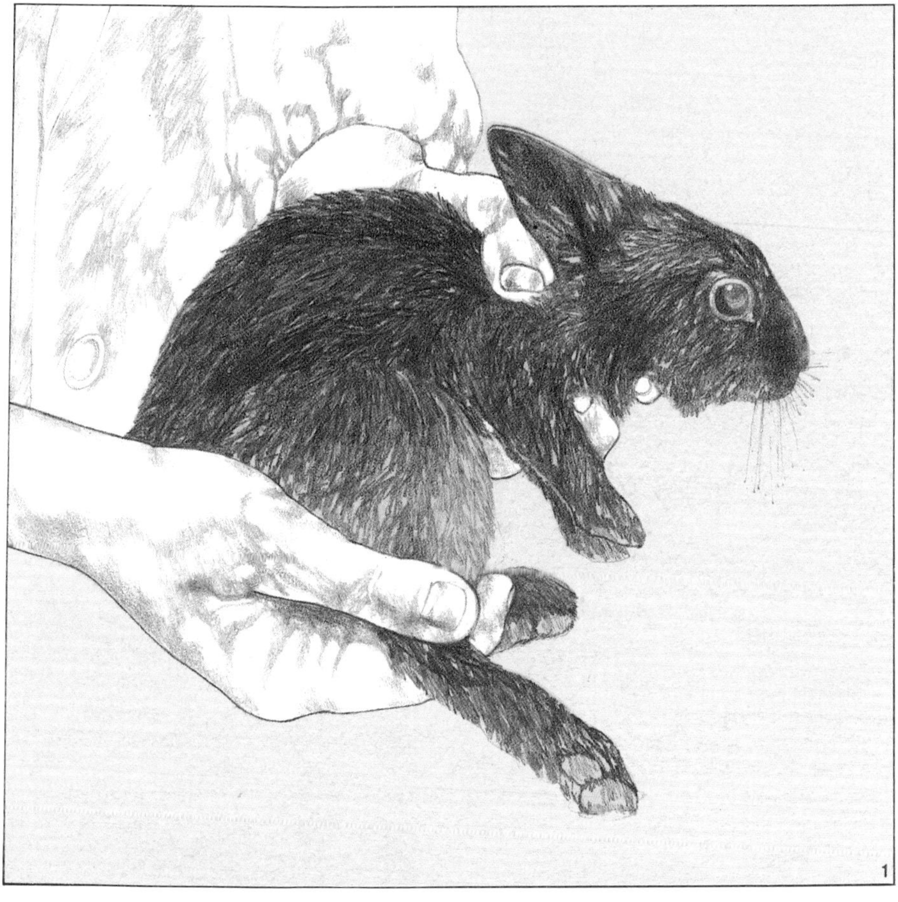

1

1. Untersuchen des Hinterbeins bei einem Kaninchen mit Verdacht auf Beinbruch

– Hamster, Meerschweinchen und Kaninchen werden oft auf Tische gesetzt, damit ihre Besitzer sie beobachten und mit ihnen spielen können; dabei kommt es leicht zu Stürzen, bei denen sich die Tiere schwer verletzen.

– Überlange Krallen können im Käfiggitter hängenbleiben.

– Laufräder sollten nach Möglichkeit nicht im Käfig angebracht werden; an ihnen können sich die Tiere Gliedmaßen und Schwanz einklemmen.

Natürlich lassen sich nicht alle derartigen Unfälle vorhersehen. Wenn sich ein Kleinsäuger verletzt, muß sofort eingegriffen und das Tier ruhiggestellt werden.

■ Knochenbrüche

■ Ein Beinbruch ist eine gefährliche Verletzung für einen Kleinsäuger; verdächtige Stellen müssen vorsichtig abgetastet werden (Abb. 1 auf der vorherigen Seite).
Außerdem muß das Tier auf verschmutzte Wunden unter dem oft sehr dichten Fell überprüft werden, ehe sie sich entzünden können.
Einem verletzten Kleinsäuger nie Wasser oder Futter geben, denn diese Tiere sind oft sehr gierig, und eine innere Verletzung kann durch die sinnlose Futteraufnahme verschlimmert werden.

■ Wunden

■ Zu Verletzungen, vor allem zu Bißwunden, kommt es häufig, wenn unverträgliche Tiere auf kleinem Raum zusammenleben müssen (Abb. 2 und 3).
Ein typischer Fall sind zum Beispiel die aggressiven Goldhamster, die von Natur aus Einzelgänger sind. Das verletzte Tier muß sofort von den anderen isoliert werden; man läßt es einige Minuten lang in Ruhe, damit es sich beruhigt und nicht beißt.
Dann untersucht man die Wunden und schneidet an den Wundrändern das Fell zurück, um besseren Zugang zu den tiefen, schwer zu erkennenden Verletzungen zu haben, die unter Umständen auch Bauch- und Brustfell oder innere Organe in Mitleidenschaft gezogen haben.
In solchen Fällen setzt man das Tier am besten in eine kleine Schachtel (siehe Abb. 1) und bringt es sofort zum Tierarzt.

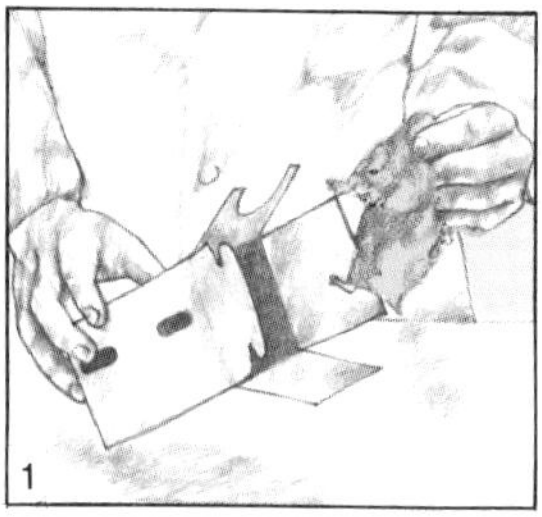

1. So transportiert man einen verletzten Kleinsäuger
2. Hautverletzung
3. Desinfizieren einer Hautverletzung

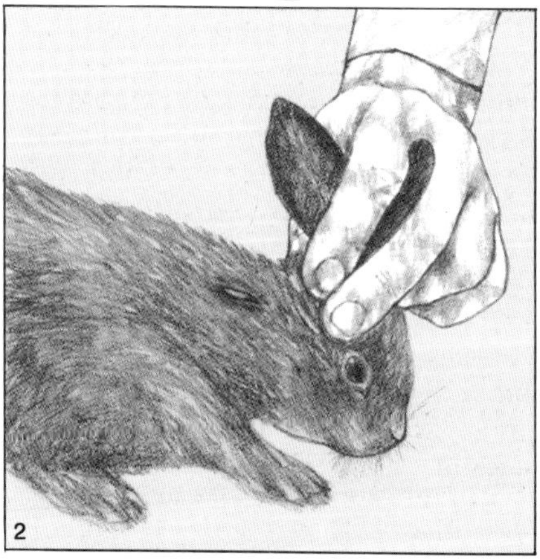

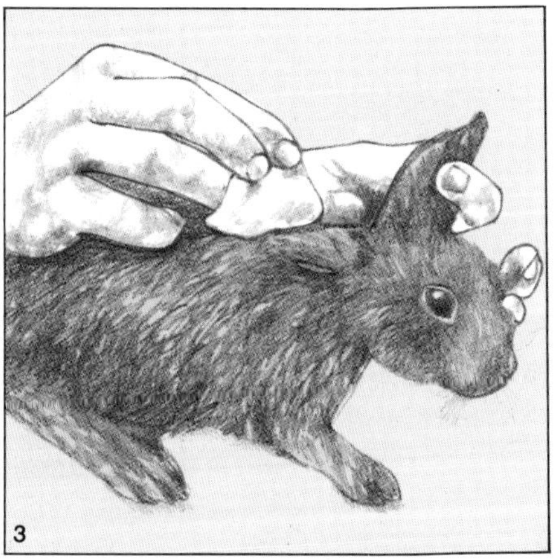

Notfälle mit physikalischen Ursachen

Schäden durch Vernachlässigung oder Gedankenlosigkeit treten relativ häufig auf.

■ Hitzschlag

■ Zum Hitzschlag kann es kommen, wenn Käfige im Sommer auf Terrassen oder Balkons stehen oder während einer Urlaubsfahrt im Auto gelassen werden. Viele Kleinsäuger, zum Beispiel Goldhamster, leben normalerweise im Schatten und dürfen nie der prallen Sonne ausgesetzt werden. Die Behandlung ist dieselbe wie bei Katzen und Hunden (s. Seite 136).

■ Unterkühlung

■ Zu einer Unterkühlung kommt es selten; im allgemeinen sind nur Mäuse und Ratten betroffen, die relativ wärmebedürftig sind. Wenn der Mäusekäfig an einem kühlen Abend draußen vergessen wurde, kann es zur Unterkühlung kommen. In diesem Fall werden die Tiere keinesfalls neben eine starke Heizquelle gesetzt und auch nicht warmgerieben, sondern einfach nur in einen normal geheizten Raum gebracht, in dem sie sich nach wenigen Minuten wieder erholen.

Notfälle mit chemischen Ursachen

Da in den meisten Haushalten Chemikalien in stets anwachsenden Mengen angewendet werden, muß besonders darauf geachtet werden, daß sich Heimtiere nicht vergiften können.

■ Vergiftung

■ Vergiftungen bei Tieren, die im Käfig gehalten werden, lassen sich gewöhnlich auf den unvorsichtigen Umgang mit Insektenvertilgungsmitteln zurückführen. Es können verschiedene Symptome auftreten. Die Tiere sind apathisch oder zittern, es treten aber auch Erbrechen oder Durchfall auf. Wenn zu vermuten ist, daß das Tier den giftigen Stoff erst vor wenigen Minuten aufgenommen hat, kann man versuchen, es zum Erbrechen zu bringen, indem man einige Tropfen gesättigter Kochsalzlösung eingibt. Falls dies funktioniert, wird das Erbrochene zur Untersuchung zum Tierarzt gebracht. Wenn die Aufnahme des Giftes schon einige Stunden zurückliegt, kann nur der Tierarzt helfen, vorausgesetzt, der Tierhalter kann ihm sagen, was das Tier in den letzten Stunden gefressen hat.

Verdauungsprobleme

Die meisten dieser Fälle können bei allen Säugetieren auftreten. Wir beschränken uns daher auf Probleme, die vor allem für Kleinsäuger typisch sind.

■ Fremdkörper

■ Kaninchen und Meerschweinchen leiden häufig unter Fremdkörpern, die sich hinter den oberen Schneidezähnen im Gaumen verkeilt haben (Abb. 1). Meistens handelt es sich um Pflanzenteile, die zu holzig sind, um zerbissen zu werden, und die das Tier in seiner Gier aufgenommen hat.
Die Symptome sind starkes Speicheln mit ständigen Schluckversuchen und starke Nervosität. Durch die Bewegungen des Tieres kann sich der Fremdkörper auch verlagern und den Kehlkopf blockieren oder das Gewebe im Rachen durchstoßen; das kann schwere Folgen haben, und das Maul des Tieres muß sofort bei guter Beleuchtung untersucht werden.
Ein ähnliches Verhalten zeigt sich auch, wenn sich ein Stück Draht um Zähne oder Zunge (besonders gefährlich!) gelegt hat, was zu Schwellungen und starken Schmerzen führt.
Wenn das Tier zu unruhig ist und sich nicht untersuchen lassen will, keinen Zwang anwenden, sondern zum Tierarzt gehen, der eine örtliche Betäubung verabreichen kann.

1. Entfernen eines Fremdkörpers aus dem Maul

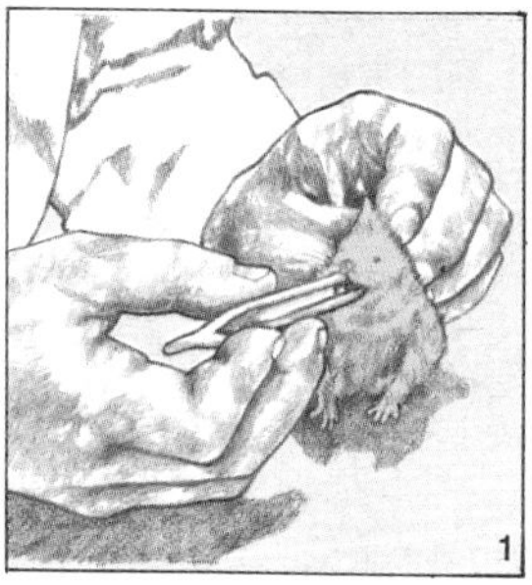

■ Abbrechen von Zähnen

■ Bei Meerschweinchen kann es durch falsche Ernährung zu einem überstarken Wachstum der Schneidezähne kommen, die dann direkt über dem Zahnfleisch abbrechen und bluten; dadurch wird die Nahrungsaufnahme natürlich erschwert. Der körperliche Verfall setzt schnell ein, und es empfiehlt sich, die übrigen Schneidezähne so weit kürzen zu lassen, daß das Tier seine Nahrung wieder packen kann.

■ Blähsucht

■ Ein Tier, das Gase im Bauchraum hat und unter Blähsucht leidet, hat Schmerzen und macht einen leidenden Eindruck.
In einem solchen Fall müssen sofort die Exkremente im Käfig überprüft werden. Außerdem muß auf Blut im Kot oder Urin geachtet werden. In Zweifelsfällen nicht die normale Einstreu verwenden,

sondern den Käfig mit Papier auslegen; das erleichtert die Beurteilung der Ausscheidungen.

■ **Verstopfung**

■ Die Ursache für Verstopfung sind oft zusammengeballte Pflanzenrückstände, die sich im After ansammeln und mit einer Pinzette aus Plastik entfernt werden können.

■ **Mastdarmvorfall**

■ Bei Goldhamstern, Mäusen und Ratten kommt es gelegentlich zum Vorfall des Mastdarms. In diesem Fall sind die Tiere sehr nervös, fressen nicht und drehen sich ständig um, um den vorgefallenen Teil zu belecken oder an ihm herumzubeißen.
Der aus dem After herausragende Teil des Mastdarms sieht aus wie ein Stück roter Faden. Den Mastdarm zurückschieben zu wollen, ist sinnlos; er wird mit lauwarmem Wasser angefeuchtet, das Tier in einen kleinen Käfig auf eine saubere Papier- oder Stoffunterlage gesetzt und sofort zum Tierarzt gebracht.

Atembeschwerden

Schwerwiegende Atemnot tritt bei Kleinsäugern selten auf.

■ **Asthma**

■ Allerdings kommt es bei jungen Hamstern und Wüstenrennmäusen, die nicht genug Ruhe haben, manchmal zu asthmaähnlichen Symptomen. Niesen und Atemnot verschwinden jedoch nach einigen Stunden wieder, wenn das Tier nicht angefaßt, sondern völlig in Ruhe gelassen wird.

Nervenleiden

Neben den bei allen Säugetieren vorkommenden Erkrankungen gibt es einige, die typisch für bestimmte Kleinsäuger-Arten sind.

■ **Zuckungen**

■ Junge Mäuse und Wüstenrennmäuse können unter Krämpfen leiden, bei denen sie die zitternden Beine starr ausstrecken. Diese Anfälle treten im allgemeinen nicht mehr auf, wenn die Tiere älter werden und mehr Vertrauen zum Menschen gewonnen haben.

■ Käfigparalyse

■ Die sogenannte „Käfigparalyse" hat ihre Ursache in einem Mangel an Vitamin D und zu wenig Bewegung; die Tiere bewegen sich langsam und sind kaum in der Lage, den Kopf hochzuhalten; ein Multivitaminpräparat und ein größerer Käfig lösen dieses Problem.

■ Schläfrigkeit

■ In der Natur halten Goldhamster Winterschlaf, aber auch in Gefangenschaft können sie in Schläfrigkeit und Apathie verfallen – die Tiere erscheinen fast leblos, durch vorsichtiges Massieren mit einem wollenen Tuch werden sie wieder munter.

Geburtsprobleme

Wie bei allen Tieren kann es auch bei der Trächtigkeit und Geburt von Kleinsäugern zu Komplikationen kommen.

■ Blutvergiftung

■ Bei Kaninchen und Meerschweinchen kann es in den letzten Stadien der Trächtigkeit zu einer Blutvergiftung kommen; die Tiere machen einen betrübten und unlustigen Eindruck, reagieren kaum auf Reize und zeigen manchmal einen leichten Scheidenausfluß. Wenn nicht sofort ein Kaiserschnitt vorgenommen wird, stirbt das Tier nach wenigen Stunden.

■ Geburtsverzögerung

■ Bei Kaninchen und Meerschweinchen kommt es vor, daß die Feten mit Verzögerung ausgetrieben werden.
Das Muttertier muß vor und nach der Geburt genau beobachtet werden, damit man sichergehen kann, daß es in einem guten Zustand ist, sich für seine Jungen interessiert und sich sauberhält.

Dauer der Trächtigkeit bei Kleinsäugern (Tage):

Kaninchen	30
Meerschweinchen	65–71
Maus	20
Ratte	21
Goldhamster	16
Streifenhörnchen	37
Chinchilla	105–115
Wüstenrennmaus	24–26

NOTFÄLLE BEI VÖGELN

Die am häufigsten vertretenen Käfigvögel sind Wellensittiche, Kanarienvögel, Kakadus, kleine afrikanische und australische Finken, sprechende Papageien und indische Beos.

Verletzungen

Zu ihnen kommt es, wenn der Käfig herunterfällt, das Tier erschreckt oder von einer Katze angegriffen wird; bei Tauben sind Verkehrsunfälle eine häufige Ursache. Die häufigsten Schäden sind gebrochene Beine oder Flügel. Als erstes muß dann festgestellt werden, ob es sich um einen offenen Bruch handelt Bei einem offenen Bruch ist die über der Bruchstelle liegende Haut gerissen. In diesem Fall muß der Vogel sofort zum Tierarzt.
Gedeckte Brüche werden geschient und der Vogel ruhiggestellt.

■ **Beinbruch**

■ Bei einem Beinbruch benutzt man den Schaft einer großen Tauben- oder Hühnerfeder, der längs aufgeschnitten an das gebrochene Bein gelegt und mit Heftpflaster befestigt wird (Abb. 1). Auf diese Weise ist das Bein wirksam geschient; die Schiene

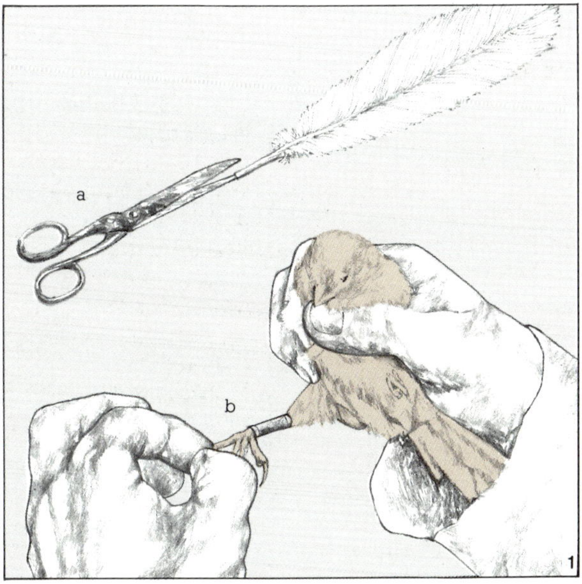

1. Behandlung eines Beinbruches:
a) Vorbereiten eines Federkiels
b) Anlegen

1. Ruhigstellen eines gebrochenen Flügels; a) Auftragen des Gipses; b) Zusammenhalten der Flügelspitzen

wird nach 20 Tagen wieder entfernt; in dieser Zeit wird der Vogel in einem kleinen, mit Papier ausgelegten Käfig ohne Sitzstange gehalten.

■ Flügelbruch

■ Für einen gebrochenen Flügel braucht man einen aus Seife und Eiweiß angemischten Gips, der zwischen dem Körper und dem verletzten Flügel aufgetragen wird. Wenn der Flügel angeklebt ist, werden die Flügelspitzen miteinander verbunden (Abb. 1) und anschließend verfährt man wie bei einem Beinbruch.

■ Einschnürung der Beine

■ In Städten findet man manchmal Tauben, um deren Beine sich Schnüre gewickelt haben, die ihre Bewegungsfreiheit beschränken und die Krallen

abzuschnüren drohen. Die Schnur mit einer kleinen Schere (z. B. einer Stickschere) vorsichtig abschneiden und darauf achten, daß die Beine nicht verletzt werden. Die Füße sind durch die Einschnürung meist so stark geschwollen, daß nur schwer zu erkennen ist, wo sich die Schnur befindet.
Die Spitzen der Schere werden vorsichtig unter die Schnur geschoben, bis sie durchtrennt werden kann. Dabei kann es zu harmlosen Blutungen kommen: die Wunde mit einem der gebräuchlichen Mittel desinfizieren, worauf sie recht schnell abheilt. Während dieser Zeit sollte die Taube an einem sauberen Ort gehalten werden, damit sich die frische Verletzung nicht infiziert.

Notfälle mit physikalischen Ursachen

■ Hitzschlag

■ Am häufigsten sind Hitzschläge, die auftreten, wenn der Vogelkäfig der prallen Sonne ausgesetzt ist. Sonnenlicht schadet Vögeln im allgemeinen nicht, aber sie mussen die Möglichkeit haben, sich an einen schattigen Ort zurückzuziehen. Ein auf Balkon oder Terrasse stehender Käfig muß daher halb abgedeckt werden, damit der Vogel sich je nach Wunsch in der Sonne oder im Schatten aufhalten kann. Ein Vogel mit einem Hitzschlag sitzt ängstlich und erschöpft auf dem Boden des Käfigs und bewegt sich torkelnd. Die Körpertemperatur ist sehr hoch.
Den Vogel vorsichtig aufnehmen, seinen Kopf mehrmals in kaltes Wasser tauchen und seine Reaktion beobachten; normalerweise sollte er sich nach kurzer Zeit wieder bewegen. In diesem Stadium wird er wieder in seinen Käfig gesetzt und an einen kühlen, dunklen und ruhigen Ort gebracht. Nach ein paar Stunden sollte er sich erholt haben.

■ Unterkühlung

■ Zur Unterkühlung kann es bei einem unerwarteten Gewitter kommen.
Wenn der Käfig im Freien vergessen und der Vogel völlig durchnäßt wurde, sinkt die Körpertemperatur plötzlich ab. Um den Vogel so gut abzutrocknen wie möglich, wird er mit Löschpapier oder Haushaltspapier gewickelt. Auch ein aus einiger Entfernung benutzter Haartrockner kann gute Dienste leisten. Der Vogel wird seine Augen öffnen und sich auch

wieder bewegen, wenn seine Federn trocknen und sein Körper warm wird. Den Vogel noch eine Weile in ein mit dem Bügeleisen vorgewärmtes wollenes Tuch hüllen und dann wieder in den Käfig setzen und an einen geschützten Platz stellen. Auf diese Weise erholen sich Vögel im allgemeinen, ohne bleibende Schäden davonzutragen.

Verdauungsprobleme

Verdauungsprobleme werden oft durch Darmentzündung (Enteritis) oder Leberentzündung (Hepatitis) verursacht. Ein erkrankter Vogel hat ein struppiges Gefieder, das in der Analregion beschmutzt ist, frißt schlecht und zeigt ein schläfriges Verhalten. Diese Krankheit wird im allgemeinen durch eine falsche Ernährung, verschmutztes Vogelfutter oder unzureichend gewaschenes und abgetrocknetes Grünfutter verursacht.

■ **Leberentzündung**

■ Um festzustellen, welches Organ betroffen ist, nimmt man den Vogel in die Hand und pustet leicht zwischen die Federn auf dem Bauch, so daß die Haut sichtbar wird. Ein dunkler Fleck auf der rechten Körperseite ist ein Anzeichen für eine geschwollene Leber. In diesem Fall muß der Vogel zum Tierarzt, der Medikamente verschreiben und Ernährungsratschläge geben wird.

■ **Darmentzündung**

■ Wenn der Bauch geschwollen ist und das Tier beim Abtasten Schmerzen empfindet, leidet es an einer Darmentzündung, die geheilt werden kann, wenn dem Trinkwasser Zitronensaft zugesetzt wird und der Vogel mindestens 10 Tage lang kein Obst und Grünfutter erhält. Wenn der Vogel in einem sehr schlechten Zustand ist, wird der Tierarzt zusätzliche Medikamente verordnen.

Atemnot

Bei einer Erkrankung der Atemwege ist eine genaue Diagnose nicht immer leicht zu stellen (Asthma, Katarrh, chronische Atemwegserkrankung, Psittakose usw.). Das Tier muß auf dem schnellsten Wege zum Tierarzt gebracht werden.

Legenot

■ Eiablage

■ Nach der Fertigstellung des Nestes legt das Weibchen gewöhnlich 3–6 Tage lang je ein Ei. Morgens überprüft man, ob ein Ei gelegt wurde, indem man den Vogel sanft von seinem Nest herunterlockt. Kanarienvögel lassen sich dies besonders gut gefallen und kehren danach wieder ruhig auf das Nest zurück.
Wenn der Vogel jedoch ängstlich und niedergeschlagen wirkt und mit geschlossenen Augen im Nest sitzenbleibt, kann es sein, daß das Ei noch nicht gelegt wurde, sondern noch in der Kloake sitzt.
Um dies zu überprüfen, greift man den Vogel wie in Abb. 1 gezeigt und tastet mit einem Finger den Bauch des Tieres ab; das Ei ist deutlich zu spüren.

■ Legenot

■ In diesem Fall wird ein Kessel voll Wasser zum Kochen gebracht und der Vogel wie in Abb. 2 gezeigt, den heißen Dämpfen ausgesetzt. Nach 10 Minuten wird die Behandlung unterbrochen, der Vogel in ein Tuch gehüllt und in Ruhe gelassen. Nach einer halben bis einer Stunde sieht man noch einmal nach, ob das Ei gelegt wurde. Wenn nicht, muß der Vogel sofort zum Tierarzt.

1. So stellt man fest, ob ein ungelegtes Ei vorhanden ist
2. So regt man den Vogel zum Legen an

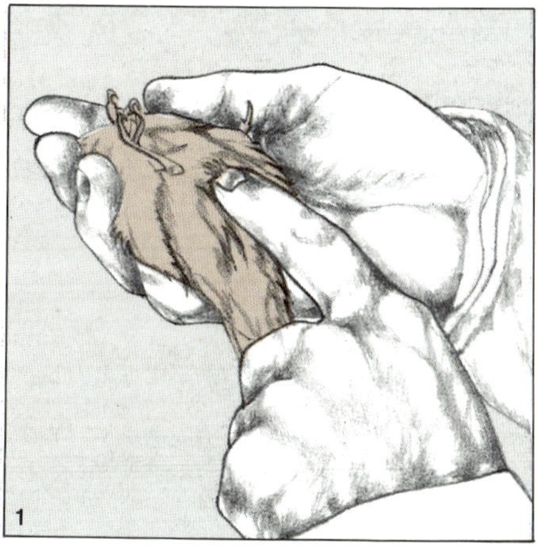

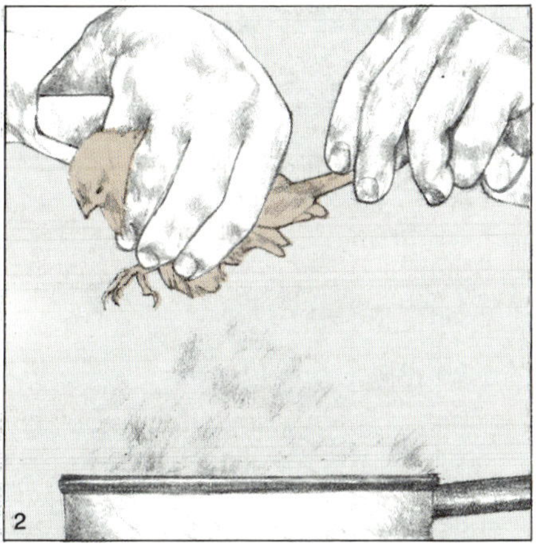

ANHANG

FORTPFLANZUNG

Dieser Abschnitt behandelt die Fortpflanzung bei Hunden und Katzen und einige der möglicherweise auftretenden Probleme.
Erste-Hilfe-Maßnahmen, die bei Geburts- oder Nachgeburtsschwierigkeiten angebracht sind, werden ausführlich in dem Abschnitt über Notfälle abgehandelt (siehe Seite 185).

Geschlechtszyklus des Hundes

■ Geschlechtsreife

■ Eine Hündin wird mit 6–12 Monaten geschlechtsreif, etwa 2 Monate, bevor sie voll ausgewachsen ist; kleinere Hunde erreichen die Geschlechtsreife also früher als große.

■ Brunstzyklus

■ Vom Einsetzen der Geschlechtsreife an werden Hündinnen in regelmäßigen Zeitabständen läufig, in den meisten Fällen zweimal im Jahr, manchmal aber auch nur einmal wie bei ihren wildlebenden Verwandten.
Um einen Überblick über die Regelmäßigkeit des Zyklusablaufs zu bekommen, empfiehlt es sich, die Daten zu notieren, an denen die Läufigkeit beginnt. Allerdings sind selbst starke Unregelmäßigkeiten in den Intervallen zwischen den einzelnen Läufigkeiten keinesfalls anomal. Sollte sich die Läufigkeit jedoch wiederholt übermäßig früh oder spät einstellen, muß die Hündin zum Tierarzt.
Bei alten Hündinnen endet der Zyklus nicht wie etwa beim Menschen; die Brunst tritt nur seltener und weniger auffällig auf.

■ Die Phasen der Brunst

■ Der Brunstzyklus der Hündinnen setzt sich aus vier Phasen zusammen: der frühen Phase, der Hauptphase, der späten und der Zwischenphase.

Frühe Phase

Ein rötlicher Ausfluß aus der leicht vergrößerten Scham. Einige Tage vor dem ersten Auftreten dieser Symptome kann sich das Verhalten der Hündin verändern, sie ist ruhiger als gewöhnlich, um dann in der frühen Phase nervöser zu werden.

In dieser Phase werden durch den Geruch des Scheidenausflusses angelockte Rüden von der Hündin noch energisch vertrieben.
Diese Phase endet, wenn der Ausfluß allmählich verschwindet und die Hündin die Rüden akzeptiert.
Sie dauert meist 3–16 Tage, im Durchschnitt 9 Tage.

Hauptphase

Die Hündin ist bereit zur Paarung und hält bei Annäherung eines Rüden den Schwanz zur Seite, so daß die Genitalien sichtbar werden. Die Scham ist immer noch vergrößert, aber der Scheidenausfluß läßt nach und ist nicht länger rötlich, sondern klar. Vielfach regt sich in der Hündin der Instinkt, wegzulaufen und sich einen Partner zu suchen. Die Kombination aus früher und Hauptphase, die gewöhnlich als Läufigkeit bezeichnet wird, dauert etwa 3 Wochen.

Späte Phase

Sie beginnt, wenn die Hündin die Rüden nicht länger akzeptiert; die Scham schwillt wieder ab, manchmal kommt es zu geringem Scheidenausfluß. Obwohl die Hündin schon nach wenigen Tagen wieder völlig normal erscheint, dauert es doch viel länger, nämlich 30–90 Tage, bis die Produktion des Hormons Progesteron wieder eingestellt wird.

Zwischenphase

Es findet kein Eisprung statt, bis der neue Brunstzyklus beginnt.

■ Anomale Fälle

■ Die häufigsten Fälle, in denen der Tierarzt eingreifen muß, weil der Zyklus nicht normal abläuft, sind:

Anomale Länge der einzelnen Phasen

Eine Phase, die mehr als fünf Tage zu kurz oder zu lange dauert, kann auf Veränderungen der Eierstöcke hindeuten.

Scheinträchtigkeit

Nicht krankhaft, kommt vor in der langen späten Phase, in der der Hormonhaushalt ähnlich aufgebaut ist wie bei einer Trächtigkeit.
Die Symptome treten durchschnittlich 30–90 Tage nach der Hauptphase auf und können 2–3 Wochen bestehen bleiben. Die Zitzen sind angeschwollen und sondern erst eine klare Flüssigkeit und später Milch ab, die auf Druck leicht hervortritt.

Oft benimmt die Hündin sich ungewöhnlich – sie sucht einen passen Ort zum Gebären, verhält sich mütterlich gegenüber Gegenständen (Puppen, Kissen o.ä.), frißt mehr und hat unter Umständen sogar echte Schmerzen.
Der Tierarzt sollte eingeschaltet werden, um eine echte Trächtigkeit auszuschließen und Behandlungshinweise zu geben.

Gebärmuttererweiterung

Eine gefährliche Erkrankung vor allem älterer Hündinnen, die gewöhnlich in der späten Phase der Brunst auftritt, etwa eine Woche, nachdem die Läufigkeit nachgelassen hat. Sie entsteht, wenn sich Bakterien in der Gebärmutterwand ansiedeln.
Die Symptome sind unterschiedlich starke Depressionen, verringerter oder fehlender Appetit, oft gesteigerter Durst und häufiges Absetzen von Harn sowie Erbrechen. Oft kommt es zu dickflüssigem Scheidenausfluß, der aus Schleim, Eiter und manchmal Blut besteht und gelblich oder bräunlich ist. Wenn solche Symptome auftreten, vor allem in der späten Phase der Brunst, muß die Hündin sofort zum Tierarzt, der das Tier medikamentös behandeln oder operieren wird.

Die Paarung

Rüden werden vor allem durch den Geruch bestimmter Substanzen angelockt, die im Scheidenausfluß und den Ausscheidungen der Analdrüsen läufiger Hündinnen enthalten sind.
Im Vorspiel vor der eigentlichen Paarung beschnuppert und beleckt der Rüde die Scham der Hündin.
Wenn die Hündin paarungsbereit ist, wird sie daraufhin den Schwanz zur Seite halten; wenn sie sich nicht decken lassen will, versucht sie, dem Rüden davonzulaufen. Bei der eigentlichen Paarung reitet der Rüde auf und führt den teilweise erigierten Penis stoßweise in die Scheide der Hündin ein (Abb. 1); erst dann kommt es zur vollen Erektion (Anschwellung der Eichel, ein Teil des Penis etwas unterhalb der Spitze, die verhindert, daß der Penis wieder herausrutscht).
So erklärt sich, warum der Rüde nach dem Einführen des Penis wieder vom Rücken der Hündin herunterrutscht, den Penis aber in der Scheide beläßt und sich dreht, bis er die auf Abb. 1 gezeigte Stellung eingenommen hat, die er etwa 20–25 Minuten beibehält, bis die Erektion nachläßt.
Der Samenerguß erfolgt kurz nach dem Einführen des Penis (die Hauptmenge) und dauert an während der stoßenden Bewegungen bis zu dem Moment, in dem der Rüde sich dreht.

1. Die Paarung von Hunden:
a) erste Phase;
b) zweite Phase

■ Unerwünschte Paarung

■ Oft werden Hündinnen gegen den Willen des Besitzers gedeckt. In solch einem Fall kann man versuchen, die Tiere zu trennen, was jedoch nur während des Vorspiels möglich ist. Danach wäre es aus den oben beschriebenen Gründen nutzlos, schmerzhaft und schwierig.
Am besten läßt man die Tiere gewähren und bringt die Hündin dann zum Tierarzt, damit er ein Abtreibungsmittel verabreicht (bei Hunden nur in den ersten 2–3 Tagen nach der Paarung möglich).
Um unerwünschte Paarungen zu vermeiden, ist es ratsam, ungefähr zu wissen, wann der Brunstzyklus beginnt, und auf den ersten Scheidenausfluß zu achten. Nach Einsetzen des Zyklus muß die Hündin von anderen Hunden ferngehalten und vom ersten Tag an an der Leine geführt werden, selbst wenn sie die Rüden abzuweisen scheint (manche Hündinnen lassen sich schon decken, ehe der Ausfluß aufhört).

Geschlechtszyklus der Katze

■ Geschlechtsreife

■ Katzen werden mit 6–12 Monaten geschlechtsreif, manchmal auch früher oder später, das hängt ab von ihrer Aufzucht, ihrer Rasse (langhaarige Rassen sind spätreif) und von der Jahreszeit, in der sie geboren wurden, denn die Brunst muß in eine zur Fortpflanzung günstige Jahreszeit fallen.
Die Zyklen wiederholen sich auch in fortgeschrittenem Alter, es kann jedoch zu Unregelmäßigkeiten oder zum Ausbleiben der Brunst kommen.

■ Brunstzyklus

■ Katzen werden mehrmals im Jahr „rollig“, vor allem in den Monaten, in denen es lange hell ist. In Europa beginnt die Paarungszeit gewöhnlich im Februar und endet im Oktober; in nördlicher liegenden Gegenden ist sie natürlich kürzer.

■ Die Phasen der Brunst

■ Man unterscheidet dieselben vier Phasen wie bei Hunden:

Frühe Phase

Dauert nur 1–3 Tage, es treten kaum ungewöhnliche Symptome auf, außer vielleicht einer gesteigerten Anhänglichkeit oder Unruhe.

Hauptphase

Deutliche Verhaltensänderung: Häufig sind lautes Miauen, sowie Einnehmen der Paarungshaltung mit zur Seite gehaltenem Schwanz und nach oben gerundeter Wirbelsäule, häufiges Wälzen und Liegen auf dem Rücken; vielfach auch mangelnder Appetit.
Diese Phase dauert zwischen wenigen Tagen und zwei Wochen, abhängig davon, ob es zur Paarung kommt oder nicht. Die zu befruchtenden Eier werden nicht wie bei Hunden und Menschen spontan freigesetzt, sonderns erst durch den Reiz während der Paarung.
Die Anzeichen der Rolligkeit verschwinden etwa zwei Tage nach einer Paarung; hat diese nicht stattgefunden, dauern sie an bis zum Ende dieser Phase.

Späte Phase

Dauer 1–2 Wochen. Wenn ein Eisprung stattgefunden hat, es aber zu keiner Befruchtung kam, aknn diese Phase 1–2 Monate dauern und wie bei Hunden eine Scheinträchtigkeit einschließen.

Zwischenphase

In dieser Phase, die außerhalb der Paarungszeit liegt, ruht die Eierstocktätigkeit.
Die Zahl der jährlichen Zyklen hängt von der Länge der Paarungszeit und der Dauer der einzelnen Zyklen ab.
Wenn es zur Befruchtung kommt, wird die Katze erst nach dem Absetzen der Jungen wieder paarungsbereit.
Manchmal kommt es allerdings auch früher dazu, eventuell sogar schon eine Woche nach der Geburt, vor allem, wenn der Katze die Jungen weggenommen wurden.
Die Katze kann auch in einem frühen Stadium der Trächtigkeit rollig werden, etwa in der dritten Trächtigkeitswoche; wird sie dann noch einmal gedeckt, kommt es zur Doppelbefruchtung und in der Gebärmutter entwickeln sich Feten verschiedenen Alters.

■ Anomale Zustände

■ Die wichtigsten Zyklusstörungen, die zum Teil vom Tierarzt behandelt werden müssen:

Nymphomanie

Anzeichen sind starke und andauernde Brunst, meist hervorgerufen durch Eierstockzysten. Aber auch Katzen mit gesunden Eierstöcken sind manchmal besonders lange paarungsbereit und zeigen ein übersteigertes Paarungsverlangen.

Scheinträchtigkeit

Ursache ist eine sterile Paarung. Das Verhalten der Katze ist typisch für die letzten Stadien der Trächtigkeit und die Zeit kurz nach der Geburt. Anders als bei Hunden kommt es bei Katzen selten zu einem Anschwellen des Gesäuges und zur Absonderung von Milch.
Nicht krankhaft, keine Behandlung nötig.

Gebärmuttervereiterung

Ursache ist eine Infektion, vor allem in der späten Phase der Brunst, im allgemeinen nach einer sterilen Paarung. Während dieser Phase ist die Gebärmutter besonders anfällig.
Die Hauptsymptome sind Appetitlosigkeit und Lethargie, gesteigerter Durst, häufiges Absetzen von Harn, Fieber und manchmal auch Scheidenausfluß. Katzen, die eines oder mehrere dieser Symptome zeigen, vor allem, wenn sie kurz zuvor rollig waren, müssen unbedingt zum Tierarzt.

1. Die Paarung von Katzen

Die Paarung

Der Kater wird durch Geruchsstoffe angelockt (Pheromone im Urin), oder durch das Verhalten der Katze (Miauen und Bewegungen, die die Paarungsbereitschaft signalisieren).
Bei Anwesenheit eines Katers miaut die Katze lauter, reibt ihren Kopf an Gegenständen, dreht sich aufgeregt und nimmt die Paarungshaltung mit hochgerecktem Becken und zur Seite gehaltenem Schwanz ein.

Der Kater reitet auf, verbeißt sich im Nackenfell der Katze und führt unter stoßenden Bewegungen den Penis ein (siehe Abb. 1 auf der vorigen Seite). Die Paarung ist schnell vorüber, und der Kater zieht sich sofort zurück, um sich vor der aggressiven Reaktion der Katze in Sicherheit zu bringen. Oft folgen noch mehrere weitere Paarungen; bei freilaufenden Tieren häufig mit verschiedenen Partnern, was zu einer Befruchtung durch zwei oder mehr Kater führen kann.

Trächtigkeit

■ **Dauer**

■ Bei Hunden dauert die Trächtigkeit durchschnittlich 63 Tage (die Geburt erfolgt meist zwischen dem 60. und dem 66. Tag). Aber auch Tragzeiten zwischen 55 und 71 Tagen sind als normal zu betrachten.
Die durchschnittliche Trächtigkeitsdauer bei Katzen beträgt 64—65 Tage, aber auch 58—71 Tage sind normal.
Die Tragzeit-Tabelle auf Seite 220 hilft, den wahrscheinlichsten Geburtstermin zu ermitteln — er steht in derselben Zeile wie das Datum der ersten Bedeckung. In Schaltjahren wird bei Geburten, die zwischen dem 1. März und dem 2. Mai erwartet werden, ein Tag abgezogen.

■ **Körperliche Veränderungen**

■ Sie treten sowohl bei Katzen als auch bei Hunden auf, wenn die Trächtigkeit etwa zur Hälfte vorüber ist. In der zweiten Hälfte der Trächtigkeit, nach etwa 5—6 Wochen, vergrößert sich allmählich der Bauchumfang und das Gesäuge schwillt an, bei Katzen allerdings oft erst in der letzten Woche.

■ **Fehlgeburten**

■ Sie können spontan auftreten, oft aus schwer nachvollziehbaren Gründen.
Die Symptome sind Scheidenausfluß, oft mit Blut vermischt, und bei Fehlgeburten gegen Ende der Trächtigkeit auch das Ausstoßen von Feten und Stücken der Eihäute.
Wenn die abgestorbenen Feten nicht ausgestoßen werden, kann es zu einer Gebärmutterinfektion kommen, weil sich Krankheitserreger in den sich zersetzenden Feten einnisten. Das Tier ist lethargisch, hat starken Durst, setzt häufig Urin ab, hat

Fieber und oft auch einen übelriechenden Scheidenausfluß. Ein Fall für den Tierarzt.

Die Geburt

■ Erste Anzeichen

■ Die ersten Anzeichen für den Beginn der Geburt sollte man erkennen, um sinnvoll helfen können.

Hunde

Ein oder zwei Tage vor der Geburt können offensichtliche Verhaltensänderungen auftreten. Die Hündin sucht häufig einen für die Geburt geeigneten Platz, versucht in ihrem Korb zu graben, ist ängstlich, zittert und sucht die Aufmerksamkeit ihres Herrn.

Manchmal kommt es zu verringertem Appetit bei gleichzeitig gesteigertem Durst. Aus den Zitzen beginnt die erste Milch auszufließen.

Das eindeutigste Zeichen für die kurz bevorstehende Geburt ist ein Absinken der Körpertemperatur von 38,5°C auf ungefähr 37,5°C, das zwischen 15 und 20 Stunden vorher auftritt. Es empfiehlt sich deshalb, nach dem 55. Trächtigkeitstag zweimal täglich die Temperatur zu messen (siehe Seite 54).

Katzen

Hier ist der Beginn des Geburtsvorganges schwerer vorauszusagen, denn ein Absinken der Körpertemperatur kann nicht in jedem Fall festgestellt werden.

In der letzten Woche wird das Tier jedoch ruhiger und beginnt sich an einem für die Geburt geeigneten Platz niederzulassen. Gleichzeitig füllt sich das Gesäuge mit Milch. In den letzten Tagen kann es zu Appetitmangel kommen. Deutliche Verhaltensänderungen treten erst unmittelbar vor der Geburt auf.

Manche Katzen werden Fremden gegenüber aggressiv, andere suchen die Gesellschaft ihres Besitzers, und fast alle sind etwas nervös, was manchmal durch häufiges Miauen deutlich wird.

■ Ablauf der Geburt

■ Die Geburt läuft in zwei Stadien ab, gefolgt von einem dritten, in dem die Nachgeburt ausgestoßen wird.

1

Erste Phase

Sie kann einige Studen dauern. In ihr weitet sich der Gebärmutterhals. Das Tier kann sowohl ruhig als auch aufgeregt sein, das Futter verweigern und sich häufig nach den Flanken umsehen.
Am Ende dieser Phase setzen die ersten Wehen ein.

Zweite Phase

Die Kontraktionen der Gebärmutter sorgen dafür, daß die Feten ausgestoßen werden. Zuerst geht jedoch nach dem Reißen der ersten Eihaut das Fruchtwasser ab, dann erscheint die Fruchtblase am Scheidenausgang (Abb. 1).
Wenn sie nicht von selbst aufreißt, wird sie vom

2

Muttertier geöffnet, das dann auch die Flüssigkeit aufleckt; schließlich erscheint der erste Fetus am Ende des Geburtskanals. Für Hunde und Katzen sind sowohl Steißgeburten als auch Vorderendlagen normal.

Sobald der Fetus am Scheidenausgang zu sehen ist, reichen gewöhnlich ein paar heftige Kontraktionen, um ihn vollständig auszutreiben (Abb. 2).

Dritte Phase

Die Nachgeburt wird ausgestoßen; entweder nach jedem Fetus, nach mehreren Feten oder ganz zum Schluß.

Die erste Phase ist bei allen Säugetieren gleich, die weiteren wiederholen sich mehrmals bei Tierarten, die mehr als ein Junges zur Welt bringen.
Bei Hunden folgen die Welpen einander gewöhnlich in Abständen von wenigen Minuten bis zu einer Stunde; zu Beginn sind die Intervalle kürzer, später dauern sie länger, bei großen Würfen bis zu 2 Stunden.
Eine normale Geburt sollte nicht länger als 12 Stunden dauern; die durchschnittliche Dauer liegt zwischen 2 und 6 Stunden.

Tabelle der voraussichtlichen Geburtstermine bei einer geschätzten Tragzeit von 63 Tagen

JAN		FEB		MÄR		APR		MAI		JUN	
1	5 MÄR	1	5 APR	1	3 MAI	1	3 JUN	1	3 JUL	1	3 AUG
2	6 MÄR	2	6 APR	2	4 MAI	2	4 JUN	2	4 JUL	2	4 AUG
3	7 MÄR	3	7 APR	3	5 MAI	3	5 JUN	3	5 JUL	3	5 AUG
4	8 MÄR	4	8 APR	4	6 MAI	4	6 JUN	4	6 JUL	4	6 AUG
5	9 MÄR	5	9 APR	5	7 MAI	5	7 JUN	5	7 JUL	5	7 AUG
6	10 MÄR	9	10 APR	6	8 MAI	6	8 JUN	6	8 JUL	6	8 AUG
7	11 MÄR	7	11 APR	7	9 MAI	7	9 JUN	7	9 JUL	7	9 AUG
8	12 MÄR	8	12 APR	8	10 MAI	8	10 JUN	8	10 JUL	8	10 AUG
9	13 MÄR	9	13 APR	9	11 MAI	9	11 JUN	9	11 JUL	9	11 AUG
10	14 MÄR	10	14 APR	10	12 MAI	10	12 JUN	10	12 JUL	10	12 AUG
11	15 MÄR	11	15 APR	11	13 MAI	11	13 JUN	11	13 JUL	11	13 AUG
12	16 MÄR	12	16 APR	12	14 MAI	12	14 JUN	12	14 JUL	12	14 AUG
13	17 MÄR	13	17 APR	13	15 MAI	14	15 JUN	13	15 JUL	13	15 AUG
14	18 MÄR	14	18 APR	14	16 MA	14	16 JUN	14	16 JUL	14	16 AUG
15	19 MÄR	15	19 APR	15	17 MAI	15	17 JUN	15	17 JUL	15	17 AUG
16	20 MÄR	16	20 APR	16	18 MAI	16	18 JUN	16	18 JUL	16	18 AUG
17	21 MÄR	17	21 APR	17	19 MAI	17	19 JUN	17	19 JUL	17	19 AUG
18	22 MÄR	18	22 APR	18	20 MAI	18	20 JUN	18	20 JUL	18	20 AUG
19	23 MÄR	19	23 APR	19	21 MAI	19	21 JUN	19	21 JUL	19	21 AUG
20	24 MÄR	20	24 APR	20	22 MAI	20	22 JUN	20	22 JUL	20	22 AUG
21	25 MÄR	21	25 APR	21	23 MAI	21	23 JUN	21	23 JUL	21	23 AUG
22	26 MÄR	22	26 APR	22	24 Mai	22	24 JUN	22	24 JUL	22	24 AUG
23	27 MÄR	23	27 APR	23	25 MAI	23	25 JUN	23	36 JUL	23	25 AUG
24	28 MÄR	24	28 APR	24	26 MAI	24	26 JUN	24	26 JUL	24	26 AUG
25	29 MÄR	25	29 APR	25	27 MAI	25	27 JUN	25	27 JUL	25	27 AUG
26	30 MÄR	26	30 MÄR	26	28 MAI	26	28 JUN	26	28 JUL	26	28 AUG
27	31 MÄR	27	1 MAI	27	29 MAI	27	29 JUN	27	29 JUL	27	29 AUG
28	1 APR	28	2 MAI	28	30 MAI	28	30 JUN	28	30 JUL	28	30 AUG
29	2 APR	29	3 MAI	29	31 MAI	29	1 JUL	29	31 JUL	29	31 AUG
30	3 APR			30	1 JUN	30	2 JUL	30	1 AUG	30	1 SEP
31	4 APR			31	2 JUN			31	2 AUG		

Junge Katzen kommen gewöhnlich in den selben Zeitabständen zur Welt wie junge Hunde, allerdings kommt es bei Katzen eher zu Unregelmäßigkeiten als bei Hunden.
Oft werden zwei oder drei junge Katzen kurz hintereinander geboren, aber bis zum Erscheinen des nächsten Jungtieres können zwei Stunden vergehen. Manchmal kommt es auch vor, daß die Katze bis zu 24 Stunden ruht, sich verhält, als wären alle Jungtiere geboren, sie versorgt und sich putzt, und dann doch wieder Wehen bekommt und den Rest des Wurfes zur Welt bringt.

JUL		AUG		SEP		OKT		NOV		DEZ	
1	3 SEP	1	3 OKT	1	3 NOV	1	3 DEZ	1	3 JAN	1	2 FEB
2	3 SEP	2	4 OKT	2	4 NOV	2	4 DEZ	2	4 JAN	2	3 FEB
3	4 SEP	3	5 OKT	3	5 NOV	3	5 DEZ	3	5 JAN	3	4 FEB
4	5 SEP	4	6 OKT	4	6 NOV	4	6 DEZ	4	6 JAN	4	5 FEB
5	6 SEP	5	7 OKT	5	7 NOV	5	7 DEZ	5	7 JAN	5	6 FEB
6	7 SEP	6	8 OKT	6	8 NOV	6	8 DEZ	6	8 JAN	6	7 FEB
7	8 SEP	7	9 OKT	7	9 NOV	7	9 DEZ	7	9 JAN	7	8 FEB
8	9 SEP	8	10 OKT	8	10 NOV	8	10 DEZ	8	10 JAN	8	9 FEB
9	10 SEP	9	11 OKT	9	11 NOV	9	11 DEZ	9	11 JAN	9	10 FEB
10	11 SEP	10	12 OKT	10	12 NOV	10	12 DEZ	10	12 JAN	10	11 FEB
11	12 SEP	11	13 OKT	11	13 NOV	11	13 DEZ	11	13 JAN	11	12 FEB
12	13 SEP	12	14 OKT	12	14 NOV	12	14 DEZ	12	14 JAN	12	13 FEB
13	14 SEP	13	15 OKT	13	15 NOV	13	15 DEZ	13	15 JAN	13	14 FEB
14	15 SEP	14	16 OKT	14	16 NOV	14	16 DEZ	14	16 JAN	14	15 FEB
15	16 SEP	15	17 OKT	15	17 NOV	15	17 DEZ	15	17 JAN	15	16 FEB
16	17 SEP	16	18 OKT	16	18 NOV	16	18 DEZ	16	18 JAN	16	17 FEB
17	18 SEP	17	19 OKT	17	19 NOV	17	19 DEZ	17	19 JAN	17	18 FEB
18	19 SEP	18	20 OKT	18	20 NOV	18	20 DEZ	18	20 JAN	18	19 FEB
19	20 SEP	19	21 OKT	19	21 NOV	19	21 DEZ	19	21 JAN	19	20 FEB
20	21 SEP	20	22 OKT	20	22 NOV	20	22 DEZ	20	22 JAN	20	21 FEB
21	22 SEP	21	23 OKT	21	23 NOV	21	23 DEZ	21	23 JAN	21	22 FEB
22	23 SEP	22	24 OKT	22	24 NOV	22	24 DEZ	22	24 JAN	22	23 FEB
23	24 SEP	23	25 OKT	23	25 NOV	23	25 DEZ	23	25 JAN	23	24 FEB
24	25 SEP	24	16 OKT	24	26 NOV	24	26 DEZ	24	26 JAN	24	25 FEB
25	26 SEP	25	27 OKT	25	27 NOV	25	27 DEZ	25	27 JAN	25	26 FEB
26	27 SEP	26	28 OKT	26	28 NOV	26	28 DEZ	26	28 JAN	26	27 FEB
27	28 SEP	27	29 OKT	27	29 NOV	27	29 DEZ	27	29 JAN	27	28 FEB
28	29 SEP	28	30 OKT	28	30 NOV	28	30 DEZ	28	30 JAN	28	1 MÄR
29	30 SEP	29	31 OKT	29	1 DEZ	29	31 DEZ	29	31 JAN	29	2 MÄR
30	1 OKT	30	1 NOV	30	2 DEZ	30	1 JAN	30	1 FEB	30	3 MÄR
31	2 OKT	31	2 NOV			31	2 JAN			31	4 MÄR

AUFNEHMEN VON STREUNERN

Manchmal trifft man auf dem Land, aber auch in Städten auf herrenlose Tiere; verwilderte Katzen, streunende Hunde oder verletzte Vögel. In diesem Kapitel wird erläutert, wie man am besten vorgeht, um diesen Tieren zu helfen.

Katzen und Hunde

Ehe man eine streunende Katze oder einen herrenlosen Hund aufnimmt (oder solch ein Tier kauft oder sich schenken läßt), sollte man über seine dringendsten Bedürfnisse Bescheid wissen. Einen Tierarzt hinzuzuziehen, ist nie verkehrt, aber zumindest sollte man diese drei wichtigen Fragen beantworten können:
— Wie alt ist das Tier in etwa?
— Welches Geschlecht hat es?
— Wie ist sein Gesundheitszustand?

BEURTEILUNG DES ALTERS

■ Welpen und junge Katzen

■ Die Wachstumsrate innerhalb des ersten Monats ist bei Welpen und jungen Katzen ungefähr gleich.

Die ersten Wochen

Während der ersten 1–2 Lebenswochen sind die Augen von Hunde- und Katzenbabies noch geschlossen, und sie haben keine Zähne (Abb. 3). Während der ersten Tage sind oft noch Überreste der Nabelschnur zu sehen.
Nach ungefähr 10 Tagen öffnen sich die Augen, das Hörvermögen entwickelt sich, und nach der dritten Woche sind die ersten Zähne zu sehen. Ein Welpe, dessen Vorderzähne vollständig durchbrochen sind, ist demnach mindestens einen Monat alt (Abb. 1).

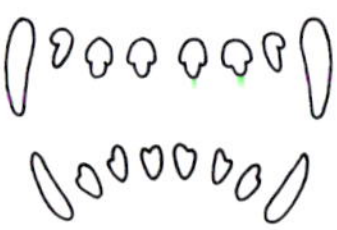

1

Nach einem Monat

Nach dem ersten Monat werden die Tiere lebhafter und ihre Bewegungen zielgerichteter. Bis zu einem Alter von dreieinhalb Monaten, wenn die Milchzähne ersetzt werden, ist es für einen Laien schwierig, das richtige Alter zu schätzen. Zwischen dem zweiten und dem dritten Monat zeigt sich bei jungen Hunden eine gewisse Abnutzung an den Schneidezähnen; ihre Spitzen werden flacher (Abb. 2). Nach zwei Monaten haben die Augen ihre endgültige Farbe.

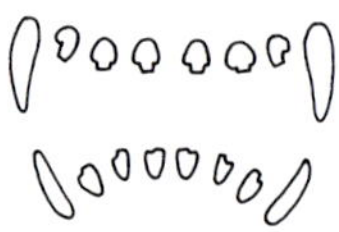

2

Nach drei Monaten

Nach drei Monaten werden die ersten Milchzähne ersetzt und zwar zuletzt die beiden mittleren Schneidezähne (Abb. 4). Zwischen dem vierten und dem

3

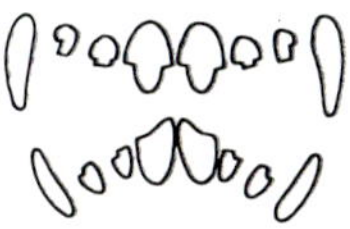

4

Nach sechs bis sieben Monaten

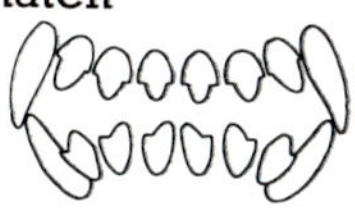

5

■ Ausgewachsene Tiere

fünften Monat sind alle Schneidezähne durch bleibende Zähne ersetzt worden, und zwischen dem fünften und sechsten Monat werden auch die Reißzähne ersetzt (Abb. 4).

Nach sechs bis sieben Monaten sind alle bleibenden Zähne durchgebrochen (Abb. 5). Das Tier ist fast ausgewachsen. Die Geschlechtsorgane der männlichen Tiere erreichen ihre volle Größe nach etwa 9–12 Monaten.

■ Das genaue Alter eines ausgewachsenen Hundes zu schätzen, ist nicht einfach, bei einer Katze ist es noch schwieriger. Eine ungefähre Schätzung ist jedoch immer möglich, wenn man die Zähne, die Augen und ein Vergrauen des Fells in Betracht zieht.

■ Zähne

■ Das wichtigste Merkmal bei der Altersbestimmung sind Gesundheit sowie Abnutzung der Zähne.

Nach etwa einem Jahr beginnt sich sowohl bei Hunden als auch bei Katzen Zahnstein an den Unterkanten der Zähne abzulagern, vor allem an den Reißzähnen und den Backenzähnen.
Wie schnell sich diese Ablagerungen bilden, hängt von der Ernährung (feucht oder trocken, hart oder weich) und von der Rasse ab und auch davon, ob das Tier die Anlage zur Zahnsteinbildung vielleicht ererbt hat. Ein Tier mit starken Zahnsteinablagerungen ist mehr als 2—3 Jahre alt (Abb. 1).
Bei einem über 10 Jahre alten Tier können die Ablagerungen braun und übelriechend sein und die Zähne vollständig bedecken (Abb. 2). Saubere Zähne sind jedoch nicht in jedem Fall ein Anzeichen für Jugend; vielleicht ist der Zahnstein nur vor kurzem vom Tierarzt entfernt worden.

1. Leichte Zahnsteinablagerung
2. Starker Zahnstein bei einem alten Hund

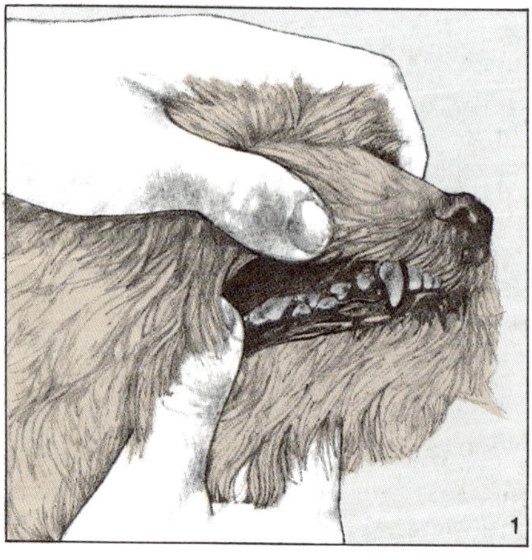

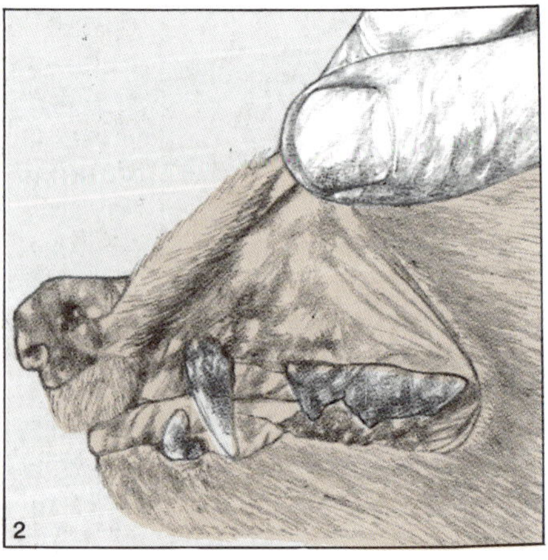

3. Verlust von Schneidezähnen

Zahnabnutzung:
4. im Alter von ungefähr zwei Jahren;
5. zwischen zwei und drei Jahren;
6. zwischen vier und fünf Jahren

3

Zahnabnutzung

4
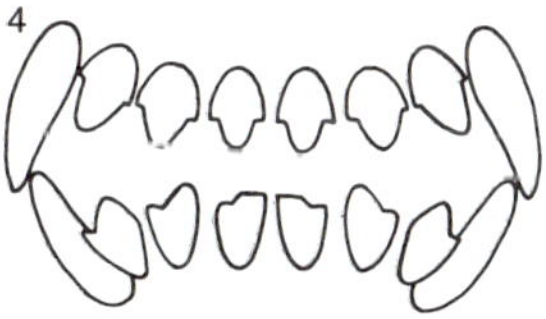
5
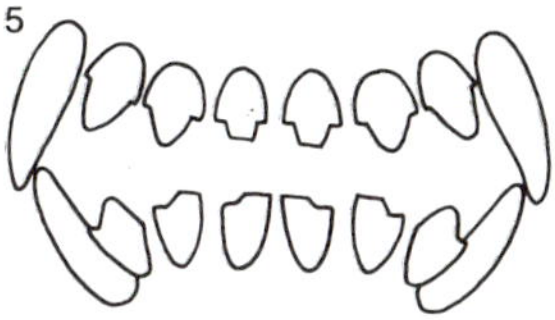
6
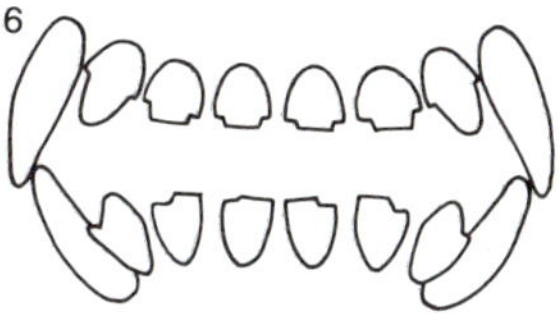

Die Zahnabnutzung variiert bei Hunden ebenso wie die Bildung von Zahnstein, abhängig von der Ernährung und dem Spielverhalten (Trockenfutter oder Knochen und das Kauen auf Steinen oder anderen harten Gegenständen), aber auch von der Zahnstellung.
Bei Hunden wird die Zahnabnutzung anhand der Einkerbung und später auch der Abflachung der beiden ersten Schneidezahnhöcker beurteilt. (Die oberen haben normalerweise drei Höcker, die unteren zwei oder drei).

– Nach $1^1/_2$ Jahren zeigen sich an den oberen Eckzähnen die ersten Furchen, mit zwei Jahren werden sie stumpfer (Abb. 4).– Dasselbe passiert mit zwei oder drei Jahren den unteren Eckzähnen (Abb. 6)
Da sich die Zähne von Katzen sehr unterschiedlich abnutzen, ist dieses Merkmal bei ihnen für die Altersbestimmung ohne Bedeutung.

Zahnausfall

Zahnausfall ist im allgemeinen ein Zeichen für ein Alter von mindestens 11–12 Jahren. Meistens fallen zuerst die Schneidezähne aus (Abb. 3).

■ Augen

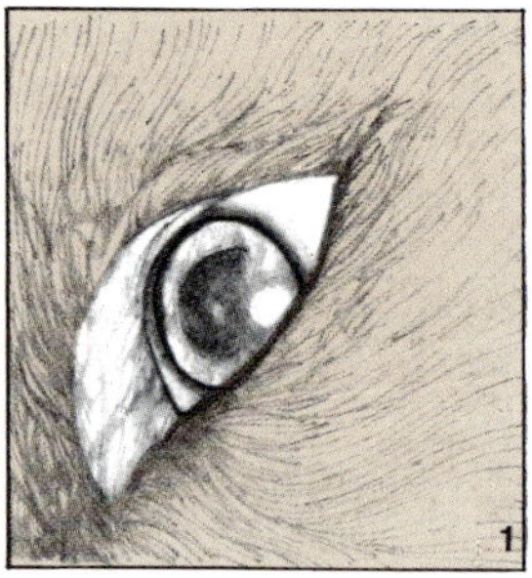

■ Nach 7 Jahren kann sich in den Augen eines Hundes ein klarer, blauweißer Rand um die Iris bilden, der an der Oberkante am deutlichsten sichtbar ist. Er ist nur dünn, wird aber mit der Zeit dikker und ist bei einem über 10 Jahre alten Tier recht auffällig. Bei Hunden wird die Linse nach 7—8 Jahren trüber, was die Pupillenöffnung bunt schimmern läßt.
Diese mit zunehmendem Alter auftretende Verhärtung der Linse ist normal und kein Grund zur Sorge. Um grauen Star mit Sicherheit ausschließen zu können, muß das Tier allerdings vom Tierarzt untersucht werden (Abb. 1).

■ Vergrauen des Fells

■ Tritt nur bei Hunden mit dunklem Fell auf. Die ersten weißen Haare zeigen sich nach sechs Jahren am Kinn und in der Näheder Lippen und breiten sich mit 7—8 Jahren am Kiefer und um die Nase herum aus; um die Augen mit 8—9 Jahren und mit 10—11 Jahren über den Rest des Körpers (Abb. 2).
Bei Katzen ist diese Veränderung weniger auffällig.

Altersanzeichen bei einem Hund:
1. Die Linse ist getrübt;
2. das Fell wird grau

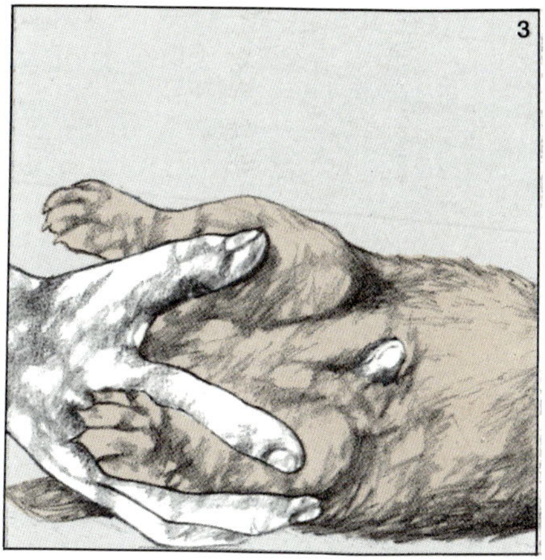

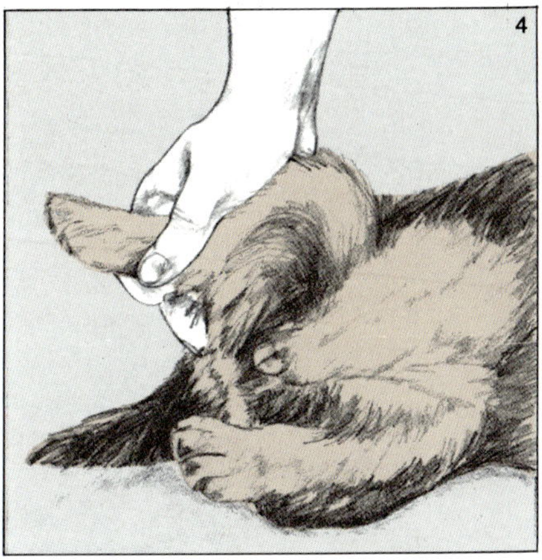

Welpen:
3. männlich;
4. weiblich

BEURTEILUNG DES GESCHLECHTS

Bei ausgewachsenen Tieren problemlos. Bei weniger als einem Monat alten Hunden und Katzen ist es schon schwieriger.

■ Hund

■ Den Welpen auf den Rücken legen, die Hinterbeine ausbreiten und den Bauch untersuchen.

Rüde

Bei einem Rüden sind die Hoden zwar vielleicht noch nicht in den Hodensack abgestiegen, aber der Penis ist unübersehbar (Abb. 3).

Hündin

Bei einer Hündin ist nur die Scheide zu finden (Abb. 4).

■ Katze

■ Den Schwanz anheben, damit die äußeren Geschlechtsorgane sichtbar werden, die bei Katzen näher am After liegen als bei Hunden.

Kater

Bei einem Kater, der jünger ist als einen Monat, sind die Hoden unter Umständen noch nicht in den Hodensack abgestiegen, und wenn sie schon zu sehen sind, sind sie doch so klein, daß man sie leicht mit Schamlippen verwechseln kann.
Deshalb muß besonders auf die Form der Geschlechtsöffnung geachtet werden: Bei Katern ist sie rund (Abb. 1, folgende Seite).

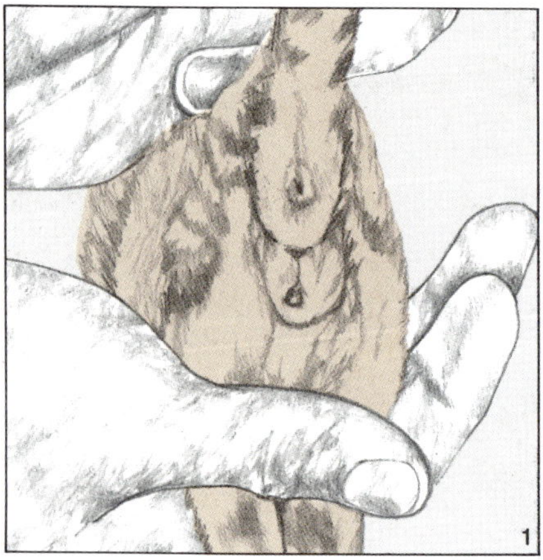

1

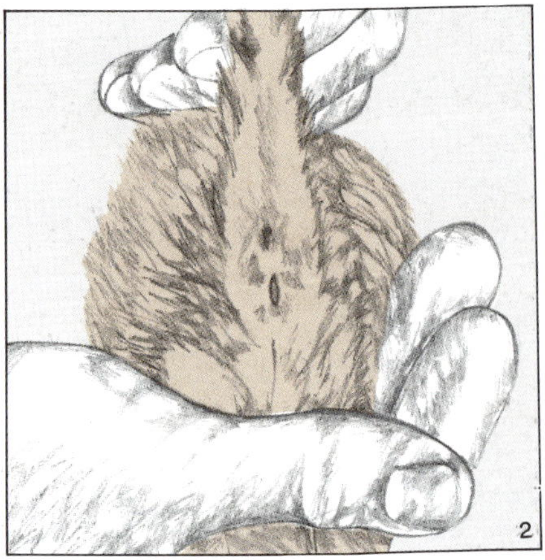

2

Katze

Bei Katzen ist die Geschlechtsöffnung länglich (Abb. 2). Außerdem liegt sie bei ihnen dichter am After als bei Katern.

BEURTEILUNG DES GESUNDHEITSZUSTANDES

■ Lebhaftigkeit und Appetit

■ Selbst ein verängstigtes Tier sollte lebhaft sein und seine Umwelt interessiert beobachten; Apathie oder Teilnahmslosigkeit sind oft Zeichen für eine Krankheit.
Futterverweigerung bei gerade erst aufgenommenen Tieren kann auf Furcht und Verwirrung zurückzuführen sein und ist kein Grund zur Beunruhigung, vorausgesetzt, sie dauert nicht länger als einen Tag.

■ Körpertemperatur

■ Siehe das entsprechende Kapitel über das Messen und Beurteilen der Temperatur (Seite 54).

■ Wasserhaushalt im Körper

■ Mangel an Trinkwasser, aber auch übermäßiges Ausscheiden von Flüssigkeit bei Durchfall und Erbrechen, lassen den Körper des Tieres austrocknen. Die Elastizität der Haut überprüfen: eine Hautfalte zwischen Daumen und Zeigefinger nehmen, etwas hochziehen und loslassen; unter normalen Bedingungen glättet sich die Haut sofort wieder. Wenn das Tier ausgetrocknet ist, fühlt sich die Haut nicht elastisch, sondern eher teigig an, und die Hautfalte glättet sich erst wieder nach mehreren Sekunden (Abb. 3 und 4).

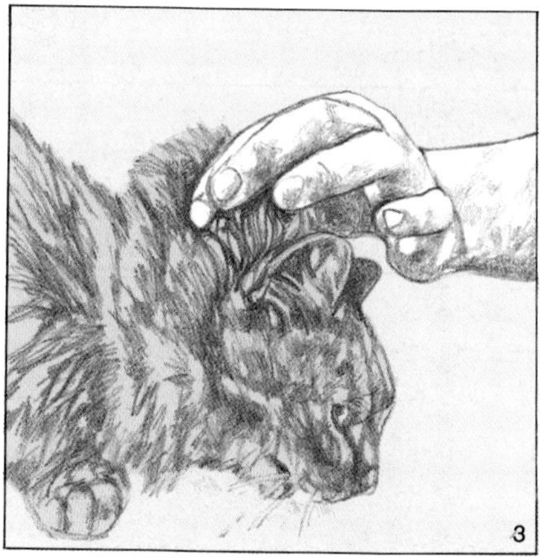

3

4

■ Augen

Kleine Katzen:
1. männlich; 2. weiblich

3.–4. Überprüfen des Wasserhaushaltes im Körper
5. Untersuchung der oberen Augapfelhälfte
6. Sichtbarmachen des dritten Augenlides

■ Die Augen müssen immer sauber sein und dürfen weder Schleim oder Eiter absondern und auch nicht durch solche Absonderungen verklebt sein.

Etwas Feuchtigkeit oder minimale Krustenbildung im inneren Augenwinkel sind harmlos und brauchen nicht behandelt zu werden.

Ob eine Bindehautentzündung vorliegt, zeigt sich am deutlichsten in der oberen Hälfte des Augapfels (Abb. 5) oder auf dem dritten Augenlid, das sichtbar wird, wenn durch das geschlossene Oberlid leichter Druck auf das Auge ausgeübt wird (Abb. 6).

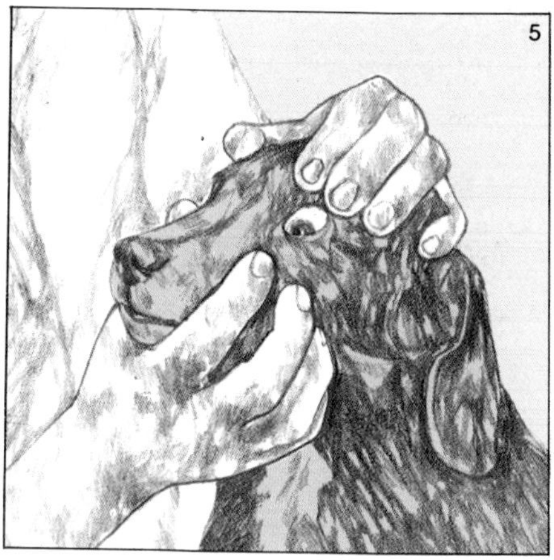

5

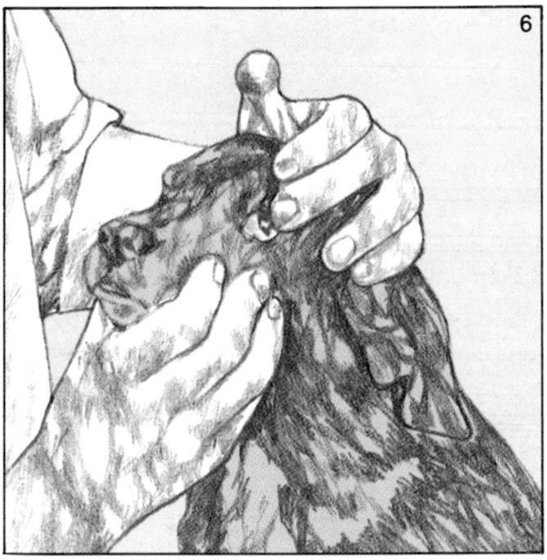

6

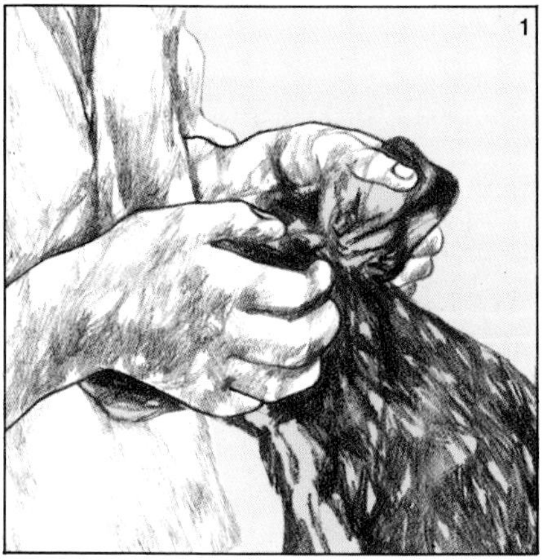

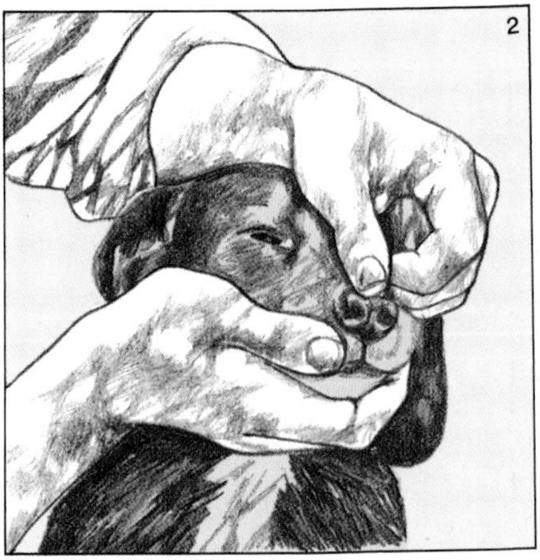

■ Ohren

■ Darauf achten, daß die Ohren normal gehalten werden; ein herunterhängendes Ohr kann erkrankt sein. Das Innere der Ohrmuschel betrachten; es soll sauber, rosig-perlmuttfarben und nicht entzündet sein. Das Ohrinnere muß außerdem geruchlos sein (Abb. 1).

■ Nase

■ Die Ursache von Nasenausfluß oder getrockneten Krusten um die Nüstern muß ermittelt werden (Abb. 2).

■ After

■ Das den After umgebende Fell und die Unterseite des Schwanzes auf Rückstände von Durchfall untersuchen.

■ Haut und Fell

■ Der Zustand des Fells ist zweitrangig. Obwohl ein gesundes Tier eigentlich ein dichtes und glänzendes Fell haben sollte, kann es doch sein, daß der Streuner einfach nur sehr schmutzig ist. Kahle oder abgescheuerte Stellen im Fell allerdings sind etwas anderes.

Die Haut wird untersucht, indem man das Fell vom Schwanz in Richtung Kopf streicht; dabei wird überprüft, ob das Tier von den folgenden Parasiten befallen ist:

Flöhe

Flöhe sind entlang der Wirbelsäule am leichtesten zu finden, vor allem in der Nähe des Schwanzes und im Genick (Abb. 4). Sie aufzuspüren ist oft nicht leicht, aber ihr Kot ist nicht zu übersehen (Abb 3); er

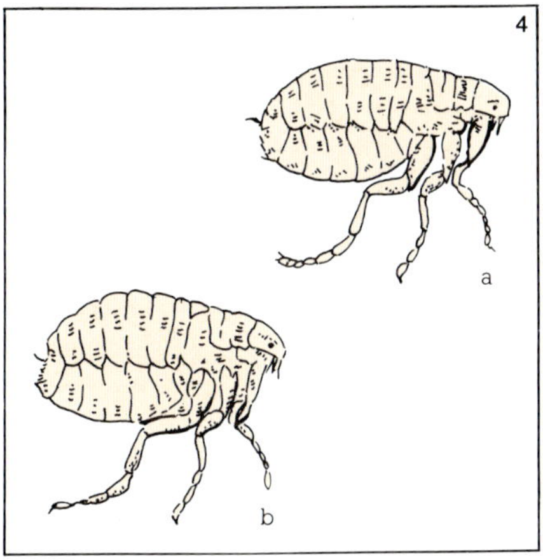

1. Untersuchung der Ohren
2. Untersuchung der Nüstern
3. Flohkot, vergrößert
4. Flöhe:
a) Hundeflöhe;
b) Katzenflöhe

ist rötlich-schwarz und hat die Form eines Kommas oder einer Spirale; im Zweifelsfall eine Lupe zu Hilfe nehmen. Um ganz sicherzugehen, legt man etwas Kot auf ein Stück Papier und befeuchtet ihn mit einem Tropfen Wasser; wenn sich das Wasser beim Auflösen des Kotes rötlich färbt, handelt es sich um Flohkot.

Zecken

Sie befallen vom zeitigen Frühjahr bis zum Herbst hauptsächlich Hunde und bohren sich vor allem in der Nähe der Ohren, am Hals und zwischen den Zehen in die Haut. Sie sind leicht zu erkennen und durch ihre vier Beinpaare auch leicht von Zysten und Pusteln zu unterscheiden (Abb. 1a und 1b, folgende Seite).

Läuse

Diese Parasiten kommen seltener vor als Zecken und Flöhe, sie finden sich hauptsächlich auf Hals und Kopf von jungen Tieren. Mit einer Lupe sind sie gut zu sehen (sie sind 1–2 Millimeter lang), aber ihr Vorhandensein wird auch durch an die Haare geklebte Eier (Nissen) deutlich (Abb. 2a und 2b, folgende Seite).

Hautveränderungen

Die häufigsten Hautveränderungen sind:
– Punktförmige oder weiter ausgedehnte Rötungen, manchmal leicht entzündet.
– Entzündete Gebiete, deren Absonderungen die Haut feucht und klebrig werden lassen; zum Teil übelriechend.

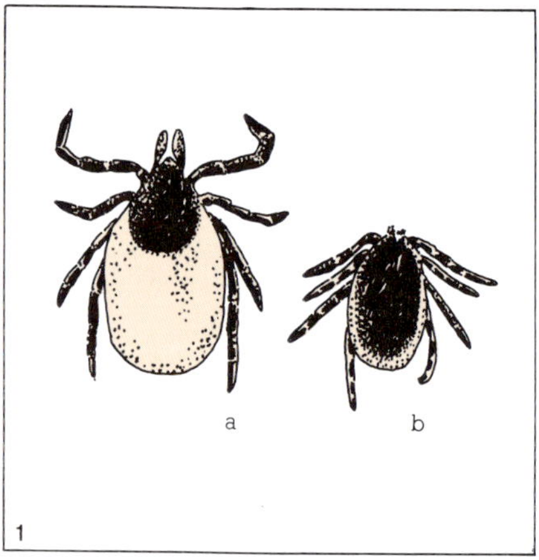

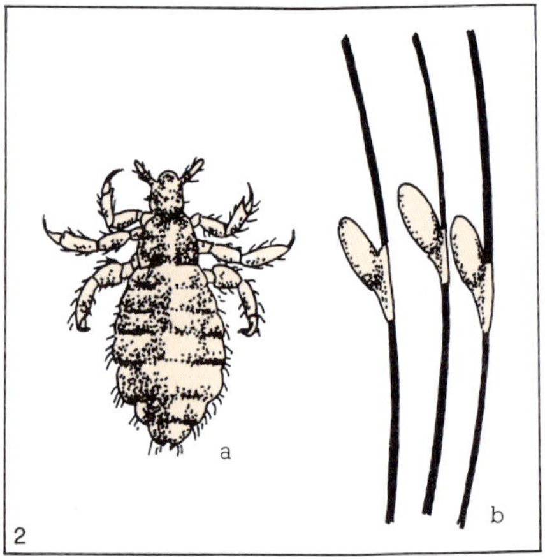

1. Zecken:
a) männlich; b) weiblich
2. a) Läuse;
b) Läuseeier auf den Haaren

— Krusten.
— Knötchen auf oder in der Haut, in verschiedenen Formen und Größen.
— Mehr oder weniger tiefe und großflächige Wunden.

Beim Auftreten eines oder mehrerer dieser Symptome und auch bei den folgenden Krankheitsanzeichen muß das Tier sofort dem Tierarzt vorgestellt werden:
— Niesen, Husten, Atemnot (möglicherweise mit pfeifenden, rasselnden oder anderen Geräuschen).
— Lahmen, Gleichgewichtsstörungen, Lähmungen.
— Erbrechen, Durchfall, Verstopfung.
— Übermäßiger Durst bei verstärktem Harnabsatz oder Schwierigkeiten beim Absetzen von Harn.

ERNÄHRUNG

Die erste Maßnahme bei der Versorgung eines neu aufgenommenen Streuners besteht darin, ihm das richtige Futter zu geben.

■ Bis zum Alter von 1 Monat

■ Junge Hunde und Katzen brauchen Milch, die in der Zusammensetzung ihrer Muttermilch möglichst ähnlich sein muß.
Kuhmilch erfüllt diese Voraussetzung nicht. Es gibt Milchpulver zur Aufzucht von Katzen und Hunden im Handel.

Wenn man dies nicht bekommen kann, kann auch ein Ersatz hergestellt werden:
– Ein Glas Vollmilch im Wasserbad auf ungefähr 50°C erwärmen (Fingerspitze hineinhalten; soll sich heiß anfühlen, aber nicht schmerzhaft).
– Einen Löffel Sahne, einen Löffel Eigelb und einen Tropfen Zitronensaft hinzufügen.
– Das Ganze gut vermischen.

Zahl der Mahlzeiten

Wenn die Augen noch geschlossen sind, mindestens 6 mal pro Tag füttern, sonst etwa 4–5 mal in regelmäßigen Abständen.

Milchmenge pro Mahlzeit

Die bei jeder Mahlzeit verabreichte Milchmenge hängt von Alter und Größe des Tieres ab.
Für junge Katzen und kleine Hunde gelten die unteren der hier angegebenen Mengen als Richtwert.
– 10 bis 15 ml, wenn die Nabelschnur oder Teile von ihr noch zu sehen sind.
– 20 bis 30 ml, wenn das Jungtier gut entwickelt aussieht, aber die Augen noch geschlossen sind.
– 30 bis 60 ml, wenn die Augen offen sind und das Hörvermögen sich entwickelt hat, die Milchzähne aber noch nicht erschienen sind.
– 60 bis 120 ml, wenn die ersten Zähne durchbrechen.

Eingeben der Milch

Wenn keine Saugflasche vorhanden ist, kann bei kleinen Tieren auch eine große Spritze verwendet werden. Für größere Hunde eignet sich eventuell eine Babyflasche.
Die Flasche mit der lauwarmen Milch füllen und den Welpen in eine der natürlichen Haltung möglichst ähnlichen Position bringen (Abb. 1, folgende Seite).
Das kann zu Anfang recht schwierig sein, wenn das Tier sich weigert, aus der Flache oder einem anderen Behälter zu trinken; geduldig und beharrlich immer wieder das Maul des Tieres mit Milch befeuchten, um es zum Saugen anzuregen.
Nach der Fütterung muß das Tier gesäubert werden, was normalerweise die Aufgabe des Muttertieres ist. Mit einem Finger oder einem sauberen, in warmem Wasser angefeuchteten Stück Stoff mit der Haarrichtung über Maul und Körper streichen; das Massieren

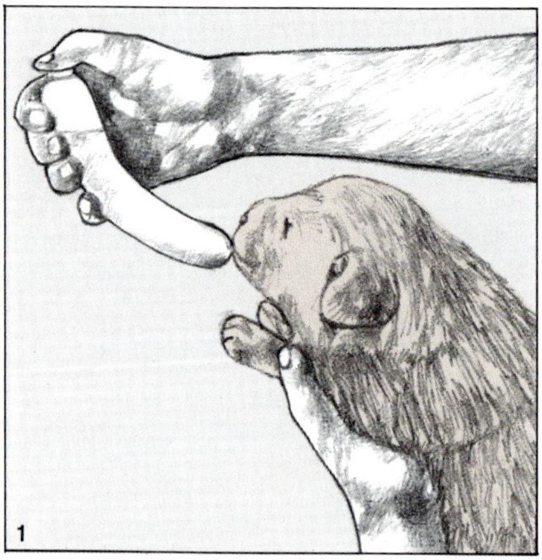

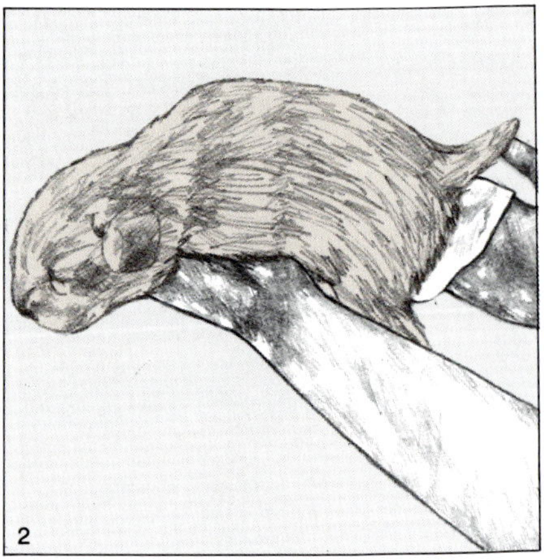

1. Ernährung mit der Flasche
2. Massage des Bauches, um die Darmtätigkeit anzuregen

von Bauch, After und äußeren Geschlechtsorganen fördert den Kotabsatz, nach dem das Hinterteil des Tieres gesäubert und abgetrocknet werden muß, damit es nicht zu Hautreizungen kommt (Abb. 2).

■ Entwöhnte Welpen und Kätzchen

■ Sobald alle Milchzähne durchgebrochen sind und das Tier sich zielstrebig und sicher bewegen kann, muß feste Nahrung zugefüttert werden. Wenn der Tierarzt keine anderen Anweisungen gegeben hat, sollte man sich auf Babynahrung beschränken, die mit Hackfleisch und etwas warmer Kuhmilch oder einer fertigen Hunde- oder Katzenmilchmischung verrührt wird.
Nach 2 Monaten sollte die Ernährung der eines ausgewachsenen Tieres entsprechen. Beim ersten Versuch gibt man am besten nur gedämpftes Hackfleisch.
Reis und Hundekuchen sind für sehr junge Tiere oder solche mit einem Magenproblem oft nur schwer verdaulich; sie sollten dem Futter nur in geringen Mengen zugefügt werden, die später erhöht werden können, wenn das Tier sie gern aufnimmt und gut verdaut, bis sie etwa die Hälfte der täglichen Futterration ausmachen.

Zahl der Mahlzeiten

Im Laufe des Tages sollte in regelmäßigen Zeitabständen 3–4 mal gefüttert werden.

Futtermenge

Die Tabelle zeigt, wieviel Futter junge Katzen und Hunde bekommen sollten:

	Körpergewicht	Futtermenge
Kätzchen	0,5 kg	70 g
	1 kg	100 g
	1,5 kg	150 g
Welpen	0,5 kg	70 g
	1 kg	100 g
	2 kg	150–200 g
	3 kg	200–250 g
	4 kg	300 g

■ Ausgewachsene Tiere

■ Wenn ein gerade aufgenommenes Tier sehr durstig ist, gibt man ihm Wasser, am besten in mehreren kleinen Portionen.

– Frisches Leitungswasser anbieten; Milch ist nicht zu empfehlen, sie ist oft schwer verdaulich. Bei einem stark ausgetrockneten Tier (siehe Seite 228) gibt man einen Teelöffel Zucker auf ein Glas Wasser.

– Die Temperatur des Wassers prüfen, es darf nicht zu kalt sein.

Vor oder nach der Aufnahme einer größeren Wassermenge darf nicht gefüttert werden; der zeitliche Abstand soll mindestens eine Stunde betragen.

Bevor man sicher ist, daß das Tier nicht an Verdauungsproblemen wie Erbrechen, Durchfall oder ähnlichem leidet, soll es nur leichtverdauliches Futter bekommen; entweder selbst zubereitet oder aus der Dose. Geeignet ist gekochtes, kleingeschnittenes oder gehacktes Fleisch oder Fertigfutter aus der Dose. Reis, Hundekuchen, Brot und Gemüse dürfen zuerst nur in kleinen Mengen angeboten werden, bei problemloser Verdauung kann die Menge allmählich erhöht werden.

Zahl der Mahlzeiten

Auch wenn das Tier sehr hungrig ist, nicht zu viel Futter auf einmal geben, sondern mehrmals am Tag füttern. Nach zwei Tagen sollte es ausreichen, eine Katze zweimal und einen Hund einmal täglich zu füttern. Das Futter sollte täglich um die gleiche Zeit gegeben werden.

Allgemeine Fütterungshinweise

Hunde und Katzen sollten, soweit dies möglich ist, ihr gewohntes Futter bekommen. An neue Futtermittel müssen sie langsam gewöhnt werden. Auf keinen Fall dürfen sich Geflügelknochen oder Fischgräten im Futter befinden, und frisches Wasser muß immer bereitstehen.
Der größte Teil des Hundefutters muß aus Eiweiß von guter Qualität bestehen, zum Beispiel Muskelfleisch, Huhn oder Fisch, selbst zubereitet oder aus der Dose. Hundekuchen, Reis, Nudeln oder Brot versorgen das Tier mit Kohlehydraten. Gekochtes Gemüse kann hinzugefügt werden, obwohl in den meisten Fertigfuttersorten genug Vitamine und Minerale enthalten sind.

Katzen brauchen viel Eiweiß und wenig Kohlehydrate. Sie werden zweimal am Tag mit Fertigfutter oder selbst zubereitetem Fleisch oder Fisch gefüttert.

EMPFOHLENE FUTTERMENGE PRO TAG

	Körpergewicht	Menge
Hund	5 kg	250 g
	10 kg	400 g
	15 kg	550 g
	20 kg	650 g
	25 kg	750 g
	30 kg	850 g
Katze	2,5–3 kg	150 g
	4 kg	200 g

Einer Faustregel zufolge beträgt die Futtermenge 15 g auf 1 kg Körpergewicht. Allerdings brauchen kleinere Tiere gewöhnlich mehr und größere weniger Futter. Weitere Tips und Ratschläge zur Ernährung wird jeder Tierarzt geben.

SÄUBERUNG

Kein Tier baden, bevor nicht sicher ist, daß es gesund ist. Die Abkühlung des Körpers nach einem Bad kann mögliche Krankheiten verschlimmern und Atmungs- und Verdauungsprobleme sowie Rheumatismus verstärken. Wenn nötig, Augen und Ohren säubern, wie auf Seite 46 und 48 gezeigt, und verschmutzte Stellen nur mit einem feuchten Schwamm abwischen.
Desinfektionsmittel oder Insektizide dürfen nur nach Anweisung des Tierarztes verwendet werden.

Vögel

Im Gegensatz zu streunenden Hunden und Katzen, die meistens entlaufen sind oder ausgesetzt wurden, sind Vögel, die sich einfangen lassen, fast immer verletzt oder krank.
Sowohl in der Stadt als auch auf dem Land trifft man gelegentlich auf Vögel, die krank, verletzt, flugunfähig oder nicht in der Lage sind, sich selbst zu ernähren.
Typische Stadtbewohner sind Tauben, Amseln und Sperlinge, die besonders oft verletzt werden oder erkranken.
Auf dem Land kommt es gelegentlich vor, daß Vogelnester von einem Gewittersturm vom Baum geweht werden.
Manchmal trifft man auch auf einen verletzten Vogel, der nicht fliegen kann.
Wie man diese Vögel aufnimmt und ihnen hilft, wird in dem Kapitel über das Einfangen von Wildtieren auf Seite 239 beschrieben.
Dieser Abschnitt gibt einige Hinweise zur Pflege und Versorgung kranker oder verletzter Vögel.

AUFZUCHT VON NESTLINGEN

Wer Jungvögel findet, deren Nest von einem Sturm vom Baum geweht wurde, oder wenn der eigene Kanarienvogel oder Wellensittich seine Jungen im Stich läßt, kann versuchen, die jungen Vögel von Hand aufzuziehen.

Als erstes setzt man das Nest in eine Schachtel, deren Deckel geschlossen wird. Im Dunklen werden die jungen Vögel ruhig sein und nicht zu entkommen versuchen. Wenn der Deckel zum Füttern geöffnet wird, öffnen die Vögel sofort die Schnäbel, um nach Futter zu betteln.
Es gibt spezielle Futtermittel für die Aufzucht von Nestlingen. Sind sie nicht zu bekommen, werden hartgekochtes Eigelb und zerkrümelter Zwieback mit Wasser zu einem cremigen Brei verrührt. Diese Mischung gibt man den Vögeln auf einem Holzstäbchen.

FÜTTERUNG VON VÖGELN

Kanarienvögel sind Körnerfresser. Sie fressen ein Mischfutter aus Kanariensamen, Quetschhafer, verschiedenen Hirsearten, Raps, Negersaat und Sesam. Ergänzt wird die Ernährung mit Obst und Gemüse, zum Beispiel Äpfeln, Möhren und Kopfsalat.
Auch Wellensittiche, Unzertrennliche und kleine Sittiche leben hauptsächlich von Körnern. Sie mögen eine Körnermischung aus verschiedenen Hirsearten (Silber-, Senegal- und Kolbenhirse) und ganzem oder geschältem Hafer. Dazu bekommen sie Gemüse wie Kohl, Brunnenkresse, Kopfsalat und Stengel von grünem und rotem Paprika.
Die große Gruppe hübscher kleiner Käfigvögel, zu denen auch die Prachtfinken, Reisfinken und Zebrafinken gehören, haben alle eine ähnliche Ernährungsweise und bevorzugen eine Mischung aus Senegal-, Kolben- und Silberhirse, Kanariensamen, geschältem Hafer, Sesam, Mohn und Negersaat. Obst und Gemüse nehmen sie nur selten.
Die drei bedeutendsten Arten sprechender Papageien, der Afrikanische Graupapagei, der Kakadu und der zumeist grüne Amazonaspapagei, brauchen eine vielfältigere Ernährung, denn sie sind Allesfresser. Der Beo ist ein glänzend schwarzer Vogel mit zwei gelben Fleischlappen am Hinterkopf. Er ist ein Insektenfresser und benötigt eine entsprechende Ernährung, ergänzt durch Obst und Gemüse.

EINFANGEN UND TRANSPORTIEREN EINES WILDTIERES

Die Erste-Hilfe-Maßnahmen, die bei einem verletzten Wildtier angewendet werden müssen, sind im Grunde dieselben wie bei zahmen Tieren, abgesehen davon, daß der Helfer eher damit rechnen muß, verletzt zu werden, und deshalb besonders vorsichtig und aufmerksam vorgehen muß. Aus diesem Grund ist es bei Wildtieren besonders wichtig, das Tier so schnell wie möglich der fachmännischen Pflege eines Tierarztes zu übergeben.

Wenn man ein Wildtier einfangen will, bedeutet das zugleich, daß man sich einem Tier nähern muß, das an die Gegenwart des Menschen nicht gewöhnt ist und unter normalen Umständen vor ihm fliehen würde.
Daran sollte man immer denken, wenn man versucht, einem verletzten oder kranken Wildtier zu helfen, denn andernfalls könnte man die Situation nur verschlimmern.
Ein wildes Tier lebt und vermehrt sich auf seine eigene Weise in seinem eigenen Lebensraum, bekämpft seine Feinde (darunter den Menschen) und seine natürlichen Konkurrenten. Bei manchen Tierarten ist dieser Instinkt für das Überleben unüberwindlich; ein verletzter Sperling oder eine Schwalbe zum Beispiel werden die Gefangenschaft nicht überleben, während andere Tiere sich leichter in ihr Schicksal fügen und ihren Freiheitsdrang verlieren.

■ Wildtiere respektieren

■ Der Mensch versucht immer wieder, Tiere zu zähmen und sie für seine eigenen Bedürfnisse abzurichten. Dies ist einer der schlimmsten Fehler und kann Wildtieren sehr gefährlich werden, denn um überleben zu können, dürfen sie ihre Furcht vor dem Menschen und seinen Hunden und Katzen nicht verlieren. Bei falscher Behandlung reichen nur wenige Tage der Gefangenschaft aus, um einen Adler oder einen Habicht falsch zu prägen, so daß er für immer die Fähigkeit verliert, sich seine Nahrung selbst zu beschaffen. Selbst wenn ein wildes Tier in Gefangenschaft wieder gesund wird, ist es oft sehr schwierig oder sogar unmöglich, es wieder in seine natürliche Umgebung zu bringen. Das gilt vor allem für Raubtiere (Adler, Falken, Füchse etc.), bei denen gute Gesundheit und ein starker Jagdinstinkt zum Überleben notwendig sind. Manche Wildtiere können eingefangen und geheilt werden, jedoch nicht mit dem Bestreben, sie hinterher wieder freizulassen.

■ Überlebenschancen

■ Außerdem sollte man bedenken, daß ein wildes Tier, das sich der Gefangennahme nicht durch die Flucht zu entziehen versucht und das nicht aggressiv wird, wenn es nicht fliehen kann, wahrscheinlich so schwach ist, daß es Gefangennahme, Transport und Käfighaltung sowieso nicht überlebt.
Besser überläßt man das Tier seinem natürlichen Schicksal, in dem es ein Glied in der Nahrungskette zwischen Gras und winzigen Insekten bis zum gefährlichsten Raubtier, dem Menschen darstellt.
Oft ist es jedoch schwer, eine spontane Handlung zu unterdrücken, die im Grund sehr lobenswert ist, weil sie auf eine Solidarität zwischen Mensch und Tier hinweist, was natürlich ganz besonders zutrifft, wenn es sich um ein kleines oder niedliches Tier handelt.

■ Gefahren bei der Ersten Hilfe

■ Vorsicht ist jedoch geboten! Viele Tiere, selbst kleine und zierliche, können gefährlich werden, entweder wegen ihrer Aggressivität oder weil sie gefährliche Krankheiten auf Menschen übertragen können.

VORSICHTSMASSNAHMEN

Bevor man sich einem verletzten oder in eine Falle geratenem Wildtier nähert, muß man sich der Risiken, die mit einer Rettung verbunden sind, bewußt sein.

Es gibt vor allem zwei Gefahren.
— Angriff mit Beißen und Kratzen;
— Übertragung von Krankheiten.

■ Übertragung von Krankheiten

■ Ein verletztes oder sterbendes Wildtier, das einen Menschen verletzt, kann verschiedene Krankheiten auf ihn übertragen, darunter einige sehr gefährliche.

Einige der wichtigsten Krankheiten, ihre Überträger und die Art der Übertragung sind in der Tabelle auf der nächsten Seite aufgeführt.

Krankheit	Überträger	Art der Übertragung
Tollwut Viruserkrankung, die das Zentralnervensystem befällt. *Für Menschen immer tödlich*	Füchse, Wildkatzen, Iltisse und alle anderen Raubtiere	tiefe Biß- und Kratzwunden
Tularämie Bakterielle Erkrankung, auch Hasenpest genannt. *Für Menschen gelegentlich tödlich*	Hasen, Wildkaninchen, Eichhörnchen, Fasanen, Rebhühner, Wachteln usw.	Kontakt mit kleinen Hautverletzungen
Tuberkulose Schwere bakterielle Erkrankung mit langsamem Verlauf und mühsamer Gesundung. *Für Menschen gelegentlich tödlich*	Säugetiere, Vögel, Affen, Reptilien	Kontakt und Einatmen
Leptospirose Bakterielle Erkrankung, die in verschiedenen Formen auftritt. *Für Menschen gelegentlich tödlich*	Mäuse, Ratten, Meerschweinchen	Kontakt, kleinste Hautverletzungen und Verzehr
Krätze Eine von Milben verursachte Hautkrankheit	Fleischfresser (Füchse, streunende Hunde)	Kontakt
Zeckenfieber Verlauf ähnlich wie bei einer Grippe. *Selten tödlich*	Tauben	Bisse von Zecken, die den Vogel befallen haben

■ Aggressives Verhalten

■ Zuerst aus einiger Entfernung feststellen, um was für ein Tier es sich handelt und in welchem Zustand es ist.

Tierart

Nach Möglichkeit herauszufinden versuchen, welcher Art es angehört und ob es ein Raubtier ist. Nur so kann man beurteilen, wie es vielleicht angreifen oder sich verteidigen wird.

Körperlicher Zustand

Als nächstes den Zustand, die Lebhaftigkeit und damit die potentielle Aggressivität beurteilen.

Aggressivität

Schließlich darauf achten, wie angriffslustig sich das Tier zeigt (hängt ab von der Art und der jeweiligen Situation); generell sind Raubtiere gefährlicher als andere, und ein in einer Falle gefangenes Tier kann sehr aggressiv sein, selbst wenn es schwer verletzt ist. Bei ungewöhnlichem Verhalten des Tieres ist besonders Vorsicht geboten (vor allem bei Füchsen und verwilderten Katzen und Hunden), die nicht weglaufen, sondern sich dem Menschen nähern; das gilt besonders für Gebiete, in denen die Tollwut grassiert, denn diese Furchtlosigkeit ist eines der ersten Tollwutsymptome. Bevor man ein wildes Tier anfaßt, sollte man es aus sicherer Entfernung mit einem Stock oder ähnlichem berühren, denn nur so kann man feststellen, wie angriffslustig es ist, und seine Handlungsweise darauf einstellen.

GEFAHREN BEIM ERGREIFEN

Wenn sich ein Mensch einem Wildtier nähert, wird es jede Bewegung und auch die Blickrichtung so interpretieren, als würde es von einem Raubtier angegriffen, und es wird in Panik geraten und verzweifelte Fluchtversuche machen. Es empfiehlt sich deshalb, sich von der Seite zu nähern, das Tier so wenig wie möglich anzusehen und sich über seine Art der Verteidigung im Klaren zu sein, ehe man nach ihm greift.

■ **Vögel**

■ Vögel können sich auf verschiedene Arten verteidigen.

Schnäbel

Sie wehren sich mit ihren kräftigen und harten Schnäbeln und können ihre Hälse beträchtlich weit ausstrecken. Viele Arten benutzen den Schnabel, um sich zu verteidigen, während andere (Greifvögel) ihn zwar drohend öffnen, aber selten zubeißen.

Klauen

Greifvögel benutzen ihre Klauen, die sehr gefährlich sind, weil sie gebogen und sehr spitz sind; sie hinterlassen tiefe Wunden, und man kann sich nur sehr schwer von ihnen befreien. Viele Greifvögel stellen sich tot, wenn sie nicht fliehen können; sie liegen mit geöffnetem Schnabel bewegungslos da. Größte Vorsicht ist geboten!

Flügelschläge

Kräftiges Flügelschlagen ist typisch für große Wasservögel und Greifvögel, die auf diese Weise versuchen, den Feind auf Distanz zu halten. Wenn man sich etwas vorsieht, ist es ungefährlich.

■ Säugetiere

■ Säugetiere verteidigen sich auf andere, aber nicht weniger wirksame Weise.

Zähne

Die Bisse vieler Arten verursachen tiefe Wunden und können Krankheiten übertragen. Besondere Vorsicht ist geboten bei Nagetieren (Eichhörnchen, Haselmäuse), Hasen, Mardern (Iltisse, Murmeltiere, Marder etc.) und bei allen Raubtieren (Füchse, Wildkatzen etc.). Hände mit starken Stoff- oder Lederhandschuhen schützen und Verletzungen immer sofort desinfizieren.

Krallen

Viele Arten (die nicht zu den Raubtieren zählen) sehen harmlos aus, können einem Menschen aber tiefe Kratzwunden beibringen (Eichhörnchen, Dachse, Hasen usw.).

Hörner

Sie sind die Angriffs- und Verteidigungswaffen wildlebender Wiederkäuer (Hirsche, Rehe, Gemsen etc.).

Stacheln

Gefährliche Verteidigungswaffen der Igel; dicke Lederhandschuhe sind unbedingt nötig, zumindest aber besondere Vorsichtsmaßnahmen.

ERGREIFUNG UND UMGANG

Beim Umgang mit einem Wildtier sollte man folgendes beachten:
— Nie übereilt handeln, vor allem nicht beim Umgang mit Nestlingen, die man am besten sowieso dort läßt, wo man sie gefunden hat (sie sollten lediglich vor Raubtieren geschützt werden). Ihre Eltern werden sie wiederfinden.
— Beim Umgang mit wilden Tieren so ruhig vorgehen wie nur möglich; plötzliche Bewegungen und laute Rufe vermeiden.
— Das Tier so wenig anfassen wie möglich; nicht versuchen, es durch Gewöhnung an den Menschen zu zähmen.
— Das Tier nur so lange behalten, bis es geheilt ist, und dann wieder freilassen.

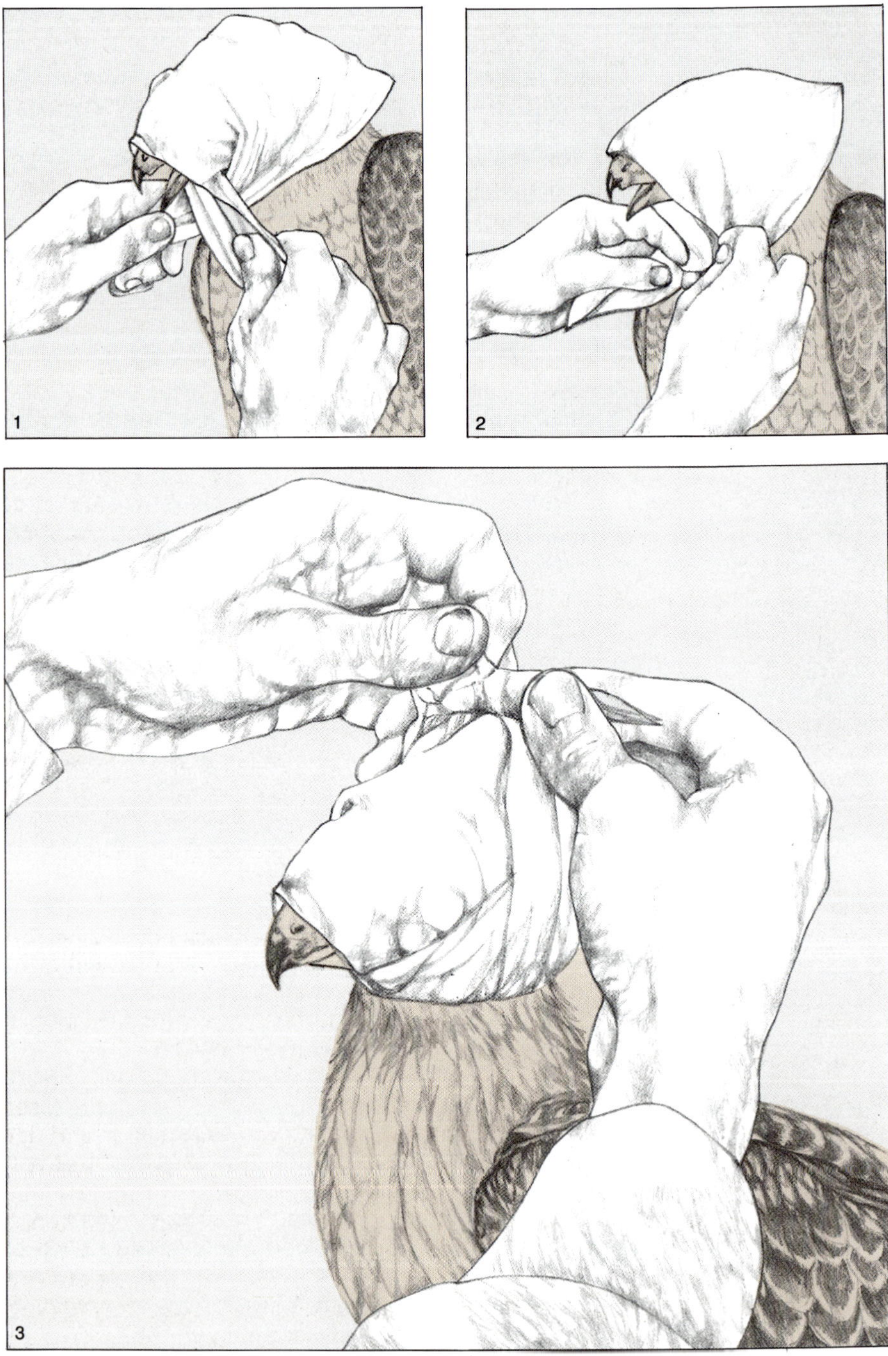
1
2
3

1.–2.–3. So stellt man einen Greifvogel ruhig
4. Zusammenbinden der Klauen bei einem Greifvogel

– Vögel etwa in Gürtelhöhe tragen, nie in der Nähe des Gesichtes und der Augen.
– Handschuhe tragen und Verletzungen sofort desinfizieren (Anti-Tetanus-Impfung nicht vergessen!)

Wenn man auf ein verletztes Tier trifft, ist meistens nichts zur Hand, was das Ergreifen des Tieres erleichtert. Man muß also benutzen, was sich bietet, um ein Wildtier ruhigzustellen, ohne es dabei unnötig aufzuregen oder sogar zu verletzen.

■ Vögel

■ Von der Seite nähern und das Tier nicht direkt ansehen.
Um einen großen Vogel einzufangen, wirft man eine Decke über ihn. Leichter Druck auf die Seiten der Decke macht das Tier nahezu bewegungsunfähig. Die Decke langsam anheben und den Hals des Vogels mit festem Griff direkt hinter dem Kopf umfassen, die andere Hand umschließt die Flügel, um abwehrendes Flügelschlagen zu verhindern. Wenn möglich, die Augen mit einem Taschentuch verbinden, aber Vorsicht, daß sie nicht verletzt oder die Nasenlöcher verschlossen werden (Abb. 1, 2 und 3); ein Tier, das nichts sehen kann, wird sich weniger bewegen und weniger Angst haben. Wenn der Vogel zu beißen versucht, bindet man den Schnabel mit einem Gummiband oder einem Stoffstreifen zu (auf die Nasenöffnungen achten).

Kleine Vögel

Bei kleinen Vögeln darf die Decke nicht zu schwer sein; besser sind ein Handtuch oder ein Pullover.

Greifvögel

Bei Greifvögeln (Adler, Falken, Habichte usw.) ist besondere Vorsicht geboten:
Wenn sich das Tier nicht bewegt und sich anfassen läßt (den Trick des Totstellens nicht vergessen), zuerst den Kopf und die Augen verhüllen und dann die Klauen sichern. Oft wehrt sich ein Greifvogel jedoch, was die Ergreifung erschwert; mit einer ziemlich schweren Decke kann man versuchen, ihn ruhigzuhalten. So lange er im Dunkeln ist, wird er sich nicht wehren. Vorsichtig eine Ecke der Decke anheben und um die Klauen wickeln (der Vogel sollte so wenig sehen wie möglich).

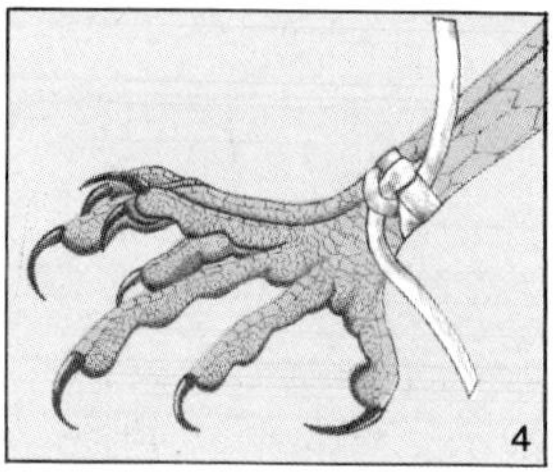

Sobald die Klauen gesichert sind (durch entschlossenes Festhalten oder Zusammenbinden mit einem breiten Band (Abb. 4, vorige Seite), kann die Decke abgenommen werden, die Flügel müssen aber dicht an den Körper gedrückt werden.

■ Säugetiere

■ Um Säugetiere einzufangen, gibt es je nach ihrer Größe und Aggressivität verschiedene Methoden.

Kleinsäuger

Kleinsäuger einzufangen ist oft nicht leicht, weil sie sehr schnell sind und beißen. Langschwänzige Tiere (Eichhörnchen, Haselmäuse etc.) packt man am Schwanz und hält sie vom eigenen Körper fern

1

(Abb. 1); Tiere mit kurzem Schwanz (Feldmäuse, Meerschweinchen, Hamster, Maulwürfe und Marder) packt man am Nackenfell; dicke Stoff- oder Lederhandschuhe sind dazu unbedingt nötig.

Marderartige

Angehörige der Marderfamilie (Iltisse, Wiesel, Hermeline etc.) sind oft bösartig und sehr gefährlich und lassen sich die Annäherung des Menschen nur gefallen, wenn sie sehr geschwächt sind; mit einem starken Netz oder einer Decke unterdrückt man ihre Abwehrbewegungen. Sofort nach der Ergreifung muß das Tier in einen geeigneten Transportbehälter gesetzt werden. Für Eichhörnchen gilt dasselbe.

1. So ergreift man einen Kleinsäuger am Schwanz
2. Einfangen eines Fuchses mit einem Fangstock

2

Hasen und Wildkaninchen

Hasen und Wildkaninchen packt man an den Ohren (niemals nur ein Ohr ergreifen!) und an der Haut des Rückens, achtet auf die Gliedmaßen des Tieres (schmerzhafte Kratzer) und läßt sich von den durchdringenden Schreien des Tieres nicht beirren.

Igel

Um einen Igel zu fangen, braucht man entweder dicke Pelz- oder Lederhandschuhe, oder man umhüllt ihn mit einer Decke oder Zeitung und hebt das ganze Bündel an, ohne das Tier selbst zu berühren.

Dachse und Füchse

Bei Dachsen und Füchsen ist besondere Vorsicht geboten; in den meisten Fällen braucht man einen Fangstock, der an Ort und Stelle hergestellt werden kann (Abb. 2,vorige Seite).

TRANSPORT

Einen passenden Behälter auswählen. Bei großen, harmlosen Vögeln, vor allem Wasservögeln (Schwäne, Gänse etc.) reicht es im allgemeinen aus, das Tier in eine Decke oder eine Zeitung einzuhüllen oder es in einen Stoff- oder Jutesack zu stecken, von dem eine Ecke abgeschnitten wurde, damit der Vogel den Kopf herausstrecken kann (Abb. 1). Für Vögel mit langen Schwanzfedern (Fasanen, Pfauen etc.) eignen sich am besten weiche Umhängetaschen aus Stoff oder Leder, die mit einer Klappe verschlossen werden. Der Vogel sitzt in der Tasche und Kopf und Schwanzfedern ragen an beiden Seiten heraus (Abb. 1, Seite 250). Ideale Behälter für kleine Vögel sind Kartons mit Luftlöchern, in die die Tiere (möglichst mit verbundenen Augen) hineingesetzt werden.
Greifvögel kann man in großen Kartons befördern, die entweder dunkel, aber durch kleine Löcher gut belüftet, oder offen sein können, wobei der Kopf des Vogels mit einem Taschentuch bedeckt wird, mit dessen Enden zugleich der Schnabel zugebunden ist (Abb. 2, Seite 250). Flecht- oder Drahtkörbe, wie sie zum Transport von Katzen verwendet werden, sind ungeeignet; in ihnen können sich große Vögel, sowohl Greifvögel als auch harmlose, schwer verletzen.
Bei kleinen Säugetieren eignen sich perforierte

1. Vorbereitung für den Transport eines Schwans

Kartons nur für kurze Transporte, da sie sie schnell durchnagen; sicherer sind mit Luftlöchern versehene Holz- oder Metallkästen (zum Beispiel Keksdosen). Bei längeren Transporten kann man für Hasen, Wildkaninchen etc. stabile Katzenkörbe benutzen, die mit einem Tuch umhüllt werden, um das Innere abzudunkeln.
Vogelkäfige aus Metall eignen sich für angriffslustige Tiere (Eichhörnchen, Marder), aber sie müssen mit einem luftdurchlässigen Tuch abgedeckt werden.
Verletzte Tiere fühlen sich in einer geschützten und dunklen Umgebung wohler; sie wehren sich

Transport eines Tieres:
1. Mittelgroße, nicht gefährliche Vögel
2. Greifvögel

weniger stark und versuchen nicht zu fliehen. Das Tier wird so in den Behälter gesetzt, daß es eine ihm bequeme Position einnehmen kann. Für größere Säugetiere (Füchse, Dachse) benötigt man im allgemeinen eine stabile, gut belüftete Holzkiste.
Nach der Ankunft werden, wenn das Tier nicht sofort vom Tierarzt behandelt werden kann, folgende Maßnahmen zum Schutz und für die Bequemlichkeit des Tieres getroffen:

— Den Behälter an einen ruhigen, dunklen und warmen Ort stellen, jedoch nicht direkt an eine Heizquelle (22—25°C für ausgewachsene Tiere, 25—30°C für junge oder neugeborene).
— Den Behälter mit Stoffresten oder Zeitungspapier auspolstern (Stroh oder Heu eignen sich nur für Hasen, Kaninchen und große Pflanzenfresser).
— Wasser (eventuell leicht gezuckert) in Reichweite des Tieres stellen, aber keine Nahrung aufdrängen (in den ersten Tagen nach einer Verletzung nehmen die meisten Tiere kaum Nahrung auf).
— Alle Körperteile unbehindert lassen, vor allem den Schnabel.
— Kleintiere werden in große, gut belüftete Schachteln gesetzt und durch eine Wärmflasche (25°C) in einer Ecke des Behälters warmgehalten.
— Gegenstände, mit denen das Tier in Berührung gekommen ist, müssen gründlich desinfiziert werden.

ARTENSCHUTZ

Beim Ergreifen von Wildtieren nicht vergessen, daß es (von Land zu Land verschiedene) Gesetze zu ihrem Schutz gibt. Manche Arten werden zu bestimmten Jahreszeiten als Jagdwild betrachtet, andere fallen unter das Artenschutzgesetz. Vorsicht ist geboten, denn in manchen Ländern gilt es als Vergehen (Wilderei), wenn man ein Tier einer geschützten Art oder ein Jagdtier außerhalb der Jagdzeiten mitnimmt. Auch aus diesem Grund sollten gefangene Tiere so schnell wie möglich wieder freigelassen werden, und wer ein verletztes Tier aufnimmt, sollte die zuständige Behörde davon unterrichten. Danach kann man sich mit dem Tierschutzverein in Verbindung setzen, der das Tier vielleicht in einem Wildpark unterbringt.